Daniel Ham, Birgit Ramon (Hg.)

Altersgerechte Personalentwicklung

Theorie, Strategien, zukunftsfähige Praxis

W0012507

rückenwind
Für die Beschäftigten
in der Sozialwirtschaft

LAMBERTUS

Daniel Ham, Birgit Ramon (Hg.)

Altersgerechte Personalentwicklung

Theorie, Strategien, zukunftsfähige Praxis

LAMBERTUS

Das Projekt „Altersgerechte Personalentwicklung in Verbänden, Diensten und Einrichtungen der Caritas" wurde im Rahmen des Programms „rückenwind – Für die Beschäftigten in der Sozialwirtschaft" von der Fortbildungs-Akademie des Deutschen Caritasverbandes e.V. durchgeführt. Das Programm „rückenwind" wird finanziert aus Mitteln des Bundesministeriums für Arbeit und Soziales (BMAS) und des Europäischen Sozialfonds (ESF).

Bibliografische Information der Deutschen Bibliothek

Die Deutsche Nationalbibliothek verzeichnet diese Publikation in der Deutschen Nationalbibliografie; detaillierte bibliografische Daten sind im Internet über http://d-nb.ddb.de abrufbar.

MIX
Papier aus verantwortungsvollen Quellen
FSC
www.fsc.org   FSC® C107500

Umschlaggestaltung: Nathalie Kupfermann, Bollschweil
Herstellung: Franz X. Stückle, Druck und Verlag, Ettenheim
ISBN: 978-3-7841-2124-6

Inhalt

Vorwort

Die demografische Entwicklung führt dazu, dass immer mehr ältere Mitarbeiter/innen länger ihrer Arbeit nachgehen müssen. Währenddessen nimmt die Zahl der qualifizierten jüngeren Mitarbeiter/innen kontinuierlich ab. So stehen die Verbände, Einrichtungen und Dienste der Caritas im sich verschärfenden Wettbewerb um gut ausgebildetes, jüngeres Personal. Gleichzeitig ist die Personalentwicklung älterer Mitarbeitender eine Kunst, die noch wenig ausgeübt wird.

Altersgerechte Personalentwicklung verfolgt deshalb zwei zentrale Ziele: Einerseits müssen Bedingungen geschaffen werden, unter denen auch die älteren und erfahrenen Mitarbeiter/-innen möglichst lange Dienst tun können. Andererseits sehen sich die Verbände, Einrichtungen und Dienste der Caritas vor der Herausforderung, attraktive Dienstgeber für Nachwuchskräfte zu sein. Genau diese Ziele hat das Kursprojekt „Gelingende Beispiele altersgerechter Personalentwicklung in der Caritas" verfolgt.

Im Mittelpunkt des Projektes „Altersgerechte Personalentwicklung in Verbänden, Einrichtungen und Diensten" standen die strategischen Fragen nach Gewinnung, Bindung und Entwicklung von Mitarbeitenden aller Altersgruppen. Zentrale Dimensionen waren das Personalmarketing, die Arbeits- und die Arbeitszeitgestaltung, das Gesundheitsmanagement, ein gelingendes Diversity-Management sowie die Anforderung des lebenslangen Lernens.

Das Förderprogramm „rückenwind" des Europäischen Sozialfonds (ESF) bot der Fortbildungs-Akademie des Deutschen Caritasverbandes die Möglichkeit, eine solche Fortbildung zu finanziell attraktiven Konditionen zu entwickeln und anzubieten. „rückenwind" ist das erste Programm, das gezielt Mitarbeitende der Sozialwirtschaft im Zusammenhang mit dem demografischen Wandel fördert. Es steht ausschließlich Trägern innerhalb der Bundesarbeitsgemeinschaft der Freien Wohlfahrtspflege (BAGFW) zur Verfügung.

Die Fortbildungs-Akademie beteiligte sich als Träger der „ersten Stunde" am ersten Aufruf, zu dem nur bundesweit tätige Projektträger zugelassen waren. Mit dem Projekt ist es auch gelungen, die Fortbildungs-Akademie des Deutschen Caritasverbandes bei einem auf dem sozialwirtschaftlichen Markt in der Zukunft entscheidenden Thema als wichtigen Dienstleister für seine Mitglieder zu präsentieren.

Ich wünsche den an dem Projekt Beteiligten, dass Ihre Arbeit Frucht trägt und zahlreiche Nachahmer/-innen findet! Dass uns die Ergebnisse des Projektes nun mit dieser Dokumentation vorliegen, ist ein gutes Zeichen für seine Nachhaltigkeit.

Freiburg, Januar 2013

Prälat Dr. Peter Neher

Präsident des Deutschen Caritasverbandes

Einführung zu diesem Buch

Zwischen Oktober 2009 und September 2012 führte die Fortbildungs-Akademie des Deutschen Caritasverbandes e. V. ein innovatives und bislang einzigartiges Projekt durch. Vor dem Hintergrund des mittlerweile vielzitierten demografischen Wandels arbeiteten über 80 Teilnehmende mit personalstrategischer Verantwortung aus dem Bereich der Caritas in bundesweit sechs parallelen Fortbildungskursen an der Fragestellung und Herausforderung einer altersgerechten Personalentwicklung: Geschäftsführungen von Orts- und Fachverbänden, Leitungen von Einrichtungen und Diensten, Personalleitungen von Trägern. Vom ambulanten Pflegedienst über die Erwachsenenbildung und die stationäre Jugendhilfe bis hin zum Frauenhaus wurde dabei die Caritas mit den vielen Facetten ihres Engagements sichtbar.

Mit dieser Maßnahme führte die Fortbildungs-Akademie das bis dahin größte und umfangreichste Projekt innerhalb des Förderprogramms „rückenwind" im Rahmen des Europäischen Sozialfonds (ESF) durch. Alle Beteiligten kamen im Laufe des Projekts zu der Erkenntnis, dass hier über weite Strecken Pionierarbeit geleistet wurde. Mit dieser Publikation sollen die gemachten Erfahrungen und entstandenen Ergebnisse einer interessierten Öffentlichkeit zugänglich gemacht werden.

Die wesentlichen Erkenntnisgewinne des Projekts entstanden aus der Verzahnung von Theorie und Praxis, wie sie in den Kursabschnitten regelmäßig vorgenommen wurde. Die in den Organisationen der Teilnehmenden durchzuführenden Projekte sowie regionale Gruppensupervisionen unterstützten den pragmatischen Lernerfolg im Zusammenhang mit den Kursabschnitten.

Es wurde einerseits deutlich, dass die theoretischen Ansätze in der eigenen Organisation der Teilnehmenden anwendbar waren – andererseits regte die erlebte Praxis dazu an, gängige Theorien zu reflektieren und ggf. weiterzuentwickeln. Dabei wurde augenfällig, dass die theoretischen Ansätze zu den einzelnen Handlungsfeldern altersgerechter Personalentwicklung nicht isoliert zu betrachten sind. In ihnen wird vielmehr erkennbar, dass es – über die vielfachen Schnittstellen hinaus – eine übergeordnete Perspektive gibt, die letztlich entscheidend ist für ein gelingendes Personalentwicklungskonzept: Eine transparente, werteorientierte Führung als Bestandteil und gleichzeitig Ausdruck einer ebensolchen Unternehmenskultur.

In diesem Sinne ist die Publikation folgendermaßen aufgebaut:
Im ersten Teil finden Sie – nach einer Einführung von Daniel Ham in die grundsätzliche Begrifflichkeit, die Grundthematik und die Kurskonzeption –

fünf Fachbeiträge, die wesentliche Handlungsfelder altersgerechter Personalentwicklung im Einzelnen vorstellen.

• Martin Volz-Neidlinger verdeutlicht in seinem Beitrag die Bedeutung von Personalmarketing für die Bildung einer Marke als Arbeitgeber.

• Als Vorstand des Caritasverbandes Olpe illustriert Christoph Becker die Bedeutung eines ganzheitlich verstandenen Gesundheitsmanagements im Unternehmen. Grundlage hierfür ist der Ansatz der Salutogenese nach Aaron Antonovsky.

• Prof. Manfred Becker und Sonja Lambert führen in das Thema Diversity Management ein. Welche Anwendung dieser wissenschaftlich fundierte Ansatz in der Praxis findet, wird am Beispiel der AOK Hessen verdeutlicht.

• Es ist des Lernens kein Ende: Harald Klippel, Geschäftsführer des Caritasverbandes Rhein-Sieg beschreibt in seinem Beitrag Grundlagen und Notwendigkeit der Sicht auf Unternehmen als "Lernende Organisationen".

• Abschließend für den ersten Teil der Publikation gibt Klaus Tritschler als Personalreferent des Diözesancaritasverbandes Freiburg einen Überblick über die erstaunlich vielfältigen arbeitsrechtlichen Möglichkeiten in der Caritas, die Arbeitszeitgestaltung von Mitarbeitenden den Bedürfnissen ihrer jeweiligen Lebensphase anzupassen.

Der zweite Teil stellt die Umsetzung der Thematik in die Praxis in den Mittelpunkt. Anhand einer Auswahl von Projekten, die Teilnehmende der Fortbildung in ihren jeweiligen Organisationen durchgeführt haben, wird gezeigt, wie Personal- und damit auch Organisationsentwicklung vor dem Hintergrund des demografischen Wandels konkret aussehen kann. Von den insgesamt über 60 Praxisprojekten werden 15 vorgestellt, die in besonders hervorragender und auch exemplarischer Weise konkrete Herangehensweisen altersgerechter Personalentwicklung dokumentieren. Es handelt sich dabei nicht unbedingt um völlig neue Methoden, Verfahren oder Ideen. Sie beinhalten jedoch eine neue Qualität professioneller Personalentwicklungsarbeit – konzipiert und durchgeführt mit dem Ziel, dem demografischen Wandel im Rahmen der Personalarbeit effektiv zu begegnen. Es wird gezeigt, wie sich Unternehmen durch das Bewusstsein, dass Mitarbeitenden insgesamt förderliche Rahmenbedingungen geboten werden müssen, für die Zukunft qualifizieren.

Bei der Auswahl wie auch der Darstellungsform der Projekte wurde auf Diversität geachtet: Themen der Projekte, Art und Größe der Träger, Arbeitsfelder, Zielgruppen unter den Mitarbeitenden, geografische Region bilden eine breite Palette, die sich so bunt zeigt wie die Caritas bzw. die soziale Arbeit selbst.

Last but not least wird von Birgit Ramon in einem abschließenden Beitrag die Bedeutung des Faktors „Führung" für eine erfolgreiche Personalentwicklung behandelt. An einem Beispiel wird die praktische Umsetzung des Konzepts der transformationalen Führung aufgezeigt. Die Schlüsselrolle der Führungskräfte und die Einbeziehung der Unternehmenskultur werden als wesentliche Bedingung für eine erfolgreiche Unternehmensentwicklung gesehen. Insofern geht es in diesem Beitrag letztendlich darum, was das Unternehmen personalpolitisch „im Innersten zusammen hält".

Die Kontaktdaten sämtlicher Autorinnen und Autoren finden Sie im Anhang. Rückfragen und Vernetzung sind ausdrücklich erwünscht.

Als Leitungen der Kursgruppen wie auch als Projektleitung waren und sind wir sehr beeindruckt, wie viel an Fachkompetenz, Energie, Mut und nicht zuletzt „Herzblut" die Teilnehmenden in die Veränderungsprojekte vor Ort wie auch in die Fortbildung insgesamt investiert haben. Wer dies erlebt hat und es sich vor Augen hält, dem muss um die Zukunft sozialer Organisationen nicht bange sein. Eine zukunftsfähige Personalentwicklung wird altersgerecht sein, oder sie wird nicht mehr sein.

Unser Dank gilt

- allen Teilnehmenden der Kurse, die mit ihrem Engagement zum Erfolg des Gesamten beigetragen haben;

- insbesondere den Autor/-innen der ausgewählten Projektberichte;

- den Autor/-innen der Fachbeiträge, die die Teilnehmenden mit ihrer Fachkompetenz auch in den zwei Jahren des Fortbildungsprojektes unterstützten, sowie den weiteren Fachdozent/-innen innerhalb der Fortbildung;

- Frau Marieluise Labrie, ehemals Dozentin an der Fortbildungs-Akademie; sie erarbeitete das Grundgerüst für das Fortbildungskonzept;

- Frau Renate Penninger, die beim Korrekturlesen unser Manuskript mit hilfreichen Kommentaren versehen hat und uns bei Formulierungsfragen tatkräftig zur Seite stand;

- in besonderem Maße Frau Monika Kanzler-Zimmermann, die über drei Jahre hinweg souverän die insgesamt 126 Veranstaltungstage organisierte.

Freiburg/Seefeld
Im Januar 2013
Daniel Ham und Birgit Ramon

Teil 1
Fachbeiträge

Altersgerechte Personalentwicklung als Not wendende Strategie

Daniel Ham

Für Verantwortliche im Personalwesen (nicht nur) der Caritas ist der vielzitierte demografische Wandel vielerorts keine Zukunftsprognose mehr, sondern bereits Realität:

- Die arbeitende Bevölkerung wird immer älter: In den nächsten 15 Jahren nimmt der Anteil der Beschäftigten zwischen 55 und 64 Jahren deutlich zu.
- Es gibt immer weniger junge Berufseinsteiger/-innen und damit einen Mangel an jungen, neu qualifizierten Fachkräften.
- Es gibt in Deutschland regionale Ungleichgewichte in der Bevölkerungsstruktur durch Wanderungsbewegungen vorwiegend in Ost-West- sowie in Nord-Süd-Richtungen.

Diese Phänomene stellen Personalverantwortliche vor die Herausforderung, die Funktionsfähigkeit eines Verbands, einer Einrichtung, eines Dienstes unter diesen Voraussetzungen zu gewährleisten, wenn doch zukünftig (und jetzt schon) das Geld immer knapper, die Anforderungen immer größer, die Belegschaft immer älter und die Zahl der leistungsstarken Fachkräfte immer geringer werden. Dabei kann die Sozialwirtschaft den drohenden Personalmangel nicht nennenswert durch eine fortschreitende Technisierung kompensieren. Qualitätvolle Arbeit mit Menschen braucht als zentrales Element den menschlichen Kontakt.

So werden die personalwirtschaftlichen Auswirkungen des demografischen Wandels – Fachkräftemangel und eine alternde Belegschaft – weit verbreitet vor allem als Problem oder gar als Bedrohung für Qualität und Menschenwürde im Dienstleistungssektor erlebt und kommuniziert. Innerhalb der Beschäftigung mit der Thematik gibt es vor allem viele Fragen und leider nur wenige eindeutige Antworten: Wie bekommen wir neue (und „gute") Mitarbeitende, vor allem die jungen? Was bindet unsere Mitarbeitende an uns – und zwar (nur) die, die wir gerne binden möchten? Was hält Menschen auch im fortschreitenden Alter gesund und damit arbeitsfähig? Wie nutzen wir die Kompetenz und Erfahrungen der älteren Mitarbeitenden gezielt und zu beiderseitigem Nutzen? Was macht uns, was macht die Caritas unter diesen Aspekten als Arbeitgeber attraktiv – nach innen und außen?

Wer mit Blick auf solche kniffligen Fragen durch den demografischen Wandel ein Krisenszenario entwirft, hat tatsächlich den Kern der Sache bereits erkannt: Das Wort „Krise" bedeutet seinem griechischen Ursprung nach „Entscheidung". Die konstruktive Dimension dieses Wortkerns brachte Max Frisch in anderen Worten auf den Punkt: „Die Krise ist ein produktiver Zustand. Man muss ihr nur den Beigeschmack der Katastrophe nehmen." (nach Osterhold in Karriere ab 45, S. 172, Stuttgart 2003).

Wenn Personalverantwortliche also vor der Aufgabe stehen, auf die durch den demografischen Wandel gestellten Fragen nachhaltige Antworten zu entwickeln, kommen sie an der Dimension „Alter" bzw. „Altern" nicht vorbei. Zum einen werden Dienstgeber ihren Mitarbeiter(inne)n frühzeitige Ruhestandsregelungen immer seltener ermöglichen – weil sie schlichtweg nicht auf sie verzichten können, weil „jede Hand gebraucht wird". Diese Tatsache erfordert jedoch, dass Mitarbeitende bis zum Schluss ihres Erwerbslebens tatsächlich arbeitsfähig sind. Die Sorge um diese Arbeitsfähigkeit darf freilich nicht erst in den letzten 5–10 Jahren der Berufstätigkeit beginnen. Tatsächlich entscheidet sich bereits wesentlich in den frühen und mittleren Arbeitsjahren, wie motiviert, kompetent und letztlich körperlich gesund ein Mensch auch im fortgeschrittenen Berufsleben arbeiten kann. So brauchen Menschen jeden Alters ihre jeweils spezifischen Bedingungen, um nachhaltig eine bestmögliche Arbeit leisten zu können. Personalverantwortliche müssen „altersgerecht" denken und handeln.

Was ist eigentlich „Altersgerechte Personalentwicklung"?

Altersgerechte Personalentwicklung ist keine neue Disziplin des Personalmanagements.

Der Begriff „Personalentwicklung" wird umfassend verwendet für die verschiedenen Elemente des Personalmanagements. Dies macht Sinn, da in der Reaktion auf den demografischen Wandel sämtliche Bereiche der Personalarbeit bzw. des Personalmanagements als Handlungsfelder für Entwicklungsmaßnahmen zu sehen sind und damit selbst zur Entwicklungsleistung werden. Die herkömmliche Beschränkung des Begriffs auf Fortbildungsmaßnahmen greift in diesem Kontext viel zu kurz. Altersgerechte Personalentwicklung bedeutet vielmehr, die bekannten und praktizierten Elemente der Personalentwicklung wie Beschaffung, Entlohnung, Führung, Qualifizierung, Verwaltung und auch Austritt vor dem Hintergrund des demografischen Wandels als dem zentralen Arbeitsmarktthema der Zukunft aus diesem Blickwinkel heraus neu zu sehen, neu zu gewichten und zu gestalten. Hinzu kommen neue Handlungsfelder wie Gesundheitsmanagement oder Personalmarketing.

Die nachvollziehbare Vermutung, insbesondere ältere Mitarbeiter/-innen (beispielsweise ab 50 Jahre) stünden im Fokus einer „altersgerechten

Personalentwicklung", trifft nicht zu. Tatsächlich geht es um die Entwicklung von Mitarbeiter/-innen jeden Alters – in der Form, die jeweils ihrer Lebensphase gerecht wird. Die Formulierung „alternsgerecht" hätte dabei ebenso ihre Berechtigung, da nachhaltige Personalentwicklung als Prozess anzulegen ist.

Um auf das Gewohnte und Vertraute mit „neuen Augen" schauen zu können, sind freilich Sehhilfen von Nutzen und notwendig: Wer ernsthaft durch die Brille des demografischen Wandels schaut, erkennt, dass es in einigen Jahren möglich sein MUSS, dass über 60-Jährige motiviert und gesund in der Pflege oder in der Kinderbetreuung arbeiten. Er/sie erkennt, dass mit Blick auf 35-jährige Mitarbeitende das Thema Gesundheitsförderung Pflicht ist. Er/sie freut sich darüber, dass die Mitarbeiterschaft immer „bunter" wird und nutzt dies als Ressource.

Personalentwicklung als aktiven und nachhaltigen Umgang mit dem demografischen Wandel zu betreiben, bedeutet, Aufgaben wie Personalmarketing, Gesundheitsförderung, Arbeitszeitorganisation, Diversity Management und ein Selbstverständnis als Lernende Organisation als entscheidende Handlungsfelder zu definieren und als tragende Säulen für die Kultur des eigenen Unternehmens zu verankern.

Diese Handlungsfelder können und müssen durch die Einführung konkreter operativer Maßnahmen gestärkt werden. Entscheidend ist jedoch eine tiefgehende Sensibilisierung für die Bedeutung dieser Handlungsfelder in der Organisation, die letztlich die Haltung aller Mitarbeitenden und Führungskräfte nachhaltig verändert. So ist es beispielsweise für eine effektive Gesundheitsförderung nicht mehr mit Fitnessmaßnahmen oder einer nach Maßgabe der Berufsgenossenschaft ordnungsgemäßen Möbelausstattung getan. Gesundheitsförderung durch die Brille des demografischen Wandels betrachtet fokussiert auf die Frage: Was sind die notwendigen Rahmenbedingungen in einer Organisation, dass Menschen dort ganzheitlich motiviert und gut arbeiten können?

Handlungsfelder altersgerechter Personalentwicklung sind „Brillen", durch die die Kultur einer Organisation zu betrachten ist. So kann geprüft werden, ob das Bestehende ausreicht, Mitarbeiter/-innen langfristig bestmöglich arbeiten zu lassen und zu binden. Altersgerechte Personalentwicklung bedeutet dann, Rahmenbedingungen zu schaffen, in denen Menschen in jeder Lebensphase mit hoher Bindung und gesund und leistungsfähig für die Organisation da sind. Altersgerechte Personalentwicklung ist somit ein Prozess, der ein Unternehmen in seiner Gesamtheit betrifft. Sie muss grundsätzlich eingepasst werden in die Strategieentwicklung jeder Organisation.

Eine Strahlkraft nach innen und nach außen entwickelt sich jedoch nur dann, wenn altersgerechte Personalentwicklung sich nicht in (einzelnen) Maßnahmen, formalen Leitbildern oder Willenserklärungen erschöpft, sondern tatsächlich Teil der Unternehmenskultur wird. Management und Führung tragen als kultursteuernde Funktionen hierbei die entscheidende Verantwortung. In der Führung entscheidet sich, ob in einer Organisation glaubhaft und authentisch die Jugend gefördert, das Alter gebraucht, die Vielfalt geschätzt, die Veränderung erwünscht ist.

Wenn Führungskräfte aus dem Blickwinkel dieser Handlungsfelder ihre Organisation steuern, wird deren Zukunft ein sehr großes Stück sicherer.

Konzeption der Fortbildung

Struktur und Rahmen

Um bundesweit in der Caritas vor dem Hintergrund des demografischen Wandels die Bereitschaft und Kompetenz zu notwendigen Verbesserungen zu wecken, bot die Fortbildungs-Akademie des Deutschen Caritasverbandes seit Februar 2010 aktive Unterstützung: Unter dem Titel „Altersgerechte Personalentwicklung in Verbänden, Einrichtungen und Diensten" führte sie bundesweit parallel in sechs Regionen einen Fortbildungskurs durch, der sich mit fünf viertägigen Abschnitten über einen Zeitraum von zwei Jahren erstreckte.

Teilnehmende waren insbesondere Geschäftsführungen von Orts- und Fachverbänden, Leitungen von Einrichtungen (beispielsweise Pflegeheimen) und Diensten (beispielsweise Beratungsstellen), Personalleitungen von Trägern: Vom ambulanten Pflegedienst über die Erwachsenenbildung und die stationäre Jugendhilfe bis hin zum Frauenhaus wurde dabei die Caritas mit den vielen Facetten ihres Engagements für die Gesellschaft, aber auch mit ihrer als sozialer Dienstleister besonderen Betroffenheit durch den Fachkräftemangel sichtbar.

Im Mittelpunkt standen die strategischen Fragen nach Gewinnung, Bindung und Entwicklung von Mitarbeiter/-innen aller Altersgruppen. Zentrale Dimensionen hierbei waren die genannten Handlungsfelder altersgerechter Personalentwicklung: Das Personalmarketing, die Arbeits(zeit)gestaltung, das Gesundheitsmanagement, ein gelingendes Diversity Management sowie die Anforderung des lebenslangen Lernens in Organisationen. Jedem Handlungsfeld war schwerpunktmäßig einer der fünf Kursabschnitte gewidmet.

Acht Sitzungen Gruppensupervision dienten im Projektzeitraum der Reflexion der eigenen Rolle der Teilnehmer/-innen und halfen dabei, die mit dem Projekt und den Erkenntnissen aus der Fortbildung einhergehenden Veränderungen in das eigene Denken und Handeln zu integrieren.

Eingebunden in den gesamten Kurszeitraum war ein Praxisprojekt, das die

Teilnehmer/-innen in ihrer Organisation während der Fortbildung durchführten. Das Praxisprojekt fußte in einem der genannten Handlungsfelder und stellte den Bezug der Theorie zur und den Transfer des Gelernten in die Praxis sicher.

Eine Auswahl aus den ungefähr 60 praxiserprobten Projekten altersgerechter Personalentwicklung bildet einen Hauptteil dieser Publikation. Sie wird eingeführt durch Fachbeiträge beteiligter Referentinnen und Referenten zu den zentralen Handlungsfeldern.

Personales Lernen

Lernen mit dem Anspruch der Fortbildungs-Akademie ist immer auch personales Lernen. Was nicht durch mich „hindurchgegangen" ist, kann ich nicht überzeugend weitergeben und umsetzen. Dies bedeutet, die gesetzten und neu entdeckten Themen in Beziehung zur eigenen, persönlichen und beruflichen Realität zu bringen: Die Teilnehmer/-innen arbeiteten nicht nur am Thema „altersgerechte Personalentwicklung", sie waren und sind auch Teil des Themas: Sie tragen nicht nur Verantwortung dafür, wie mit der Herausforderung umzugehen ist, sie sind auch selbst davon betroffen: Welches Selbstbild habe ich zur Wertigkeit meines eigenen Alters? Halte ich selbst unser Unternehmen für attraktiv und würde ich mich dort nochmals bewerben? Wie erlebe ich den Führungsstil, wie führe ich selbst und wie gestalte ich in meinem Umfeld Mitarbeiterbindung? Wenn ich hier nochmals anfangen würde, was würde ich mir an Familienfreundlichkeit hinsichtlich der Arbeits- und Arbeitszeitgestaltung wünschen? Wie belastet fühle ich mich selbst, während ich über Ursachen und Reduktion von Stress für meine Mitarbeitenden nachdenke? Welches Vorbild gebe ich ab und wie führe ich gesundheitsfördernd, indem ich Stresssituationen vermeide oder Stressreduktion ermögliche? Wie gelingt es mir, in den bestehenden Strukturen meiner Organisation ein umfassendes Projekt auf die Beine zu stellen, welche Strukturen sind nützlich, welche weniger? Wie kann ich Netzwerke nutzen und Kooperationen aufbauen? Wie lerne ich in einer Arbeitsgruppe?

Ausgehend vom personalen Lernen hatte der Kurs den Anspruch, einen Überblick über aktuell diskutierte Ansätze der unterschiedlichen Themenstränge zu geben. Präsentationen der Kursleitungen, Vorträge externer Referent(inn)en aus anerkannten Forschungsinstituten oder auch die Auseinandersetzung mit entsprechenden Fachartikeln vermittelten hier einen konzentrierten Überblick zu Themen wie Demografischer Wandel, Altern, Mitarbeiterbindung und –gewinnung, Führungskonzepten, Arbeitszeitflexibilisierung, Chronobiologie, Geschichte und Wandel der Gesundheitsförderung, Work-Life-Balance, Diversity Management, Wissenstransfer, altersgerechte Lernkonzepte …

Transfer in die eigene Organisation

Theoretische und persönliche Erkenntnisse sind nicht zweckfrei, sondern sollen für die eigene Organisation genutzt werden. Dieser Transfer fand zum einen direkt und methodisch angeleitet während der Kursabschnitte statt. Zum anderen wurden die Projekte der Teilnehmer/-innen auf ihren Bezug zu den Kursthemen hin überprüft und beraten. Die Gesamtzahl von ca. 60 Praxisprojekten stellt dabei eine beeindruckende Fülle operationalisierter Lernerfahrungen dar.

Die Erweiterung des eigenen Horizonts wurde ermöglicht durch „Good Practice"-Beispiele, die von Referent(inn)en aus anderen Arbeitskontexten eingebracht wurden. Die Konfrontation mit und Reaktion auf fremde Modelle und Praktiken, sei es durch begeisterte Identifikation bis hin zu strikter Distanzierung, ist eine besonders wertvolle Form der Auseinandersetzung mit fachlicher Thematik, der eigenen Organisation und nicht zuletzt mit sich selbst.

Nicht hoch genug zu einzuschätzen ist der Effekt der Gruppe als Lernstruktur. In den Kursgruppen wurden eigenes individuelles Wissen und Erfahrungen den anderen Teilnehmenden vorgestellt und ausgetauscht. Im besten Sinne fand hier Wissenstransfer statt. Im Sinne einer „Community of Practice" entstand so durch die Weiterbildung ein Netzwerk von Caritas- (und anderen) Personalverantwortlichen, welche – so bahnt es sich an – über die Zeit des Kurses hinaus von gegenseitigem (Erfahrungs-)Wissen profitieren werden.

Da eine Altersspanne von über 30 Jahren in den Kursgruppen vertreten war, gab es eine Fülle von Möglichkeiten zum Lernen und Führen von und mit den Generationen.

Gender Mainstreaming

Die Förderung des Ansatzes Gender Mainstreaming ist ein erklärtes Ziel der europäischen Union.

Zu schnell schien für viele Teilnehmende zu Gender Mainstreaming alles gesagt: „Eine Gleichstellungsbeauftragte haben wir doch schon!" Bei näherem Hinsehen zeigte sich dann, dass das Thema in seinem eigentlichen Anspruch in den Organisationen nicht bewusst wahrgenommen bzw. mit Frauenförderung verwechselt wird. „Pflege ist halt ein weiblicher Beruf", „unser Verhältnis Männer-Frauen ist ausgeglichen, da ist alles bestens" … Wie kann es gelingen, dass dieses Thema nicht zum womöglich förderungspolitisch „unumgänglichen Appendix" verkommt? Der Kurs löste die Herausforderung zum einen durch eine intensive theoretische Auseinandersetzung mit der Thematik. Gender Mainstreaming richtet den Blick nicht auf die

Geschlechter, sondern auf alle für das Arbeitsleben relevanten Bedingungen für die Geschlechter. In den Kursverlauf wurde ein „Gender Training" integriert, das eine ganzheitliche und tiefergehende, auch persönliche Auseinandersetzung mit Fragen des „sozialen" Geschlechtes ermöglichte.

Fazit/Ausblick

Wer sich von dieser Fortbildung Rezepte im Stile einer Schulung „Zugeschaut – mitgebaut" erhofft hatte, war einer Täuschung erlegen und wurde ent-täuscht. Teilnehmer/-innen wie auch den Kursleitungen wurde zunehmend deutlich, dass sie gemeinsam über weite Strecken als Pioniere zum Thema unterwegs sind.

Tatsächlich landeten alle Beteiligten immer wieder bei grundsätzlichen Fragestellungen, die die Notwendigkeit einer vor dem Hintergrund des demografischen Wandels hilfreichen Unternehmenskultur in den Mittelpunkt rückten, verbunden mit der zentralen Fragestellung: Was müssen Management und Führung als entscheidende Taktgeber einer zukunftsfähigen Unternehmenskultur leisten?

Personalentwicklung ist aus den Zielen und Strategien einer Organisation abzuleiten. Wegweisend für Strategieentwicklung ist die aktuelle Notwendigkeit für Träger und Einrichtungen, ihre Organisationen vor dem Hintergrund des Fachkräftemangels wettbewerbs- und damit überlebensfähig zu halten. Soll eine strategische Personalentwicklung in diesem Sinne ernsthaft und nachhaltig installiert und umgesetzt werden, sind Veränderungsfähigkeit und -bereitschaft der Mitarbeiter/-innen ein wesentlicher erfolgskritischer Faktor. Bei der Motivation der Mitarbeiter/-innen, sich auf Veränderungen einzulassen, spielen insbesondere Führungskräfte eine herausragende und maßgebliche Rolle. Denn durch eine wertschätzende und damit empathische Führung werden Motivation und Bereitschaft der Mitarbeiter/-innen, sich auf Neues einzulassen, gefördert. In der Konsequenz wird die Bindung der Mitarbeiter/-innen an die Einrichtung positiv beeinflusst, wie es der Mitarbeiterbindungsindex zur emotionalen Bindung von Mitarbeitenden in den letzten Jahren eindrucksvoll verdeutlicht.

Altersgerechte Personalentwicklung bedeutet so, Rahmenbedingungen zu schaffen, in denen Menschen in jeder Lebensphase mit hoher Bindung und somit gesund und leistungsfähig für die Organisation da sind und für sie einstehen. Die damit verbundene Strahlkraft der Organisation stellt wiederum einen entscheidenden Marketingeffekt dar. Die Fortbildungs-Akademie hat im Rahmen dieses breit angelegten Weiterbildungsprojektes im gemeinsamen Arbeiten mit den Teilnehmenden wie auch in der Kooperation mit den entsendenden Trägern einen beispielhaften Lernweg beschritten, um den

Herausforderungen des demografischen Wandels selbstbewusst und – ihrem Selbstverständnis entsprechend – menschlich wertschätzend begegnen zu können. Ihre zentrale Aufgabe als Instrument des Deutschen Caritasverbandes wird es in der Zukunft sein, die Verbände, Einrichtungen und Dienste innerhalb der Caritas durch Angebote zu den zentralen Handlungsfeldern altersgerechter Personalentwicklung qualitätsvoll und zielführend zu unterstützen. Das Querschnittsthema Führung respektive Gestaltung der Unternehmenskultur wird dabei einen besonderen Stellenwert einnehmen.

Personalmarketing – ein Beitrag zur Markenbildung von Arbeitgebern

Martin Volz-Neidlinger

1 „Und jetzt müssen wir auch noch Personalmarketing machen!"

„Jetzt müssen wir auch noch Marketing machen!", so ein Heimleiter vor vielen Jahren, als die Wartelisten mit Adressen von pflegebedürftigen Menschen und verzweifelten Angehörigen, die händeringend einen Pflegeplatz suchten, weggeschmolzen waren wie Eis in der Sonne. Weil viele Anbieter, die bis dahin nichts mit Altenhilfe zu tun hatten, hörten, dass in der Altenhilfe anscheinend etwas zu verdienen war, gab es plötzlich zu viele Angebote und es entstand die Situation, dass diejenigen, die vorher noch Bittsteller waren, jetzt diejenigen wurden, die das Sagen hatten: mündige Menschen, die aus einer Vielzahl von Angeboten das für sich passende heraussuchen konnten. Derjenige, der bisher machtlos war, war nun in der komfortablen Situation, dass er bestimmen konnte und aus dem „Insassen" von einst war nun der Kunde geworden, der ja bekanntlich König ist. Und damit hatte sich nicht nur für ihn etwas verändert, sondern auch für uns, für unsere Einrichtungen, für unser Rollenbild und Selbstverständnis. Die Machtvollen von einst waren plötzlich ohnmächtig geworden.

Heute stehen Anbieter der Sozialwirtschaft vor einer ähnlichen Situation. Wieder hat sich etwas entscheidend geändert. Konnten wir bisher aus einer Vielzahl von Bewerberinnen und Bewerbern für neue Stellen auswählen, konnten wir bisher denjenigen, denen es anscheinend nicht gepasst hat, sagen, dass sie gefälligst woanders arbeiten sollen, geht das jetzt nicht mehr so einfach. Die tun das vielleicht wirklich – und wir haben ein Problem mehr. Dies alles ist mehr als ein quantitatives Problem. Denn wieder verändern sich unsere Rollen, wieder verändert sich unser Selbstverständnis, wieder verändern sich die Machtverhältnisse. Aus dem Bittsteller von einst ist der Entscheider geworden, der souverän und frei aus einer Vielzahl von Stellen diejenige auswählen kann, die ihm seiner Meinung nach passend erscheint. Als Arbeitgeber sind wir damit abhängig von Entscheidungsprozessen, die wir zunächst nicht beeinflussen können. Und das ist etwas, das als Macher nur sehr schwer auszuhalten ist. „Müssen wir jetzt auch noch Personalmarketing machen?" Die Antwort darauf darf jede und jeder selbst geben. Je nachdem wie sie ausfällt, hat sie Auswirkungen auf den Fortbestand der Einrichtungen und Dienste.

Und jetzt müssen wir auch noch Personalmarketing machen!
Eines ist tröstlich: Einrichtungen der Altenhilfe – gerade auch in der Caritas – nehmen eine Entwicklung vorweg, die die gesamte Gesellschaft betrifft – und zwar in der Wahrnehmung der Krise, aber vielleicht auch in der Präsentation der Lösungsmöglichkeiten. Denn wenn wir als Caritaseinrichtungen eines können sollten, dann ist das doch der Umgang mit Menschen – oder nicht? „Ich wollte Mitarbeiter, gekommen aber sind Menschen!", so ein Ausspruch, der Henry Ford zugeschrieben wird. Was er resignierend gemeint hat, könnte für uns Ansporn sein.

2 Die Herausforderungen sind bekannt

Über die demographische Entwicklung ist in der Zwischenzeit genügend gesprochen worden. Ihre Folgen sind bekannt. Das Statistische Bundesamt rechnet für 2025 mit etwa 152.000 fehlenden Pflegekräften, das Netzwerk PricewaterhouseCoopers bis 2030 mit 165.000 fehlenden Ärzten, 400.000 fehlenden Pflegekräften und 950.000 fehlenden Fachkräften in Gesundheit und Pflege insgesamt. Andere Schätzungen bzw. Hochrechnungen kommen zu einem ähnlichen Bild[1]. Egal ob wir dies teilen oder nicht, wir haben uns auf zwei Entwicklungen einzustellen: in unseren Einrichtungen vollziehen wir die gleiche Entwicklung, die die Gesellschaft auch erfährt, wir werden gemeinsam älter und es ist schwieriger, jüngere Mitarbeiterinnen und Mitarbeiter in ausreichender Zahl für die anstehenden Aufgaben zu gewinnen. Damit verändern sich Altersbilder, Personalentwicklungsmaßnahmen und Führungsverständnis. Der Wettbewerb der Träger um die Gewinnung von Auszubildenden und qualifizierten Fach- und Führungsverantwortlichen sowie das Imageproblem der Altenpflegeberufe verschärfen insgesamt die Situation und stellen Führungsverantwortliche vor neue Herausforderungen. Der wirtschaftliche Druck wird immens, wenn neue Angebote nicht mehr platziert oder bestehende Angebote nicht aufrechterhalten werden können, weil qualifiziertes Personal fehlt. „Müssen wir jetzt auch noch Personalmarketing machen?" Die Frage beantwortet sich vor diesem Hintergrund von allein.

3 Was ist das eigentlich: Personalmarketing?

Die Meinungen dazu gehen weit auseinander. Verstehen die einen unter Personalmarketing ein eher operatives Mittel zur Personalbeschaffung und Personalbindung, verstehen andere Personalmarketing als ein klassisches Werkzeug zur operativen Umsetzung des Employer Brandings in Form von Kommunikationsmaßnahmen aufgrund eines internen und externen Kommunikationskonzepts[2]. Ich persönlich finde in diesem Zusammenhang die

---

1 Vgl. http://www.dbva.de.
2 Vgl. Stotz / Wedel, Employer Branding, München 2009, 11.

Definition sehr hilfreich, die über Thomas Müller in die Diskussion eingeführt worden ist: „Personalmarketing ist die Orientierung der gesamten Personalpolitik eines Unternehmens an den Bedürfnissen von gegenwärtigen und
zukünftigen Mitarbeiter/-innen mit dem Ziel, gegenwärtige Mitarbeiter/-in-
nen zu halten und zu entwickeln und neue Mitarbeiter/-innen zu gewinnen"[3].
Mir gefällt daran, dass diese Definition sehr umfassend ist und die interne
Komponente der Mitarbeiterbindung sowie die externe Komponente der
Gewinnung von qualifiziertem neuem Personal explizit in den Blick nimmt.
Nach dieser Definition umfasst Personalmarketing sowohl den Bereich der
Gewinnung, als auch der Auswahl, der Bindung und der Entwicklung der
Mitarbeiterinnen und Mitarbeiter.

Personalmarketing richtet sich also nach innen und nach außen. Ziel des internen Personalmarketings ist es, die eigenen Mitarbeiterinnen und Mitarbeiter langfristig an das Unternehmen zu binden, während es Ziel des externen
Personalmarketings ist, als attraktiver Arbeitgeber neues, qualifiziertes Personal zu gewinnen. Zielgruppe des internen Personalmarketings sind also die
vorhandenen Mitarbeiterinnen und Mitarbeiter. Die in diesem Zusammenhang verfolgten Ziele der langfristigen Bindung der Mitarbeiterinnen und
Mitarbeiter an das Unternehmen geschieht vor allem im Bereich der Arbeitszufriedenheit und der Arbeitsmotivation. Zielgruppe des externen Personalmarketings sind zukünftige Mitarbeiterinnen und Mitarbeiter und um sie zu
gewinnen, ist eine attraktive Außenwirkung notwendig und ein hoher Be-
kanntheitsgrad der Altenhilfeeinrichtung, um das Akquisitionspotenzial voll
ausschöpfen zu können.

4 Der Zusammenhang zwischen Personalmarketing und Employer Branding

Spätestens an dieser Stelle gewinnt ein zweiter Begriff an Bedeutung, der
untrennbar mit dem Begriff des Personalmarketings verbunden ist, es ist der
Begriff des „Employer Brandings". Gibt es schon zum Begriff des Personalmarketings unterschiedliche Definitionen, so fehlt dem Begriff des „Employer Brandings" erst recht bis heute die umfassende wissenschaftliche Va-
lidierung. Gerade zu diesem Begriff besteht noch großer Forschungs- und
Entwicklungsbedarf[4]. Unbestritten ist, dass eine starke Arbeitgebermarke die
Grundvoraussetzung für alle erfolgreichen Maßnahmen des Personalmarketings ist. Aus meiner Sicht kommt daher diesem Begriff eine der zentrals-
ten Funktionen überhaupt zu. Unternehmen oder Organisationen, denen es
zukünftig nicht gelingen wird, in den Köpfen und Herzen ihrer Mitarbeite-

---

3 Vgl. Müller / Rosner (Hrsg.): Gute Mitarbeiter finden, fördern, binden: Personalmarketing in
der Altenhilfe. Hannover 2010, 25.
4 Vgl. Stotz / Wedel 223.

rinnen und Mitarbeiter glaubhaft positiv verankert zu sein, werden es sehr schwer haben, eine dauerhafte Bindung herzustellen und eine attraktive Außenwirkung zu erreichen. Das ist leichter gesagt als getan, denn gerade in diesem Zusammenhang ist eines absolut erfolgsentscheidend: die Authentizität der Führungsverantwortlichen. Arbeitgeberattraktivität ist mehr als das, was in Hochglanzprospekten steht, es ist das, was gelebt und erfahren wird und was Mitarbeiterinnen und Mitarbeiter zu lebendigen und überzeugten Botschaftern des Arbeitgebers macht – oder auch nicht. Nur eines ist sicher: Botschafter sind sie immer – und das macht das Ganze aus Arbeitgebersicht zunächst wenig beherrschbar. Wie aktuelle Untersuchungen zeigen, ist es nicht die hohe Fluktuationsrate, die für Unternehmen der Gesundheitshilfe so bedrohlich wäre, sondern die geringe emotionale Bindung der aktuellen Mitarbeiterinnen und Mitarbeiter[5]. Gerade hier liegt ein großer Handlungsschwerpunkt.

Doch was ist das nun genau, eine Arbeitgebermarke? Generell gesprochen, können wir sie als Leistungsversprechen bezeichnen, sie signalisiert den Mitarbeiterinnen und Mitarbeitern und den potentiellen Bewerberinnen und Bewerbern, wofür das Unternehmen steht und was es (das Unternehmen!) einzigartig macht – und zwar als Arbeitgeber. Die Arbeitgebermarke ist ein Versprechen, das Tag für Tag eingelöst werden will. Wenn wir nun im Folgenden von den Instrumenten des internen und externen Personalmarketings sprechen, dann immer vor dem Hintergrund der Arbeitgebermarke und mit dem Ziel der Stärkung der Attraktivität einer Einrichtung als Arbeitgeber.

5 Was macht uns einzigartig – als Unternehmen der Caritas?

Es gibt umfangreiche Versuche und vielfältige Diskussionen, die Einzigartigkeit gemeinnütziger oder gar katholischer Einrichtungen herauszustellen, geglückte und weniger geglückte, bemühte und weniger bemühte. Aus meiner Sicht bündeln sie sich immer in der Frage: „Warum hat sich ein Bewerber oder eine Bewerberin dafür entschieden, gerade in unserer Einrichtung zu arbeiten?" Es ist beispielsweise für den Bereich der Altenhilfe das große Verdienst des VKAD[6], dass er anhand seiner Mitarbeiterbefragungen umfangreiches Material gesammelt und zur Verfügung gestellt hat, aus dem

---

5 Vgl. Studienbericht der Uni Münster zu Jobwahlverhalten, Motivation und Arbeitsplatzzufriedenheit von Pflegepersonal und Auszubildenden in Pflegeberufen. Ergebnisse dreier empirischer Untersuchungen und Implikationen für das Personalmanagement und -marketing von Krankenhäusern und Altenpflegeeinrichtungen, Münster 1/2011.
6 VKAD: Verband Katholischer Einrichtungen der Altenhilfe in Deutschland, der seit 50 Jahren besteht und in dem über 1.000 Dienste und Einrichtungen der Altenhilfe der verbandlichen Caritas organisiert sind.

die Beweggründe der Mitarbeiterinnen und Mitarbeiter ersichtlich werden, gerade in Altenhilfeeinrichtungen der Caritas zu arbeiten[7]. Die Mitarbeiterinnen und Mitarbeiter sprechen hier teilweise offen, teilweise verdeckt, von dem, was sie bewegt und was sie von ihrem Beruf erwarten. Generell gesprochen reden sie von ihren Werten. Wertvoll aus Sicht der Mitarbeiterinnen und Mitarbeiter sind Arbeitsplätze in Altenhilfeeinrichtungen, in denen sie Beziehungen eingehen, etwas geben und zurückbekommen können. Wertvoll aus Sicht der Mitarbeiterinnen und Mitarbeiter sind Arbeitsplätze, in denen eine vertrauensvolle Atmosphäre herrscht. Wertvoll aus Sicht der Mitarbeiterinnen und Mitarbeiter sind Arbeitsplätze, in denen selbstständiges Arbeiten möglich ist und in denen jede und jeder Einzelne als Individuum geachtet wird. Nicht mehr – aber auch nicht weniger!

Und damit kommt, noch bevor der Blick auf die Instrumente fällt, die für das Personalmarketing notwendig sind, etwas in den Blick, das Grundlage aller Maßnahmen des Personalmarketings ist: die wertschätzende Organisationskultur. Sie fällt nicht vom Himmel, sie wird geschaffen – und zwar durch wertebasierte und effektive Führung. Allein durch sie entstehen die Beweise, dass Personalmarketing positiv gelebt ist. Personalmarketing ohne Rückbindung an wertorientierte und effektive Führung ist wirkungslos, im schlimmsten Fall kontraproduktiv. Denn Wertschätzung schafft Wertschöpfung.

6 Alles nur eine Frage der Führung? Ja, aber nicht nur ...

Spätestens hier wird deutlich, wie eng Personalmarketing und Führung zusammenhängen. Und das macht es so komplex – und das macht es so schwierig. Die Werkzeugkoffer des Personalmarketings sind inzwischen prall gefüllt. Die Umsetzung dagegen braucht Zeit. Zeit, neue Instrumente einzusetzen; Zeit, Führung neu zu überdenken; Zeit, Menschen neu dafür zu gewinnen, Verantwortung zu übernehmen und Führung als Dienstleistung zu verstehen. Jenseits aller Techniken und Instrumente kommt etwas zum Tragen, das wesentlich zum Erfolg des Einsatzes der Personalmarketinginstrumente beiträgt: Unsere Haltung oder altmodisch gesprochen – unser Charakter. Es ist schon faszinierend, dass in der neuen Führungsliteratur die Frage der Werte, die Frage der Haltungen, die Fragen der Charakterbildung eine so entscheidende Rolle einnehmen. Sie entscheiden über den Erfolg des Personalmarketings einer Altenhilfeeinrichtung, denn sie bilden die Grundlage, mit der die Maßnahmen des Personalmarketings mit Leben gefüllt und nach innen und außen glaubhaft kommunizierbar werden.

---

7 Vgl. Mitarbeiterinnenbefragung des Verbands katholischer Altenhilfe in Deutschland e. V., Gesamtbericht Mitte 2005 bis 2008, Freiburg 2008.

Ein hoher Grad an Mitarbeiterzufriedenheit bzw. Mitarbeiterloyalität ist Ziel und auch Voraussetzung für ein erfolgreiches Personalmarketing und dafür ist, wie wir alle wissen, für Mitarbeiterinnen und Mitarbeiter die Beziehung zu ihren jeweiligen Vorgesetzten entscheidend. Denn so wie neue Generationen von Mitarbeiterinnen und Mitarbeitern gewonnen werden wollen, so wie sich deren Werte und Bedürfnisse verändert haben, so haben sich auch die Anforderungen an Führungsverantwortliche gewandelt. Allein hierarchisch legalisierte, durchsetzungsstarke Macher werden den Anforderungen, die das Personalmarketing an ihre Einrichtungen stellt, nicht mehr gerecht. Mitarbeiterinnen und Mitarbeiter wollen gewonnen und überzeugt werden, wenn sie gehalten werden wollen und auch das ist eine Folge des Wandels vom Verkäufer- zum Käufermarkt in Zeiten des sich abzeichnenden Mangels an qualifizierten Fach- und Führungskräften in unseren Einrichtungen. Genau das ist die Grundlage für ein erfolgreiches Personalmarketing.

7 Die Instrumente des Personalmarketings

Führungsverantwortliche, die sich mit der Frage beschäftigen, Personalmarketing für Ihre Einrichtung zu betreiben, stehen vor der Herausforderung, eine nahezu unüberschaubare Anzahl von Instrumenten zur Verfügung zu haben, die es schwierig macht, eine Auswahl vorzunehmen. Die Frage heißt also nicht nur: „Sollen wir jetzt auch noch Personalmarketing machen?", sondern sie lautet vor allem: „Was sollen wir zuerst für unsere Einrichtung, für unseren Dienst machen? Welche Instrumente sind gerade für uns und unsere Situation notwendig?" Aus meiner Sicht gibt es dabei eine ganz einfache Lösung. Als Führungsverantwortliche/r kann ich ganz einfach dort beginnen, wo für mich im Blick auf meine Einrichtung der Bedarf am größten ist.

Als erste Orientierungshilfe kann mir dabei die Unterscheidung nach Zielgruppen weiterhelfen. Für die Zielgruppe der vorhandenen Mitarbeiter/-innen sind vor allem die internen Instrumente des Personalmarketings geeignet:

- Partizipationsorientierte Führungsmodelle mit einem hohem Autonomie- und Entscheidungsgrad für Mitarbeiter/-innen;
- strukturierte Mitarbeitergespräche und Feedbacks, z. B. im Rahmen von Jahreszielgesprächen und Meilensteingesprächen;
- monetäre Leistungsanreize, falls diese tariflich möglich sind;
- Maßnahmen der Personalentwicklung wie regelmäßige Fort- und Weiterbildungsmöglichkeiten, Karriere- und Nachfolgeplanung, Führungskräfteentwicklung, Coaching, Patenprogramme zur Einarbeitung und Hinführung auf neue Aufgaben;
- Maßnahmen des Gesundheitsmanagements und der flexiblen Arbeitszeitmodelle sowie verbindliche Vertretungsregelungen, die den betroffen

Mitarbeiter/-innen die Gewissheit geben, ihre freie Zeit auch als solche planen zu können;

- sowie eine transparente Kommunikationspolitik innerhalb der Einrichtung im Rahmen von Mitarbeiternewslettern und -zeitschriften sowie des Intranet, v. a. aber im Rahmen der persönlichen Kommunikation mit den jeweils unmittelbar Vorgesetzten.

Für die Zielgruppe der zukünftigen Mitarbeiter/-innen eignen sich die externen Instrumente des Personalmarketings:

- An erster Stelle sei hier die Erweiterung der Ausbildungskapazitäten genannt;
- alle Maßnahmen der Personalgewinnung wie z. B. die Förderung von Initiativbewerbungen aufgrund eines attraktiven Arbeitgeberimages, der Nutzung des e-Recruitings und der Jobbörsen bis hin zur Pflege eines qualifizierten Bewerberpools, zu dem auch ein Verhaltenskodex gegenüber Bewerberinnen und Bewerbern gehört sowie die regelmäßige Kontaktpflege zu Hoch-, Altenpflege- und allgemeinen Schulen, um junge Menschen schon vor der endgültigen Berufswahl ansprechen zu können;
- Maßnahmen der Öffentlichkeitsarbeit, wie z. B. Informationsbroschüren für potenzielle Pflegekräfte und Einrichtungsführungen; ein aus Sicht der Zielgruppen ansprechender Internetauftritt, anhand dessen sich die Einrichtung als attraktiver Arbeitgeber präsentieren kann, sowie ein Personalmarketingkonzept, das die Möglichkeiten des Web 2.0 ganz selbstverständlich mit einbezieht, da die Bedeutung von klassischen Stellenanzeigen bei der Personalgewinnung immer weiter abnehmen wird.
- Ein nicht zu unterschätzendes Instrument des externen Personalmarketings ist aufgrund der großen Außenwirkung die Teilnahme an externen Audits, wie dem „audit berufundfamilie" oder an „Great Place to Work", um nur einige zu nennen.

Diese internen und externen Instrumente können dann je nach Bedarf einer Einrichtung systematisiert werden und zwar nach ihrer Bedeutung für die Personalgewinnung und Personalentwicklung, nach ihrer Bedeutung für die Integration neuer Mitarbeiterinnen und Mitarbeiter sowie für die Maßnahmen der Personalrückgewinnung, wie zum Beispiel Austrittinterviews oder Kontakthalteprogramme mit ausgeschiedenen Mitarbeiterinnen und Mitarbeiter.

8 Die Vereinbarkeit von Familie und Beruf – wichtiger Baustein eines zukunftsfähigen Personalmarketingkonzepts

Aus meiner Sicht sind – bereits gegenwärtig und erst Recht zukünftig – gerade Maßnahmen zur Vereinbarkeit von Familie und Beruf bzw. von Pflege und Beruf für Einrichtungen der Altenhilfe existenziell notwendig und zwar aus drei Gründen: ein Großteil der Beschäftigten sind Frauen, ein großer Teil davon in Teilzeitarbeitsverhältnissen, ein zunehmender Teil ist zusätzlich mit der Pflege enger Angehöriger in der eigenen Häuslichkeit konfrontiert. Pflege ist – gerade zuhause – immer noch eine Aufgabe, die von Töchtern und Schwiegertöchtern wahrgenommen wird. Ich habe es schon mehrmals erlebt, dass qualifizierte Mitarbeiterinnen ihren Beruf in der Altenpflege aufgegeben haben, weil sie pflegebedürftige Angehörige zuhause zu versorgen hatten. Flexible Dienstplanmodelle zur flexiblen Arbeitszeitgestaltung, eine Arbeitsorganisation, die es auch pflegenden Mitarbeiterinnen ermöglicht, langfristig im Beruf zu verbleiben, erfordern eine Organisationskultur, in der die Bedürfnisse der einzelnen Mitarbeiterinnen in gleichem Maße wie die Erfordernisse der Einrichtung offen und transparent kommuniziert wie auch berücksichtigt werden. Dies ist ein oft langwieriger und auch schwieriger Prozess, der nur gelingen kann, wenn die Führungsverantwortlichen für diese Fragen sensibilisiert und im Rahmen von Zielvereinbarungsgesprächen hierfür gewonnen worden sind.

Die Erfahrung zeigt, dass Einrichtungen, in denen dies gelingt, als attraktiver Arbeitgeber in ihrem Umfeld wahrgenommen werden und dass gerade Maßnahmen zur Vereinbarkeit von Beruf und Familie im Pflegebereich erfahrbare und damit auch kommunizierbare Beweise eines funktionierenden und tragfähigen Personalmarketingkonzepts sind. Bereits für die Einrichtung tätige Mitarbeiterinnen und Mitarbeiter werden auf diesem Wege zur aktiven Markenbotschaftern, die, indem sie von ihren Arbeitsbedingungen erzählen, potenzielle Mitarbeiterinnen und Mitarbeiter authentischer gewinnen können, als jede Hochglanzbroschüre dies tun kann.

9 Information allein genügt nicht mehr – über die Bedeutung des Web 2.0 für ein Personalmarketing der Zukunft

Personalmarketing erfordert Kommunikation. Kommunikation ist mehr als Information, sie ist dialogisch. Information ist einseitig, sie geschieht häufig von oben nach unten. Wenn die Situation sich so darstellt, dass eine neue Generation von Mitarbeiterinnen und Mitarbeitern gewonnen und aktuelle Mitarbeiterinnen und Mitarbeiter gehalten werden wollen, und zwar dadurch, dass sie mitgestalten und sich beteiligen wollen, dann ist umfassende Information zwar notwendig, aber als Mittel zur Mitarbeitergewinnung und -bindung allein nicht ausreichend. Notwendig ist darüber hinaus echte Kommunikation, der Dialog mit den Betroffenen, die ich als Arbeitgeber gewinnen will. Plötzlich haben mir dann auch Bewerberinnen und Bewerber etwas zu sagen und meine Attraktivität als Arbeitgeber hängt wesentlich davon ab, ob und wie ich von ihnen wahrgenommen werde. Denn mit diesem veränderten Kommunikationsverhalten verändern sich auch die Kommunikationswege und die Kommunikationsmittel.

Damit zeigt sich auch die Bedeutsamkeit des Web 2.0, also die Weiterentwicklung der klassischen Internetinstrumente zur Informationsbeschaffung hin zu interaktiven Instrumenten, deren Ziel es ist, die Benutzer selbst aktiv mit einzubeziehen und sie damit vom reinen Konsumenten zum Produzenten zu machen. Untersuchungen zeigen, dass nahezu 100 Prozent der Jugendlichen und jungen Erwachsenen zwischen 14 und 29 Jahren täglich online sind, bevorzugt in sozialen Netzwerken wie Facebook und anderen Portalen[8]. Einrichtungen der meisten sozialen Arbeitsfelder werden zukünftig ihre Personalmarketingstrategien auf diese Netzwerke hin ausrichten müssen, um überhaupt von den relevanten Zielgruppen wahrgenommen zu werden. Neben der reinen Präsenz geht es dabei vor allem um die dialogische Zielgruppenkommunikation und gerade hier zeigen sich noch große Entwicklungspotentiale. Personalmarketing ist, wenn es zukünftig Erfolg haben soll, pro-aktiv, d. h. es geht darum, Netzwerke zu pflegen und Kontakt zu Menschen zu halten, die für die Einrichtung interessant sein können, auch wenn sie sich noch gar nicht entschieden haben, in dieser Einrichtung zu arbeiten. Personalmarketing wird damit zu einem wichtigen Teil der Unternehmensstrategie. Personalmarketing wird zur Chefsache.

10 Schluss: Müssen wir jetzt auch noch Personalmarketing machen?

Die Frage stellt sich so nicht mehr. Die gegenwärtige Lage und die zu erwartende Entwicklung lassen uns keine andere Wahl. Schließlich geht es um das Überleben unserer Einrichtungen und Dienste. Denn wie hat der Unternehmer und Managementberater Jörg Knoblauch einmal gesagt: „In Zukunft gibt es nur noch zwei Arten von Unternehmen. Solche, die sich durch absolute Kunden- und Mitarbeiternähe auszeichnen. Und solche, die pleite sind!"

---

8 Vgl. Hornung, Web 2.0 Anwendungen in der Personalarbeit der Gesundheits- und Sozialwirtschaft, concepte 3/2011.

Mehr gesund und weniger krank – zum Ansatz der Salutogenese

Christoph Becker

Einleitung

Aus der übergreifenden Theorie in die regionale Praxis eines Orts-Caritasverbandes, das war und ist der Anspruch für den Weg zur Gesundheitsförderung, den wir als Caritasverband Olpe seit vielen Jahren und – mit Überzeugung – auch erfolgreich gehen. Dieses Selbstbewusstsein ist auch mit dem Anspruch verbunden unser Caritas-Proprium, also

• das Besondere
• das, was uns ausmacht
• das, was uns unterscheidet

für uns immer wieder neu zu klären und bewusst herauszustellen. Eine Grundüberzeugung dabei ist, dass es die Menschen sind, die diese Caritas ausmachen. Gemeint sind zunächst alle Menschen, die Caritas aktiv unterstützen, ganz egal ob zum Beispiel im Hauptberuf oder im Ehrenamt.

Ausgehend von dieser Grundlage ist mein Beitrag dreigliedrig aufgebaut:

• Nach der Einordnung und Darstellung des Salutogenese-Ansatzes erfolgt zunächst die Verknüpfung mit unserer christlichen Wertorientierung, wobei wir uns hier an den wegweisenden Ausführungen von Christoph Jacobs orientieren. Wir übersetzen diesen Ansatz auf unseren Themenbereich „Arbeit".

• Im zweiten Schritt stehen die grundlegende Ausrichtung des Caritasverbandes Olpe und entsprechende Leitlinien und Dokumente im Fokus. Es geht um die Basis, die unsere Strategie und unser Handeln bestimmt.

• Im dritten Teil ist primär die Praxis und Umsetzung im Blick. Hier bieten wir exemplarische Antworten an auf die Frage des geneigten Lesers: „Und was heißt das konkret?" Diese Praxis bietet dann Impulse für den Transfer aus Lesersicht: „Wo stehen wir im Vergleich?"

1 Salutogenese – Begriff und Verortung

1.1 Aaron Antonovsky – Begründer des Salutogenese-Modells

Wie kommt es, dass die meisten Menschen ihr Leben gut meistern, es mögen und sogar durch Krisen wachsen und das Leben in gewissem Sinne „heil" vollenden? Diese Frage hat den amerikanisch-israelischen Medizinsoziologen und Psychologen Aaron Antonovsky in den 1970er Jahren intensiv beschäftigt. Aaron Antonovsky wurde 1923 in Brooklyn/USA geboren. Er studierte an der Yale-Universität Soziologie. Sein wissenschaftliches Interesse galt insbesondere der Stressforschung. Anfang der 60er Jahre wanderte er nach Israel aus, wo er seine Studien auf dem Gebiet der Medizinsoziologie fortsetzte. Aus einer Studie heraus entwickelte er den Salutogenese-Ansatz. Er untersuchte damals eine Gruppe von Frauen, die im Dritten Reich die Gefangenschaft im Konzentrationslager überlebt hatten, und stellte fest, dass 29 Prozent von ihnen gesundheitlich nicht beeinträchtigt waren. Bei einer „Kontrollgruppe" ohne die tragischen Erfahrungen des Naziregimes waren 59 Prozent gesundheitlich nicht beeinträchtigt. Das Ergebnis der Studie lag jedoch weniger im Unterschied zwischen den beiden Gruppen, sondern mehr in dem Ergebnis, dass trotz der schrecklichen Erlebnisse im Konzentrationslager und der Flüchtlingsqualen 29 Prozent als körperlich und psychisch gesund beurteilt wurden.

Salutogenese bedeutet so etwas wie Gesundheitsentwicklung und verbindet die beiden Begriffe salus (= Gesundheit, Unverletzlichkeit, Glück, Heil) und genesis (= Geburt, Ursprung, Entwicklung). Salutogenese konzentriert sich nicht auf krank machende Faktoren (Risiken), sondern auf Faktoren und Quellen für Gesundheit (Chancen). Was macht oder hält mehr oder weniger gesund? Was macht heil?

Salutogenese versteht sich somit auch nicht einfach als Gegensatz zur Pathogenese, sondern Antonovsky hat die Frage neu, anders und prägnant gestellt: Wodurch wird ein Mensch „mehr gesund" und „weniger krank"?

1.2 Grundlinien des salutogenetischen Ansatzes

Vier Grundlinien lassen sich aus dem salutogenetischen Ansatz identifizieren:

a. Gesundheit als Prozess
   Die Salutogenese geht von der systemtheoretischen Überlegung aus, dass Gesundheit ein quasi labiler Zustand ist, der aktiv erhalten werden muss. Gesundheit entsteht in der aktiven Auseinandersetzung des Einzelnen mit seiner Umwelt. Sie ist ein mehrdimensionales, ganzheitliches und prozesshaftes Geschehen.

b. Das Gesundheits-Krankheits-Kontinuum
   Im traditionellen Verständnis der Medizin gab es die klare Grenzziehung zwischen krank und gesund. Traditionell ist die so genannte Pathogenese, die den Blick auf die Entstehung und Behandlung von Krankheiten richtet. Krankheit und Gesundheit in diesem Sinne waren zwei einander ausschließende Zustände, die klare Grenzziehung zwischen gesund und krank erschien für die Medizin als Handlungssystem notwendig.

Die Salutogenese verwirft die für die pathogene Orientierung typische dichotome Klassifizierung vom Menschen als gesund oder krank. Gesundheit und Krankheit werden als zwei Endpunkte eines Kontinuums verstanden, zwischen denen sich relatives Gesundsein oder Kranksein bewegt. Jeder Mensch ist in diesem Sinne teilweise krank und teilweise gesund. Salutogenese beschäftigt sich mit allen Menschen, die sich irgendwo auf dem Gesundheits-Krankheits-Kontinuum bewegen, also nicht ausschließlich mit Kranken. Die ganze Person mit ihren objektiven medizinischen Daten und ihrem subjektivem Befinden, mit ihrer Lebensgeschichte, den ihr Leben bestimmenden Risikofaktoren und mit ihrem sozialen Kontext steht im Fokus des Interesses, und nicht nur eine bestimmte Krankheit. Bildlich ausgedrückt ist es der menschliche Hochseilakt zwischen den Polen Gesundheit und Krankheit, den der Mensch in und mit seinem Leben vollbringt. Antonovskys Ausführungen lassen uns den Salutogenese-Ansatz auch mit dem Begriff „Heilsweg" übersetzen. Er verbindet dies mit dem Bild und der Erkenntnis, dass „kein Mensch trockenen Fußes am Ufer des Lebensstromes wandern kann". Oder anders und recht plakativ formuliert: Ganz gesunde Menschen gibt es nicht, es gibt nur – mit humorigem Unterton – nicht ganz gründlich untersuchte Menschen! Im Leben mischen sind Gesundheit und Krankheit.

c. Ressourcenorientierung
Die Salutogenese stellt in den Mittelpunkt ihrer Fragestellung die Faktoren, auch „heilsame Ressourcen" genannt, die einem Menschen die Bewegung hin auf den gesunden Pol ermöglichen. Sie kennt eine Vielzahl von Ressourcen. Gemeint sind Eigenschaften einer Person und deren Umwelt. Die Ressourcen lassen sich nicht nur für einen einzelnen Menschen ausmachen, sondern auch für Gruppen (z. B. auch Mitarbeiter einer Organisation/eines Unternehmens) oder gar eine Gesellschaft. Ressourcendimensionen sind:

- materielle Ressourcen (z. B. Geld, Einkommen, Wohnung …)
- körperliche Ressourcen (genetische, konstitutionelle Kräfte …)
- kognitive Ressourcen (z. B. Intelligenz, Wissen, Ausbildung …)
- psychische und psychosoziale Ressourcen (z. B. eigene Identität, Ich-Stärke, Bindung, Flexibilität, Rationalität, Weitsichtigkeit, Zusammenhalt, Engagement, Hingabe, soziale Beziehungen)
- und nicht zuletzt spirituelle Ressourcen (Jesus Christus als zentrale Ressource christlichen Lebens)

d. Stressoren als Gesundheits-„Erreger"
Die Salutogenese geht von einer Welt aus, die voller Stressoren ist. Stressoren werden nicht von vornherein als negativ oder pathogen gewertet. Sie gelten als Herausforderungen, die – richtig verarbeitet –

gesundheitsfördernd wirken können. Im Mittelpunkt der Betrachtung stehen die Ressourcen, die zu einer produktiven und kreativen Bewältigung von belastenden oder auch widersprüchlichen Alltagssituationen führen, d. h. die die Überführung von Spannung in Stress im positiven Sinne verhindern.

1.3 Die salutogenetische Lebenseinstellung und der Kohärenzsinn

Aus dem salutogenetischen Ansatz lässt sich so etwas wie eine salutogenetische Philosophie oder Lebenseinstellung ableiten. Wer salutogenetisch lebt,

- sieht staunend die vielfältigen Möglichkeiten, die es gibt, um das irdische Leben zu meistern;
- sieht das Leben ganzheitlich und konzentriert sich auf die Zusammenführung aller Kräfte in und mit Körper, Geist und Seele;
- weiß und vergewissert sich immer wieder neu, dass niemand nur gesund oder nur krank ist, und hat damit eine vertrauensvolle Lebensorientierung, die die Salutogeneseforschung „Kohärenzsinn" nennt, d. h. den Sinn für eine gewisse Stimmigkeit. Dieser Stimmigkeitsansatz hat ganz eng mit einem „gesunden Gefühl" für die Verankerung des Lebens zu tun:
- Ich sehe und erlebe mein Umfeld, meine (Lebens-)Welt als stimmig.
- Ich kann sie gestalten.
- Mit dieser Sichtweise erachte ist es für sinnvoll, mich anzustrengen für mein Leben.

1.4 Salutogenese als christliches Modell

An dieser Stelle ist es nur konsequent, den Blick auf unsere christliche Wertorientierung, auf unser christliches Menschenbild zu richten und dabei festzustellen, dass das salutogenetische Modell als zutiefst christliches Modell verstanden werden kann. In diesem Kontext übersetzen wir Salutogenese im Sinne der theologischen Begrifflichkeiten mit „Heilswerdung", wohlwissend, dass dieses Vokabular in unserer Zeit nicht ohne weiteres verstanden wird, also erklärungs- oder übersetzungsbedürftig ist. Diese „Übersetzungsleistung" hat in eindrucksvoller Weise der in Köln geborene Theologe Prof. Dr. Christoph Jacobs erbracht.
Salutogenese, Heilswerdung in diesem Sinne ist von Anfang an (Gen 1, 31: „Und Gott sah alles an, was er gemacht hatte: Es war sehr gut.") der Plan Gottes für das Leben der Menschen. Die Absicht Gottes ist diese Heilswerdung der Welt mit all ihren Geschöpfen. Mit diesem Gott überspringe ich im Sinne des Psalmisten Mauern. Das, was ersttestamentlich formuliert ist, findet seine Fortsetzung im Handeln von Jesus Christus: „Heil" und „Erlösung" sind quasi Zentralworte seiner Botschaft. Wer zu Jesus Christus in Beziehung tritt und sich von ihm prägen lässt, der wird Teil dieser Heilsgeschichte.

Er sagt: „Ich bin gekommen, dass sie das Leben haben und es in Fülle haben." (Joh 10, 10).

Ganz wichtig: Mit Jesus Christus kam die Befreiung vom Zwang zur Vollkommenheit. Gerade die christliche Botschaft integriert quasi die Last und die Würde der Endlichkeit und die Zerbrechlichkeit menschlichen Lebens. Viele Jesusgeschichten sind eindrucksvolle Beispiele und Belege dieser Ausrichtung, mit allen Dimensionen und Ressourcen, die der salutogenetische Ansatz in den Blick nimmt.

Unser christlicher Glaube greift die Sehnsucht nach Heil und – sagen wir es etwas profaner – Glück auf: Glücklich wird der Mensch, der sich hineinnehmen lässt in den heilenden Lebensraum Gottes. „Sieh, dein Glaube hat Dir geholfen. Geh in Frieden!" (Lk 8, 48).

Und ganz im Sinne der Caritas geht der salutogenetische Ansatz als christliches Modell noch einen Schritt weiter: Die „mehr Glücklichen" werden aufgerufen zur Solidarität mit den „Unglücklichen" dieser Welt: Geteiltes Leid ist deutlich mehr als halbes Leid!

1.5 Salutogenese – die Übersetzung in den Bereich „Arbeit"

Es geht nach Antonovsky um eine vertrauensvolle Lebensorientierung und -einstellung, die er Kohärenzsinn (= Sinn für Stimmigkeit) nennt. Einen (zumindest zeitlich großen) Teil unseres Lebens macht die Arbeit aus. Auch hier gilt: Ein stimmiges und gestaltbares Arbeitsumfeld sorgt dafür, dass wir mehr gesund und weniger krank sind.

Mit einem Krankenstand von 2,89 Prozent liegen wir im Caritasverband Olpe immer noch deutlich unter dem Branchenwert von 3,43 Prozent (Gesundheitsreport Techniker-Krankenkasse). Trotzdem ist zumindest auch in einigen unserer Einrichtungen spürbar, dass und wie hohe Krankenstände einzelne Abteilungen oder Bereiche beeinflussen. Dabei geht es bei uns und insgesamt weniger um körperliche, sondern zunehmend um psychische Erkrankungen und Belastungen.

Mit einer positiven Caritas- und Salutogenese-Grundeinstellung sehen wir jedoch weniger auf die Einrichtungen mit hohen, sondern eher auf die Bereiche mit niedrigen Krankenständen. In „QM-Manier" von den Besten lernen heißt zu analysieren, was diese Einrichtungen und wir insgesamt aktiv und passiv dafür tun, dass unsere Mitarbeiter oder besser unsere Kolleginnen und Kollegen gesund bleiben. Unseren Blick richten wir also einfach darauf, was gesund hält und weniger was krank macht. Das soll nichts beschönigen, sondern den Gesunden wie auch den Kranken helfen.

Zurück zu Antonovsky und seinen Kernbotschaften aus dem Leben und aus der Welt, die sich 1:1 auf die Arbeit übertragen lassen:

Meine Welt ist stimmig.	Mein Arbeitsumfeld ist stimmig = Vertrauen in den Arbeitgeber Caritas, gute Führungskräfte, sinnvolle Aufgabe
Ich kann sie gestalten.	Ich kann meine Tätigkeit gestalten. = Beteiligung und Verantwortung entsprechend unseren Leitlinien
Für mein Leben ist Anstrengung sinnvoll.	Für meine Arbeit lohnt es sich anzustrengen. = positives Feedback, persönliche Erfüllung, faire Bezahlung …

1.6 Schlaglichter gesellschaftlicher Trends und Entwicklungen als „Steilvorlage"

Noch vor wenigen Jahren haben wir – gerade in der Sozialwirtschaft und insbesondere in der Pflege – das Augenmerk stark auf physische Fragestellungen gelegt. Rückenschonendes Arbeiten, Entlastung durch Technik, Ergonomie am Arbeitsplatz – diese Themen wurden hoch gehandelt. Jetzt sind sie nicht out, sondern überlagert von ganz anderen Fragestellungen: Psychische Erkrankungen und Verhaltensstörungen haben als Krankheitsbild alle anderen Krankheitsbilder (auch Krankheiten des Muskel-Skelett-Systems und des Bindegewebes) „überholt". Bei Berufstätigen haben Fehlzeiten unter der Diagnose psychischer Störungen nach nur moderatem Anstieg in den Vorjahren um etwa 40 Prozent zugenommen. Anmerkung: Bei Arbeitslosen betrug der Anstieg zwischen 2000 und 2009 insgesamt 109 Prozent. Also: Gesunde Arbeit hält gesund!

Arbeit und Freizeit beeinflussen sich viel stärker als in der Vergangenheit, die Balance zwischen Arbeit und Freizeit (work-life-balance) zu finden wird immer schwieriger: Flexible Einsatzzeiten, mobile und ständige Erreichbarkeit, höhere psychische Belastungen und weitere Faktoren wirken auf Menschen im Arbeitsleben und zunehmend auch im Privatleben.

Unternehmen entdecken angesichts dieser und weiterer Rahmenbedingungen zunehmend das Thema „Gesundheit" für ihr Unternehmen. Gerade im personalintensiven Dienstleistungs-, Gesundheits- und Sozialbereich hängt der Erfolg stark davon ab, wie „fit" und motiviert die Mitarbeiter sind. Gesundheitsförderndes Führen kann auch laut unserer Berufsgenossenschaft BGW relativ unkompliziert in die Unternehmensstrukturen integriert werden.

2 Grundlagen des Caritasverbandes Olpe – eine salutogenetische Ausrichtung

2.1 Der Caritasverband Olpe

Der Caritasverband Olpe hat seine Anfänge in den 30er Jahren des letzten Jahrhunderts und wurde 1963 als Verein eingetragen. Eine lange Wachstums- und Erfolgsgeschichte haben den Verband geprägt, immer mit klarer Ausrichtung am Menschen, bezogen auf unsere „Kunden" wie auf die Mitarbeiter. Der Caritasverband Olpe heute besteht aktuell aus zwei Rechtsträgern (e. V. und GmbH), hat weit über 7.000 „Kunden" im Kreis Olpe, dem kleinsten Kreis in Nordrhein Westfalen mit ca. 140.000 Einwohnern. 7.000 persönliche Mitglieder unterstützen den Verband und verleihen ihm Gewicht, fast 1.500 Mitarbeiterinnen und Mitarbeiter arbeiten im Hauptberuf in etwa 50 Einrichtungen und Diensten. Etwa die gleiche Zahl Ehrenamtlicher unterstützt den Caritas-Auftrag und diese Arbeit in den Einrichtungen, Diensten und in den Kirchengemeinden.

Zwei Drittel aller Mitarbeiter sind im Bereich der Alten- und Krankenhilfe tätig, ca. 18 Prozent in der Behindertenhilfe, weitere 13 Prozent in der Kinder-, Jugend- und Gefährdetenhilfe, der verbleibende Teil von 2 Prozent macht die Zentrale Verwaltung des Verbandes aus.

2.2 Unsere Vision – ein salutogenetisches Programm

Der Caritasverband Olpe vor einigen Jahren seine Vision „Caritas. Nah. Am Nächsten." formuliert. Diese Vision in Form eines kurzen Visions-Claims ist fest verankert im Verband. Die Übersetzung – sowohl in Blickrichtung Kunden wie auch in Blickrichtung Mitarbeiter – ist einfach und konzentriert und schon als salutogenetisches Programm zu verstehen:

- „Caritas." ist uns Name, Auftrag und Programm zugleich. Nächstenliebe als Menschenfreundlichkeit unter dem Zeichen des Bundes zwischen Gott und den Menschen steht ganz vorne.
- „Nah." verstehen wir in verschiedenen Dimensionen: Es ist menschliche Nähe und Zuwendung zu den Menschen, um die wir kümmern, aber auch zu Mitarbeiterinnen und Mitarbeitern. „Nah." sein heißt die Sorgen, Nöte und Probleme der Menschen (Kunden wie Mitarbeiter) zu kennen. Und „Nah." bedeutet vor Ort – dezentral im Flächenkreis Olpe – zu helfen.
- „Am Nächsten." ist der Hinweis auf die „Nächstenliebe" entsprechend unserem Vorbild Jesus Christus. „Am Nächsten." ist nicht zuletzt die Steigerung, die zum Superlativ führt: Dahinter verbirgt sich unser Anspruch, besonders gut zu sein.

Unser auch wertorientierter Qualitätsanspruch, verankert auch in unserem

QM-System, das wir nach EFQM (European Foundation für Quality Management) ausgerichtet haben, treibt uns positiv an in Sachen ganzheitlicher und exzellenter Ausrichtung.

2.3 Grundlagen und Ziele unserer Personalpolitik

Wesentliche Grundlagen unserer Personalpolitik haben wir dialogisch mit Mitarbeitern erarbeitet. Sie sind klar dokumentiert, sie gelten und schaffen einen sicheren Rahmen oder eine verlässliche Basis, auf deren Grundlage Mitarbeiter ihren Dienst verrichten können, auf der Sicherheit und Vertrauen wachsen, wie es das Salutogenese-Modell in der Übertragung für „stimmige" Arbeit, für einen stimmigen Arbeitsplatz oder Arbeitgeber vorsieht.

Wir setzen dabei auf
*   die Dienstgemeinschaft und die vertrauensvolle Zusammenarbeit,
*   auf den kirchlichen Dienst mit klarer Unterstützungsaussage für unsere Mitarbeiter sowohl in fachlicher, aber auch in persönlicher und religiöser Hinsicht,
*   eine umfassende, langfristige und nachhaltige Personalpolitik,
*   dialogorientierte und partizipative Führung und
*   ganzheitliche Personalentwicklung auf EFQM-Basis.

Ebenso klar und transparent sind die Ziele unserer Personalpolitik in acht Sätzen formuliert:
*   Wir kennen die Fähigkeiten und Interessen unserer Mitarbeiter und setzen sie gezielt ein.
*   Unsere Mitarbeiter handeln kreativ, innovativ und eigenverantwortlich auf der Basis klarer Aufgabenzuordnungen sowie der Delegation von Kompetenzen und Verantwortung.
*   Leistungsträger und Nachwuchsführungskräfte erhalten Entwicklungsmöglichkeiten und werden gezielt gefördert.
*   Qualifizierte Mitarbeiter sichern unternehmerische Entscheidungen ab.
*   Für Stellenbesetzungen liegen Anforderungsprofile und Potenzialanalysen über Mitarbeiter vor.
*   Unsere Wettbewerbsfähigkeit als Caritas im Kreis Olpe wird erhalten bzw. weiterentwickelt.
*   Wir erreichen eine hohe Mitarbeiter- und Kundenzufriedenheit.
*   Die Mitarbeiter identifizieren sich mit dem Auftrag und den Werten des Caritasverbandes Olpe.

2.4 Das Olper PE-Modell und die Personalentwicklungsprozesse

Das Personalentwicklungs-Modell ist, wie andere Modelle und Dokumente unseres Verbandes, einfach und übersichtlich strukturiert. Wir haben einen strategischen und einen operativen Strang identifiziert. Im strategischen Bereich geht es um die Mitarbeiterschaft insgesamt, um den Personalmarkt, um neue Fördermaßnahmen etc., im operativen Teil geht es um den einzelnen und konkreten Mitarbeiter, von der Gewinnung über die Förderung bis idealerweise hin zum Ruhestand.

	strategisch	operativ
HOLEN	Personalmarkt steuern	Mitarbeiter gewinnen
FÖRDERN	Personalfördermaßnahmen steuern	Mitarbeiter fördern
BINDEN	= u.a. Wirkung der Förderung	
FREISETZEN	Verfahren	Standard

2.5 Das Great-Place-to-Work-Modell

Vor der Darstellung der betrieblichen Praxis im Caritasverband Olpe sei an dieser Stelle noch auf das so genannte „Great-Place-to-work-Modell" mit seiner Nähe zur salutogenetischen Ausrichtung verwiesen. Als Caritasverband Olpe sind wir durch unsere Benchmark-Aktivitäten als Teil unserer Ausrichtung nach EFQM (der Vergleich/das sich Messen mit den Besten) auf das Modell gestoßen. Das Great-Place-to-work-Institute befasst sich intensiv und weltweit mit der Frage, wie und was ein „großartiger Arbeitsplatz" ist. Als Caritasverband Olpe haben wir uns und auch den salutogenetischen Ansatz hier wiedergefunden bzw. bestätigt gefunden. Wir haben uns der Überprüfung gestellt: Zweimal haben wir am Wettbewerb „Bester Arbeitgeber" des Institutes teilgenommen und wurden in beiden Jahren als „Deutschlands Bester Arbeitgeber im Gesundheitswesen" mit dem 1. Platz ausgezeichnet. Ein „bester" und gesunder Arbeitsplatz ist ein Arbeitsplatz,

- an dem man denen vertraut, für die man arbeitet,
- an dem man gefördert, unterstützt und fair behandelt wird,
- an dem man mitgestalten kann,
- wo man stolz ist auf das, was man tut,
- wo es sich lohnt sich anzustrengen,
- wo man Freude hat an der Zusammenarbeit mit anderen.

An dieser Stelle schließt sich der Kreis und wir finden uns wieder bei dem, was Antonovsky für das Leben und die Welt formuliert hat und wir auf den Bereich Arbeit übertragen haben.

3 Praxis und Umsetzung im Caritasverband Olpe

3.1 Kurz, knapp und mitten im (Arbeits-)Alltag

Zu den Grundlagendokumenten unseres Verbandes sind inhaltliche Aussagen bereits getroffen. Unser Stimmigkeitsanspruch bringt es mit sich, dass wir die Messlatte für Alltagstauglichkeit sehr hoch hängen.

Wir kennen Leitbilder, die als umfangreiche Broschüre in Hochglanz gedruckt, idealerweise gelocht und dann abgeheftet werden. Wir haben bewusst einen Kontrapunkt gesetzt und unsere Vision und Leitsätze auf eine Karte im Scheckkartenformat gedruckt. Kurz und bündig, handlich für Hemd-, Hosen- oder Handtasche. Die Karte hat ihre Bedeutung und ihren Wert, auch ohne Magnetstreifen. Highlight am Rande: Vor einigen Jahren gaben uns Mitarbeiter die Karten demonstrativ zurück mit dem Hinweis, dass in dieser Einrichtung die Vision nicht gelebt würde. Wir haben gehandelt, offen, im Dialog und … nach einiger Zeit wollten die Mitarbeiter ihre Karten wieder zurück haben. Das ist die Kultur des Vertrauens, die wir uns wünschen und versuchen zu leben.

Ebenfalls kurz und bündig sind die so genannten „Leitlinien für unser Miteinander" gefasst. Entstanden aus den damaligen Führungsleitlinien, dann im Dialog zu Miteinander-Leitlinien weiterentwickelt, hängen sie als sichtbares Zeichen und als Zusage in allen Einrichtungen im Mitarbeiterraum, außerdem als Erinnerung als Mousepad am EDV-Arbeitsplatz, mindestens bei jeder Führungskraft.

3.2 Dienstgemeinschaft

Der „Dritte Weg" ist für uns Grundlage unserer Unternehmenskultur, die Dienstgemeinschaft das konkrete Bild seiner Ausgestaltung. Immer wieder hören wir von Dienstgeberkollegen, die Stress mit ihren Mitarbeitervertretungen haben. Oft berichten uns unsere Mitarbeitervertreter von anderen MAVen, die Stress mit ihrem Dienstgeber haben. Wir haben und leben eine Kultur regelmäßiger monatlicher Gespräche, wir initiieren gemeinsam Projekte wie unsere Mobbing-Ansprechpartner oder betriebliche Suchtprävention, wir handeln auf und mit der Basis der kirchlichen Grundordnung, statt mit „Drohung" mit Fürsorge und Zuwendung, so wie der Geist der Grundordnung und der Dienstgemeinschaft es vorsieht.

3.3 Beteiligung und Kommunikation

… sind grundlegend für unsere Ausrichtung. Als „Instrument" zur Umsetzung unserer Strategie haben wir vor vielen Jahren Zielvereinbarungen eingeführt, die inkl. regelmäßiger Feedbackgespräche mit jeder Führungskraft geführt werden. Zwischen Führungskraft und Mitarbeiter ist regelmäßig mindestens alle zwei Jahre das strukturierte Mitarbeitergespräch vorgesehen, in dem sich beide Gesprächspartner ein Feedback geben und Vereinbarungen zur Weiterentwicklung des Mitarbeiters und des Miteinanders treffen (und überprüfen). Betriebliches Vorschlagswesen, Beteiligung beim strukturierten Projektmanagement für zahlreiche Mitarbeiter in den über 50 Verbandsprojekten, regelmäßige Mitarbeiterbefragungen sind ebenso gelebte Beteiligungs- und Kommunikationsformen wie die Mitarbeit in der Redaktion unseres Mitarbeitermagazins „ciao", das von Mitarbeitern für Mitarbeiter viermal pro Jahr erstellt und jedem Mitarbeiter nach Hause geschickt wird.

3.4 Die Klassiker im engeren Sinne und weiteren Sinne

Gesundheitsförderung im engeren Sinne hat seinen Platz im Caritasverband Olpe. Die Liste ist lang, wie sicher in vielen anderen Caritas-Organisationen und Unternehmen auch: Unfallverhütungsmaßnahmen, differenzierte Einstellungsuntersuchung, Arbeitsplatzuntersuchungen, Schulungen zur Arbeitssicherheit, technische Hilfsmittel (insbesondere in der Pflege), Rückentrainings, verbandlich geförderte Rauchfrei-Kurse, Sportangebote, Selbstverteidigungskurse (z. B. für Nachtwachen und andere Mitarbeiter im Nachtdienst), Betriebliches Eingliederungsmanagement (BEM) – um nur einige Facetten zu nennen.

Natürlich gibt es spezielle Maßnahmen für junge Mitarbeiter oder für die (etwas) ältere Generation, breite Angebote für alle und die sehr individuelle Einzelfallhilfe.

Ein anderer Bereich verdient auch den Titel „klassisch", aber klassisch im Sinne unserer Caritasausrichtung, die Körper, Geist und Seele im Blick hat: Seit Jahren sorgt ein engagierter „Arbeitskreis Seelsorge" für Angebote. Wir bieten verbandlich geförderte Pilgertage mit Etappen auf dem Jakobsweg oder Elisabethpfad an, „Hüttenabende" zu ethischen Fragestellungen, so genannte Kamin- und Feierabendgespräche, verschiedene After-Work-Veranstaltungen und singen in unserem verbandeigenen „Cari-Chor", der Caritas-Gottesdienste gesanglich und musikalisch begleitet. Auch eine ausgeprägte Feier- und Anerkennungskultur ist Bestandteil: Einrichtungs- und Betriebsfeste, Dienstjubiläumsfeiern und die jährliche Vergabe eines eigenen Caritas-Innovationspreises zählen zum Beispiel dazu. Hierbei wird für den Einzelnen deutlich: Für meine Arbeit lohnt es sich anzustrengen, sich zu begeistern, was ein Großteil unserer Mitarbeiter immer wieder bestätigt. Begeisterung ist auch das Stichwort für „Grenzen": Unsere Seelsorgeausrichtung verbinden wir auch mit dem Querverweis auf unsere Patronin, die Hl. Elisabeth. In einem mittelalterlichen Bild ist sie dargestellt, wie sie sich für die Mitmenschen am Rande der Gesellschaft engagiert. Die Menschen zerren in ihrer Not an ihr: Hier wird für uns deutlich, wie wichtig die Grenzziehung ist. Grenzen des Helfens, Schutz vor Überlastung, vor zu hohen Erwartungen und Ansprüchen. Passende Angebote wie Coaching, kollegiale Beratung, Führungskräfteentwicklung und -begleitung sind die unverzichtbare Konsequenz. Nicht zuletzt gehört für uns auch die Kommunikation der Ergebnisse von Kundenbefragungen dazu mit der Diskussion, ob und wie weit der Kunde König ist. Wir stellen im Kundenfeedback auch fest, dass Mitarbeiter die Kundenerwartungen teilweise übererfüllen, obwohl Mitarbeiter den Leistungsumfang (oftmals am Faktor Zeit gemessen) selbst als unbefriedigend einschätzen. Auch diese Information sind wir unseren Mitarbeitern schuldig, inkl. der gemeinsamen Bewertung und Ableitung von Maßnahmen.

4 Ergebnisse und Ausblick

Spätestens bei den Ergebnissen wird es konkret: Hohe Zufriedenheitswerte bei Mitarbeiterbefragungen und die Bestätigung der Aussage „Alles in allem kann ich sagen, dies hier ist ein sehr guter Arbeitsplatz." von fast 90 Prozent der Mitarbeiterinnen und Mitarbeiter in den Great-Place-to-Work-Befragungen sind ebenso klare Belege wie eine Krankheitsquote, die seit vielen Jahren mit Werten unter 3 Prozent etwa 0,5 Prozent-Punkte unterhalb des Branchenwertes (Vergleich z. B. jährlicher TKK-Gesundheitsreport) liegt.

Was und wie wir im Sinne des salutogenetischen Ansatzes miteinander arbeiten, sagt ein Mitarbeiterstatement aus der Befragung: „Wir leben, lachen, weinen miteinander, egal welche Führungsebene und alle Mitarbeiter. Private und berufliche Belange der Mitarbeiter haben stets Vorrang. Wir helfen und unterstützen uns gegenseitig. Wir haben ein ganz spezielles und tolles Konzept. Wir haben klasse menschliche Führungskräfte, die ein hohes Fachwissen besitzen und unsere Einrichtung zukunftsweisend führen."

Ein so in sich „stimmiger" Arbeitsplatz ist ein „gesunder" Arbeitsplatz. Unser „Gesundheitsmanagement" in diesem Sinne ist sicher schon gut, lässt sich aber wie alles noch weiter verbessern. Wir bleiben unserer Vision: „Caritas. Nah. Am Nächsten." hier treu und sind weiter auf der Suche nach neuen Ansätzen, um den Menschen immer wieder neu in den Mittelpunkt zu stellen, als Mitarbeiter ebenso wie als Kunde, um Heilswerdung im Sinne der Salutogenese in unserem Rahmen zu fördern und zu leben.

Diversity Management – ein Begriff macht Karriere!

Manfred Becker, Sonja Lambert

1 Ausgangslage

Die Ausgangslage ist bekannt. Deutschland und viele Staaten der Welt altern und schrumpfen. Die deutsche Bevölkerung sinkt, so die Annahmen des Statistischen Bundesamtes in seiner 12. koordinierten Bevölkerungsvorausberechnung aus dem Jahr 2009 auf nur noch 77,3 Millionen im Jahr 2020.[9]

Die Unternehmen müssen sich quer durch alle Sparten mit dem Mangel auseinandersetzen und es ist zu erwarten, dass der „War for Talents", der Kampf um die besten Köpfe, schon bald an Intensität gewinnen wird. Die Unternehmen sind gezwungen, ihre Belegschaft auf noch nicht genutzte Reserven zu überprüfen. Talentmanagement gewinnt an Bedeutung. Erkennen, Fördern und Nutzen der bisher ungenutzten Talente aller Beschäftigten trägt dazu bei, die Schrumpfung der Erwerbspersonenzahl abzumildern.

Die Belegschaften werden zunehmend bunter, Diversity Management gewinnt an Bedeutung und muss in den Kanon der betriebswirtschaftlichen Funktionen aufgenommen werden.

Dieser Beitrag will die Grundlagen des Diversity Management klären und prominente Handlungsfelder aufzeigen. Es werden Diversity-Maßnahmen erörtert, die geeignet sind, das optimale Maß an personaler und organisatorischer Vielfalt zu gestalten. Am Beispiel der AOK-Hessen soll ein Best Practices Beispiel zeigen, wie Diversity Management in einem Unternehmen verankert und konkret gestaltet werden kann.

2 Diversity Management – ein Begriff macht Karriere

Wer die Europameisterschaft in Polen und in der Ukraine verfolgt hat, konnte bei jedem Spiel die Bandenwerbung für das UEFA/FARE-Programm „Respect Diversity – Football Unites" (Vielfalt respektieren - Fußball verbindet) sehen. Der Begriff Diversity hat es in die Stadien der Welt geschafft, der Begriff Diversity macht Karriere!

---

9 Vgl. Statistisches Bundesamt (2009), S. 11.

2.1 DIM-Begriffsklärung

Diversity bezeichnet die Verschiedenheit, Ungleichheit, Andersartigkeit und Individualität, die durch eine Vielzahl von Unterschieden zwischen Menschen entsteht.[10] Von Interesse sind dabei diejenigen leistungsrelevanten Merkmale der Belegschaft, von denen ein Einfluss auf Arbeitsleistung und Mitarbeiterzufriedenheit ausgeht. Somit entsteht Diversity aus einer heterogenen Belegschaft und durch die besondere Relation der Mitarbeiter zueinander. Diversity ist stets Mittel (Unternehmensressource) zur Erreichung von Unternehmenszielen und muss in diesem Sinne gemanagt werden, d.h. die Unterschiedlichkeit ist zielorientiert zu gestalten. Gelingt es, die Vielheit in der Einheit zu gestalten, kann Diversity die Wettbewerbsfähigkeit und damit den wirtschaftlichen Erfolg eines Unternehmens sichern. Neben sichtbaren demografischen Diversitätsmerkmalen wie Alter, Geschlecht, ethnischer Herkunft, Religion und Bildungsstand stellen auch die nicht sichtbaren Merkmale wie kulturelle Wert- und Denkhaltungen und Erfahrungen sowie Kommunikations- und Arbeitsstil der Mitarbeiter relevante Diversitätskriterien dar. Seltener werden intra- und interorganisatorische Interaktionsbeziehungen zwischen verschiedenen Hierarchieebenen, Geschäftseinheiten, Mutter- und Tochterunternehmen und in strategischen Allianzen sowie die Einbettung in ein heterogenes gesellschaftliches und wettbewerbliches Umfeld unter dem Aspekt der Diversity analysiert. Abbildung 1 gibt einen Überblick über die unterschiedlichen Definitionskriterien von Diversity.

---

10 Vgl. Aretz, J./Hansen, K. (2003).

Voigt, B. (2001)		
Wahrnehmbare Erscheinungs-formen	Kaum wahrnehmbare Erscheinungsformen	
	Werte	Wissen, Fertigkeiten, Fähigkeiten
Rasse Geschlecht Alter Nationalität	Persönlichkeit Kulturelle Werte Religion Sexuelle Orientierung Humor	Bildung Sprachen Hierarchien Fachkompetenz Sozio-ökonomischer Status

Thomas, R. R. (2001)	
Personen-immanente Diversity	Verhaltens-immanente Diversity
Ethnische Gruppenzugehörigkeit Alter Bildungsniveau Geschlecht Sexuelle Orientierung	Die Verhaltensweise von Menschen als Folge oder Nicht-Folge ihrer Personen-immanenten Eigenschaften

Deutsche Gesellschaft für Diversity Management (DGDM)	
Primärdimensionen	Sekundärdimensionen
Alter Geschlecht Rasse Ethnische Herkunft Körperliche Behinderung Sexuelle Orientierung Religion	Einkommen Beruflicher Werdegang Geografische Lage Familienstand Elternschaft (Aus-)Bildung

Stuber, M. (2002)	
Kern-Dimensionen (nicht beeinflussbar)	Kür-Dimensionen (beeinflussbar)
Alter Geschlecht Ethnizität Sexuelle Orientierung Befähigung Religiöse Glaubensprägung	Kultur Sprache Arbeitsweise Familienstand (Aus-)Bildung Hierarchie Kommunikation Elternschaft Wohnort

Loden, M./Rosener, J. (1991)			
Organisationale Dimension	Äußere Dimensionen	Innere Dimensionen	Persönlichkeit
Funktion/Einstufung Management Status Gewerkschaftszugehörigkeit Arbeitsort Dauer der Zugehörigkeit Abteilung, Einheit, Gruppe Arbeitsinhalte/-feld	Geografische Lage Einkommen Gewohnheiten Freizeitverhalten Religion Ausbildung Berufserfahrung Auftreten Elternschaft Familienstand	Alter Geschlecht Sexuelle Orientierung Physische Fähigkeiten Ethnizität Hautfarbe	

Abbildung 1: Überblick über die Definitionskriterien von Diversity Management

Diversity Management ist die betriebswirtschaftlich und verhaltenswissen-schaftlich fundierte, an den Zielen des Unternehmens und den Interessen der Mitarbeiterinnen und Mitarbeitern ausgerichtete Gestaltung von Homogenität und Heterogenität der Belegschaft. In einer weiterführenden Definition umfasst Diversity Management die anforderungsgerechte Beschaffung, Nutzung und Veränderung betrieblicher Ressourcen wie Technologie, Organisation und Per-sonal. Im Sinne des Human Ressources Diversity Managements soll personelle Vielfalt proaktiv gestaltet und synergetisch genutzt werden.[11] Nach dem Mot-to „jedem das Seine, keinem dasselbe" sollen Arbeitsbedingungen geschaffen werden, unter denen alle Mitarbeiter ihre Leistungsfähigkeit und –bereitschaft entwickeln können, unabhängig von ihren personalen oder behavioralen Merk-malen.[12] Das jeweils optimale Portfolio aus Eigenfertigung und Fremdbezug sowie Kernbelegschaften und fluiden Peripheriebelegschaften generiert Wett-bewerbsvorteile, Nachahmungsresistenz und Einzigartigkeit des unternehmeri-schen Potentials.

2.2 DIM-Ziele

Ziele des Diversity Managements sind nicht nur die Vermeidung von Diskrimi-nierung und Herstellung von Chancengleichheit zur Reduzierung von Konflik-ten bei der Leistungserbringung. Vielmehr geht es um die aktive, gezielte För-derung von Heterogenität zur Sicherstellung eines situativ diskontinuierlichen Verbesserungsmanagements und einer latenten Veränderungs- und Innovations-fähigkeit. Diversity Management zielt auf die Nutzung von Unterschieden als Erfolgsfaktor.

2.3 DIM-Entwicklungsgeschichte

Das Diversity Management hat seinen Ursprung in US-amerikanischen Unter-nehmen. Dort praktizierten Ende der 1990er Jahre bereits ca. 75 Prozent der gro-ßen Unternehmen Diversity Management und der Anteil steigt weiter[13]. Auch in den deutschen Unternehmen werden zunehmend Diversity-Management-Kon-zepte implementiert. Inzwischen praktizieren 23 der DAX-30-Unternehmen nach eigener Auskunft Diversity Management. Da im Jahr 2010 nur 16 der 30 DAX-Unternehmen angaben, Diversity Management zu praktizieren, ist anzu-nehmen, dass sich dieser Trend weiter fortsetzen wird. Dies geschieht nicht zuletzt aufgrund der Diskussion um die geringe Zahl von Frauen in Führungspositionen und der daraus resultierenden Verpflichtung zur Förderung personaler Vielfalt.[14] Auch eine Blitzumfrage bestätigt, dass Diversity Management derzeit aktiv

---

11   Vgl. Stuber, M. (2002).
12   Vgl. Krell, G. (1997).
13   Vgl. Aretz, H.-J. (2006), S. 65.
14   Vgl. Köppel, P. (2011), S. 8ff.

diskutiert und durchaus als Möglichkeit betrachtet wird, aktuelle Veränderungen kompetent zu meistern[15]. Dabei scheinen vor allem die Bevölkerungsentwicklung und die damit verbundenen demographischen Rahmenbedingungen ausschlaggebende Faktoren für den Umgang mit Vielfalt darzustellen. In diesem Zusammenhang erweisen sich ältere Arbeitskräfte als die Personengruppe, die bei der Umsetzung von Diversity Strategien am stärksten fokussiert wird. Aktuelle Daten des Instituts für Arbeitsmarkt- und Berufsforschung belegen, dass sich die wirtschaftliche und soziale Lage für ältere Arbeitskräfte deutlich verbessert hat und der Prozess einer längeren Erwerbsdauer bereits begonnen hat. Vor allem die Altersgruppe der 50- bis 64-jährigen Beschäftigten verzeichnet einen rapiden Anstieg der Beschäftigungsquote in den vergangenen zehn Jahren. Vertraut man den Zahlen der Statistik, so arbeiten drei von vier Beschäftigten in sozialversicherungspflichtigen Vollzeitstellen. Jedoch besteht noch immer Potenzial, um die Erwerbsbeteiligung älterer Menschen zu erhöhen. Gerade im Hinblick auf eine demographiefeste Personalarbeit und ein in Zukunft steigenden Fachkräftebedarf wird auch die Notwendigkeit zur Erschließung von Personalreserven und zur Intensivierung von Bildungsleistungen zunehmen. Trotz einer Steigerung der Weiterbildungsaktivitäten insgesamt sind in vielen Unternehmen die Weiterbildungsmaßnahmen vor allem für geringqualifizierte Personen mit Migrationshintergrund, für Frauen mit betreuungspflichtigen Kindern und auch für ältere Beschäftigte von eher randständiger Bedeutung.

2.4 DIM-Nutzen

Unternehmen versprechen sich von der Umsetzung des Diversity Managements einen wirtschaftlichen Nutzen. Dieser kann, je nach vorherrschendem Ansatz, in einem besseren Betriebsklima und folglich einer höheren Motivation der Mitarbeiter liegen. Der ökonomische Vorteil liegt im verbesserten Ansehen des Unternehmens bei Kunden und in der Bevölkerung oder entsteht aus der Integration von Mitarbeitergruppen z.B. in international tätigen Unternehmen. Unternehmen erhoffen sich Kreativitätsgewinne und Steigerungen der Problemlösekompetenz. Derartige allgemeine positive „betriebswirtschaftliche" Wirkungen sind, wenngleich diese intuitiv sehr einsichtig erscheinen, aufgrund der hohen Vielschichtigkeit des Diversity Managements empirisch schwer nachzuweisen. Dennoch konnte in einer aktuellen Metaanalyse, in der mehrere hundert Studien aus aller Welt ausgewertet wurden, ein nachhaltig positiver Effekt auf den wirtschaftlichen Erfolg belegt werden, der sich sowohl intern durch eine erhöhte Produktivität als auch extern durch eine verbesserte Außenwirkung und Marktabdeckung bemerkbar macht.[16] Dieser Metaanalyse zufolge sind der Zugang zu qualifizierten Kandidaten, erhöhte Loyalität und Motivation, verbessertes

---

15 Vgl. Becker, M./Kownatka, C. (2010).
16 Vgl. International Business Case Report (IBCR).

Personalimage, höhere Produktivität der Mitarbeiter, verbessertes Arbeitsklima sowie verbesserte Kundenbeziehungen die größten Vorteile, die durch Diversity erzielt werden (vgl. Abbildung 2). Eine weitere aktuelle Studie zum Erfolg des Diversity Managements relativiert diese Ergebnisse. Laut Dohrn und Hasebrook konnte kein eindeutiger Zusammenhang zwischen Diversity Management und Innovationserfolg nachgewiesen werden. Sie resümieren, dass Diversity Management an sich keine „eierlegende Wollmilchsau"[17] darstellt, sondern stets als ein Baustein eines Managementwerkzeugkoffers verstanden werden muss. Zielführend ist ein organisationsspezifischer und auf die individuellen Bedürfnisse der Mitarbeiter ausgerichteter Mix von Maßnahmen. Dabei stehen keine Quoten rechtlicher Rahmenbestimmungen im Vordergrund, sondern Methoden, die individuellen Akteuren auf der Handlungsebene ermöglichen, Leistungsbeiträge zur Koordinations- und Kombinationsfähigkeit der Organisation zu erwirtschaften. Diversity Management ist dann erfolgreich, wenn das Unternehmen fähig ist, relevante Ressourcen kostengerecht zu kombinieren sowie Aufgaben und Tätigkeiten optimal zu koordinieren.

Externe Vorteile und Verbesserungen	
Kunden und Märkte	• Höhere Marktanteile • Neue Marktsegmente • Bessere Kundenbeziehung
Shareholder	• Verbessertes Rating • Höhere Attraktivität
Arbeitsmarkt	• Besserer Zugang zu breiteren Marktsegmenten • Verbessertes Personal-Image
Umfeld	• Höheres Ansehen
Interne Vorteile und Verbesserungen	
Persönlich, individuell	• Verbesserte Produktivität (quantitativ und qualitativ) • Erhöhte Loyalität, Motivation
Zwischenmenschlich	• Verbesserte Gruppenarbeit und Zusammenarbeit • Besseres Zusammenspiel neuer Kollegen
Organisational	• Höhere Offenheit gegenüber Veränderungen (M&A, OE) • Effektivere Reorganisation

Abbildung 2: Mögliche Vorteile und Verbesserungen durch Diversity
In Anlehnung an: International Business Case Report (IBCR)

Diversität stellt demnach keinen Wert an sich dar, sondern ist im Hinblick auf die zu erreichenden Unternehmensziele für jedes Unternehmen und jede wirtschaftliche Einheit neu zu bestimmen und aufzubauen. Entsprechend ist das Diversity Management individuell so zu gestalten, dass das anforderungsgerechte Maß an Homogenität und Heterogenität gefunden wird, um die Stärken der Belegschaft auszubauen und die Schwächen abzubauen.

---

17 Vgl. Dohrn, S./Hasebrook, J. P. (2011), S. 60.

3 Empirische Befunde zum Age Diversity Management

Die Ergebnisse der Blitzumfrage DIM-PRAX Deutschland 2010 bestätigen, dass auch in deutschen Unternehmen Diversity Management aktiv diskutiert und als Möglichkeit betrachtet wird, aktuelle Veränderungen kompetent zu meistern.[18] Empirische Arbeiten zeigen, dass negative Einschätzungen und Einstellungen konkrete Auswirkungen auf die Personalwirtschaft in Unternehmen haben können. Rosen/Jerdee wiesen bereits vor mehr als 30 Jahren nach, dass ältere Arbeitskräfte aufgrund von negativen Altersstereotypen weniger häufig für Beförderungen oder Qualifizierungen in Betracht gezogen werden.[19] In den Köpfen sind immer noch bzw. mehr denn je Vorurteile hinsichtlich Alter als Defizit vorhanden. Es heißt, Ältere seien generell weniger innovativ, weniger leistungsfähig und weniger belastbar als Jüngere. Dabei zeigt eine Studie aus dem Jahr 2008, dass ältere Menschen nicht grundsätzlich leistungsgemindert, sondern viel eher leistungsgewandelt sind.[20] Ältere und jüngere Arbeitnehmer verfügen über eine äquivalente Leistungsmotivation. Die Lernmotivation steigt mit dem Alter sogar nachweislich an. Ältere Menschen wollen und können lernen. Außerdem verbessern sich mit dem Alter eine Reihe kognitiver Dimensionen. Strategisches und handlungsorientiertes Denken, überlegtes Handeln, Scharfsinn, Besonnenheit, logische Argumentation und ein ganzheitliches Verständnis, um nur einige wenige zu nennen, verbessern sich mit zunehmendem Alter.[21] Leistungen können demnach unabhängig vom Alter erbracht werden. Jedoch verändern sich die Lernprozesse mit zunehmendem Lebensalter. Training für ältere Mitarbeiter sollte dann nicht gleich dem Training für jüngere Mitarbeiter sein, wenn ältere und jüngere eine deutlich unterschiedliche Lernbiographie aufweisen.[22] aben ältere Menschen über einen längeren Zeitraum nicht aktiv an Weiterbildungen teilgenommen, dann setzt eine erfolgreiche Wiederaufnahme systematischen Lernens das „Lernen lernen" voraus. Junge Menschen, die der Vorstellung lebenslangen Lernens sehr viel näher kommen, bedürfen dieser Lernschleife dagegen nicht. Optimale Lernbedingungen, die der jeweiligen Lernbiographie entsprechen, sind Voraussetzung für effiziente Lernprozesse. Ein aktuelles Forschungsprojektes am Lehrstuhl für Betriebswirtschaftslehre, insbesondere Organisation und Personalwirtschaft der Martin-Luther-Universität Halle-Wittenberg, untersucht Wahrnehmungen, Einstellungen und Verhaltensweisen von Menschen in altersdiversen Belegschaftsgruppen.

---

18 Vgl. Becker, M. (2011).
19 Vgl. Rosen, B./Jerdee, T. H. (1976)
20 Vgl. Becker, M./Labucay, I./Kownatka, C. (2008).
21 Vgl. Ilmarinen, J. (2007).
22 Vgl. Ladwig, D. H./Boie, S./Kutscher, M. (2006).

Es sollen konkrete Gefahren und Gestaltungshinweise für ein diskriminierungsfreies Miteinander abgeleitet werden.

4 DIM-Handlungsfelder

Diversity Management ist zu einem anerkannten Managementkonzept aufgestiegen. Unternehmen und öffentliche Verwaltungen nutzen die aktive Gestaltung von Homogenität und Heterogenität zur Verbesserung ihrer betriebswirtschaftlichen Situation. Verbesserung der Leistung, Absicherung der Wettbewerbsfähigkeit und Steigerung der Zufriedenheit der Belegschaft bestimmen die Diversity-Strategie und die Diversity-Aktivitäten. Es hat sich in der Praxis eine Unterscheidung der Diversityaktivitäten und Handlungsfelder herausgebildet. Die Handlungsfelder beziehen sich auf die Dimensionen, die beachtet bzw. durch Diversity Management beeinflusst werden sollen. Zu unterscheiden sind die personale Dimension, die funktionale und die Umweltdimension (vgl. Abbildung 5).

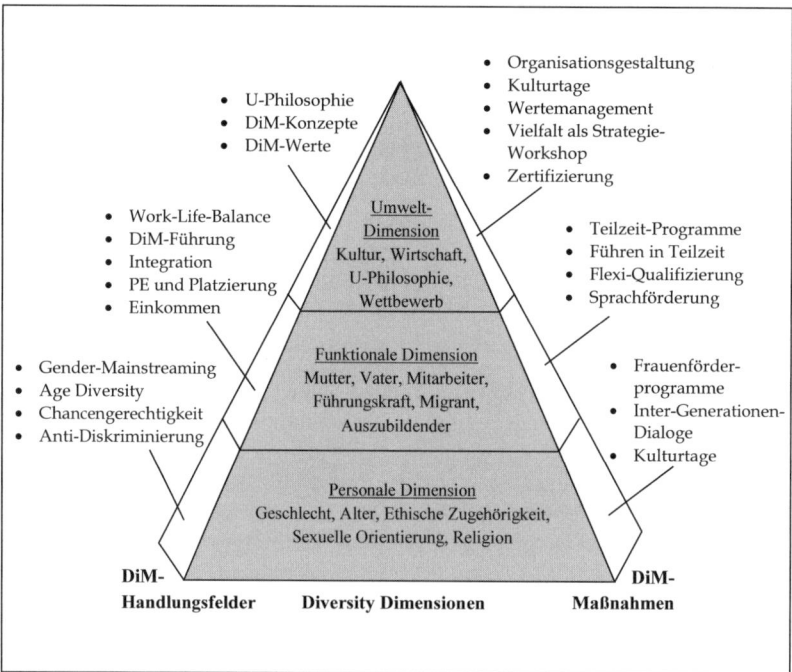

Abbildung 5: Diversity Dimensionen, Handlungsfelder und Maßnahmen

Aus den Dimensionen leiten sich DiM-Handlungsfelder ab, denen schließlich konkrete Maßnahmen gezielt zugeordnet werden, um Nachteile zu vermeiden (Managing Diversity) und Vorteile zu generieren (Diversity Management) (vgl. Abbildung 6).

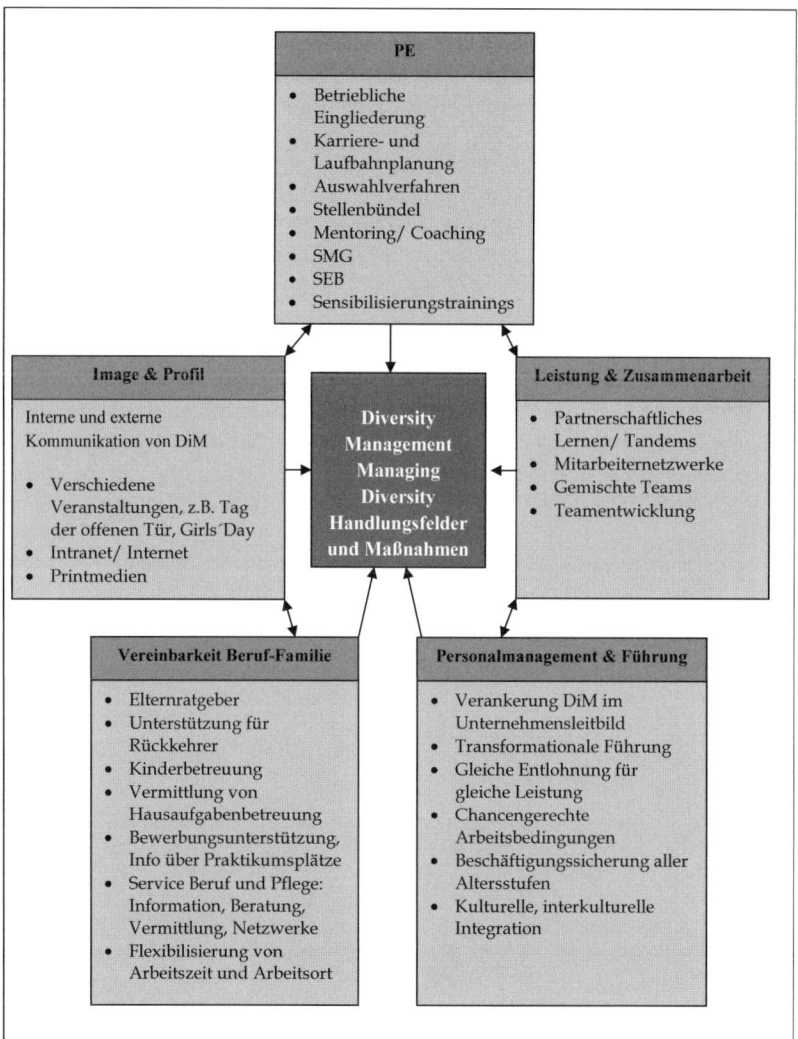

Abbildung 6: DiM-Handlungsfelder und DiM-Maßnahmen

7 Diversity Praxis

7.1 Best Practices AOK Hessen

Die AOK-Hessen gehört zu den Pionieren des Diversity Management. Nachfolgend wird das Diversity Management Konzept der AOK Hessen vorgestellt und die Handlungsfelder werden beschrieben. Die AOK Hessen hat das Thema Diversity Management sehr früh als strategisches Arbeitsfeld aufgegriffen. Bereits im Jahre 1998 wurden die Altersstrukturen und die Altersentwicklung der Belegschaft systematisch erhoben. Szenarien der Altersstrukturentwicklung wurden erarbeitet, um abschätzen zu können, welche Maßnahmen zu welchen Erfolgen führen könnten. Die Diversity-Aktivitäten wurden in Handlungsfeldern zusammengefasst. Für die Handlungsfelder wurden Ziele, Maßnahmen und Erfolgskennzahlen erarbeitet. Frauenförderung, die Gestaltung der Arbeitsorganisation, Sensibilisierung für Diversity Themen und Alters-Diversity-Management wurden in ein umfassendes Diversity-Management-Konzept eingebettet. Die Geschäftsführung, die Führungskräfte, die Mitarbeiterinnen und Mitarbeiter sowie der Personalrat wurden von Anfang an in den Aufbau des Diversity Managements einbezogen. Die Auditierung „Vereinbarkeit von Beruf und Familie" erfolgte sehr früh, ebenso die Kooperation der Stabsstelle Diversity Management mit externen Partnern. Die Handlungsfelder sind nachfolgend beschrieben (Abbildung 9-10).

Diversity Management AOK-Hessen – Teilkonzepte im Überblick

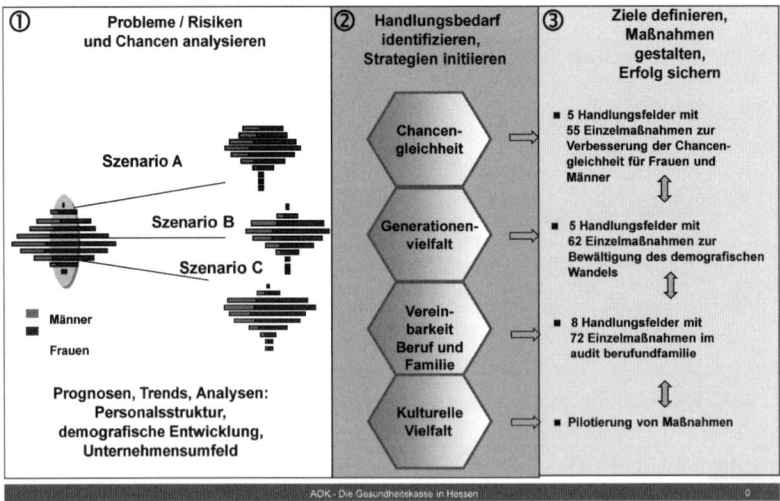

Abbildung 9: Handlungsfelder AOK-Hessen

Ausgewählte Maßnahmen der Teilkonzepte

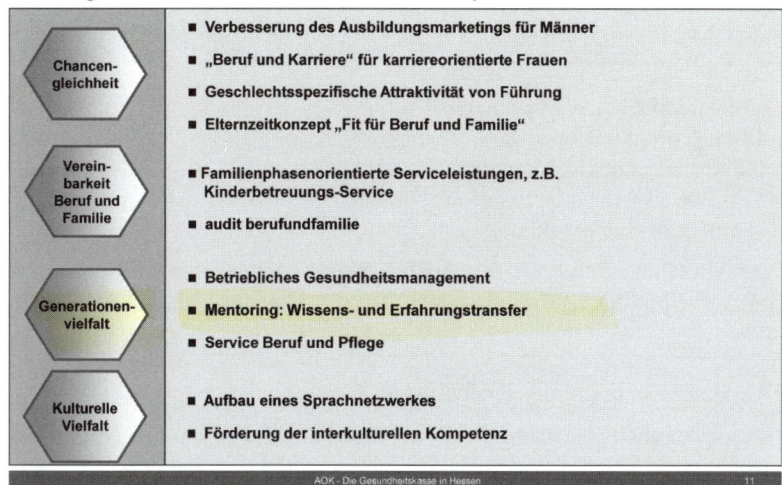

Abbildung 10: DIM-Handlungsfelder AOK-Hessen

7.2 Institutionalisierung des Diversity Management

Diversity Management wird bei der AOK-Hessen seit dem Jahre 2002 aktiv betrieben. Die Diversity-Aktivitäten sind in der Stabsstelle „Diversity Management organisatorisch gebündelt. Zunächst als einzelne Projekten organisiert, dann in einer umfassenden Diversity-Konzeption verankert, werden ausgewählte Handlungsfelder Schritt für Schritt geplant, konzeptionell untermauert und umgesetzt. Im Jahre 2007 verabschiedete der Vorstand mit dem Projekt „GeVi „Generationenvielfalt bei der AOK Hessen - Chancen für die Zukunft", ein umfassendes Demographiekonzept.

7.3 Strukturanalysen als Arbeitsgrundlage des Diversity Managements

Solide Kenntnisse der Beschäftigtenstruktur, insbesondere der Altersstruktur und der Altersstrukturentwicklung, sind unverzichtbare Grundlage systematischer Diversity-Management-Aktivitäten. Wie in vielen Unternehmen ist auch die Altersstruktur der AOK Hessen „mittelalterszentriert". Die „Baby-Boomer" dominieren mit einem Anteil von 67 Prozent die Belegschaft. Eine systematische Auseinandersetzung mit der Alterung der Belegschaft ist dringend geboten. Detaillierte Strukturanalysen zu den Aspekten „Männer-Frauen-Anteil", „Elternzeitverhalten und Rückkehrquoten nach Familienzeiten, aber auch die Entwicklung der Auszubildendenzahlen und die Struktur der Auszubildenden (Schulbildung, Geschlecht) ergänzen das Datenfundament.

7.4 DIM-Handlungsfelder der AOK-Hessen

Die Clusterung der Diversityaktivitäten in den Handlungsfeldern stellt den ersten Schritt zum Aufbau eines systematischen Diversity Management Konzeptes dar. Prominente Handlungsfelder der AOK-Hessen sind:

- Verschiedenheit als Chance
- Arbeitsorganisation
- Berufliche Entwicklung aller Altersgruppen
- Vereinbarkeit von Beruf und Privatleben
- Umsetzungsunterstützung

Diese Handlungsfelder werden durch konkrete Maßnahmen der Sensibilisierung von Fach- und Führungskräften für das Diversity Management unterstützt.

7.4.1 Handlungsfeld Verschiedenheit als Chance

„Verschiedenheit als Chance" zielt auf die Erfassung und aktive Nutzung der Heterogenität bzw. Homogenität der Belegschaft zur optimalen Erfüllung der vielfältigen Aufgaben der AOK-Hessen. Dabei gilt der personalpolitische und insbesondere betriebswirtschaftliche Grundsatz „so heterogen wie notwendig, so homogen wie möglich." Unterschiedliche Charaktere, Qualifikationen, Erfahrung, Ziele und Wünsche der Belegschaft werden aktiv in die Gestaltung von Leistung und Zusammenarbeit einbezogen. Verschiedenheit als Chance generiert eine „win-win-Situation", wonach die Erfolge sowohl dem Arbeitgeber AOK Hessen als auch den Beschäftigten zugute kommen.

Konkrete DIM-Maßnahmen im Handlungsfeld Verschiedenheit als Chance sind:

- Wissens- und Erfahrungstransfer zwischen Personen und Abteilungen
- Förderung der Vielfalt durch Mentoring-Programm für Job-Starter/-innen und für Frauen
- Erfahrungsaustauch durch ein gezieltes Cross-Mentoring-Konzept in Kooperation mit anderen Unternehmen
- Verbessertes Ausbildungsmanagements zur Sicherung des erforderlichen Nachwuchses an Fachkräften im demographischen Wandel
- Gewinnung von Spezialisten für herausfordernde Funktionen

Ein innovatives Personalprognosemodell unterstützt das Diversity Management als Datengrundlage und als Planungsinstrument.

7.4.2 Handlungsfeld: Arbeitsorganisation

Vielfalt braucht eine offene Organisation, verlangt nach einer Handlungsarena, in der die vielfältigen Talente sich zur Geltung bringen können. Die Aufbauorganisation muss Möglichkeiten der Entwicklung bieten, die Vereinbarkeit von Beruf und Privatleben unterstützen und selbstverständlich leistungsstark sein. Teilzeitmodelle und Vollzeitarbeitsmodelle sind bereitzustellen. Die Teilzeitquote in der AOK Hessen beträgt 35 Prozent. Reduzierte Vollzeit ist auch in Führungsaufgaben möglich. Arbeit im Home-Office bzw. flexible Arbeitsorte, Tätigkeitsunterbrechungen aus familiären Gründen, zur Weiterbildung, aber auch aus gesundheitlichen Gründen, sind möglich. Ein Elternzeitkonzept wurde erfolgreich eingeführt, die berufliche Wiedereingliederung nach Eltern- und Pflegezeiten ist organisiert.

7.4.3 Berufliche Entwicklung aller Beschäftigtengruppen

Dieses Handlungsfeld beschäftigt sich mit den Auswirkungen des demografischen Wandels auf die Verfügbarkeit, Struktur und Entwicklung der Belegschaft. Konkrete DIM-Maßnahmen im Handlungsfeld Berufliche Entwicklung sind:

• Regelmäßige Potenzialmeldungen für Frauen, die in gezielten Maßnahmen münden, wie z.b. Mentoring oder Aufnahme in ein Potenzial-Netzwerk mit einem führungsorientierten Curriculum
• rechtzeitige Qualifizierung von Nachwuchskräften
• Ausbildungsmarketing
• lebensphasenorientierte Personalentwicklung

Es ist ausdrücklich darauf hinzuweisen, dass Diversity Management alle Beschäftigtengruppen im Fokus haben muss. Eine einseitige Fixierung auf ältere Beschäftigte ist nicht zielführend, kann sogar diskriminierend wirken.

7.4.4 Vereinbarkeit von Beruf und Privatleben

Das Handlungsfeld gewinnt zunehmend an Bedeutung. Kinderbetreuung, die Pflege von Angehörigen, die Realisierung erforderlicher Weiterbildung, verlangen vermehrt gezielte Maßnahmen der Vereinbarkeit von Beruf und Privatleben. Gerade im Hinblick auf die Verknappung qualifizierter Beschäftigter in naher Zukunft wird es für die Attraktivität der Unternehmen als Arbeitgeber von entscheidender Bedeutung sein, wie die Vereinbarkeit von Beruf und Privatleben ermöglicht wird.

Konkrete DIM-Maßnahmen im Handlungsfeld Vereinbarkeit:

• Service „Beruf und Pflege": Information, Beratung, Vermittlung und Kompetenztrainings für Beschäftigte mit Pflegeaufgaben. Letztere werden

in Kooperation mit Unternehmen der jeweiligen Region angeboten.
- Kinderbetreuungs-Service: Information und Beratung zu Kinderbetreu-
ungsmöglichkeiten, Vermittlung von Kinderbetreuung, Notfall- und
Ferienbetreuung, Hausaufgabenbetreuung

In allen Konzepten zum demografischen Wandel hat die Gesundheitsförderung auch im Sinne der Prävention einen hohen Stellenwert. Die gesundheits-
fördernden Maßnahmen werden zum Betrieblichen Gesundheitsmanagement
weiterentwickelt.

7.4.5 Umsetzungsunterstützung

Planung, Steuerung und Ausgestaltung des Diversity Management ist Aufgabe der Stabsstelle Diversity Management. Die Stabsstelle arbeitet eng mit den
Funktionsbereichen und den Führungskräften zusammen. Trainingsmaßnah-
men qualifizieren und sensibilisieren die Führungskräfte für die Mitgestal-
tung des Diversity Management. Informationsveranstaltungen, persönliche
Entwicklungsberatung und die Bereitstellung von Printmaterialien zu den
entsprechenden Handlungsfeldern ergänzen die Aktivitäten der Stabsstelle
Diversity Management.

7.4.6 Kulturelle Vielfalt

Die AOK Hessen ist Unterzeichnerin der Charta der Vielfalt. Vor dem
Hintergrund hat die AOK Hessen im Jahre 2010 die kulturelle Vielfalt der
Belegschaft unter dem Aspekt der Sprachenkompetenz der AOK Mitarbeiter
und Mitarbeiterinnen analysiert. Derzeit wird geprüft, wie die Kompetenzen
optimal genutzt werden können.

7.5 Erfahrungen aus der Diversity Praxis

Rom wurde, wie man sagt, auch nicht an einem Tag gebaut. Auch die Implementierung eines umfassenden Diversity Management-Konzepts braucht
einen langen Atem. Ressourcen müssen beschafft, Mitarbeiterinnen und
Mitarbeiter für diese Aufgaben qualifiziert, Führungskräfte sensibilisiert und
umfassend informiert werden. Die Notwendigkeit des Diversity Management
muss an konkreten Daten und Fakten, z.B. der Alterung der Belegschaft,
nachgewiesen werden. Die Maßnahmen sind sorgfältig zu planen, in Pilotbe-
reichen zu erproben und der Erfolg ist nachzuweisen.
Der Umgang mit der zunehmenden internen und externen Vielfalt ist ein
„harter Erfolgsfaktor" für die Unterstützung der Unternehmensstrategie geworden. Der AOK Hessen gelingt es, die Beschäftigtenvielfalt und die organisationale Vielfalt mit wirksamen Maßnahmen zu steuern, so dass unterschiedliche Potenziale genutzt werden. Die Diversity-Strategie fokussiert die

interne Vielfalt und die Erschließung der Marktdiversität gleichermaßen. Die Ansprüche an individuelle Diversity-Leistungen sind auf allen Handlungsebenen drastisch gestiegen. Lebensphasenbezogenes und lebensstilbezogenes Diversity Management kennzeichnet attraktive Arbeitgeber.

Das Diversity Management Konzept der AOK Hessen wird aktuell im Rahmen der Strategieentwicklung auf den Zielhorizont 2020 weiterentwickelt. Somit ist die zukunftsweisende Perspektive der Ziele und Maßnahmen gesichert.

8 Fazit und Ausblick: Ubi Caritas et Amor!

Personelle Vielfalt muss professionell gemanagt werden, Diversity Management darf nicht zum Fassadenthema verkommen. Professionelles Diversity Management leistet einen signifikanten Beitrag zur Wertschöpfung und muss von Aktivitäten, die vorrangig als passive Reaktion auf Umwelterwartungen und Umweltveränderungen in Angriff genommen werden, unterschieden werden. Die Professionalisierung von Diversity Management umfasst institutionelle und funktionale Aspekte. Diversity Management muss systematisch und strukturiert in die Unternehmensstrategie integriert werden und orientiert sich dabei sowohl an den Unternehmenszielen als auch an den Zielen der Mitarbeiter. Dabei stellt die Mobilisierung von Führungskräften und deren Initiative und Engagement eine besondere Herausforderung und wichtige Voraussetzung für professionelles Diversity Management dar. Die vordringliche Aufgabe besteht darin, das Bewusstsein für die Vorteile personeller Vielfalt zu schaffen und die Mitarbeiter für die Aspekte von Vielfalt zu sensibilisieren. Dies umfasst den Erwerb spezifischer Fähigkeiten, die für die Zusammenarbeit in einer vielfältigen Belegschaft erforderlich sind und die Sensibilisierung der Mitarbeiter, um ein Bewusstsein für Vielfalt und mögliche Benachteiligungen zu schaffen.[23]

Managing Diversity kann als gelebte Nächstenliebe verstanden werden. Mitmenschen anzunehmen, ihre Besonderheit, Einmaligkeit und Einzigartigkeit anzuerkennen und denjenigen Hilfe zu leisten, der der Hilfe bedarf, ist gelebte Caritas. Gesinnungsethisch mitfühlen (Managing Diversity) und verantwortungsethisch anzupacken (Diversity Management) sind das Fundament der katholischen Soziallehre und Grundlage würdevoller und wirkungsvoller Diversität in allen Bereichen des Zusammenlebens. „Ubi caritas et amor, deus ibi est!".

---

23 Vgl. Becker, M. (2011).

Literatur

Aretz, J./Hansen, K. (2003): Erfolgreiches Management von Diversity. Die multikulturelle Organisation als Strategie zur Verbesserung einer nachhaltigen Wettbewerbsfähigkeit. In: Zeitschrift für Personalforschung, 1, 17, S. 9-36

Becker, M. (2009): Personalentwicklung. Bildung, Förderung und Organisationsentwicklung in Theorie und Praxis (5. Aufl.). Stuttgart

Becker, M., Seidel, A. (Hrsg.): Diversity Management. Unternehmen- und Personalpolitik der Vielfalt. Stuttgart 2006

Becker, M./Kownatka, C. (2011): DIM-PRAX Deutschland 2010 – Blitzumfrage: Erhebung der Diversity Management Praxis. Martin-Luther-Universität Halle-Wittenberg, wirtschaftswissenschaftliche Fakultät. Betriebswirtschaftliche Diskussionsbeiträge Nr. 85

Becker, M./Labucay, I./Kownatka, C. (2008): Optimistisch altern. Theoretische Grundlagen und empirische Befunde demographiefester Personalarbeit für altersgemischte Belegschaften. München/Mering

Bellmann, L./Leber, U. (2010): Betriebliche Weiterbildung – In der Krise bleibt das Bild zwiespältig. In: IAB-Forum, Nr. 1, S. 16-19

Bissels, S./Sackmann, S./Bissels, T. (2001): Kulturelle Vielfalt in Organisationen. Ein blinder Fleck muss sehen lernen. In: Soziale Welt, 52, S. 403-426

Bundesministerium für Soziales, Familie und Jugend (2005): Alter ist ein Aktivposten. Pressemitteilung vom 30.08.2005

Bundesministerium für Soziales, Familie und Jugend (2006): Fünfter Bericht zur Lage der älteren Generation in der Bundesrepublik Deutschland. Potenziale des Alters in Wirtschaft und Gesellschaft. Der Beitrag älterer Menschen zum Zusammenhalt der Generationen. Bericht der Sachverständigenkommission. Berlin

Chatman, J./O`Reilly, C. A. (2004): Asymmetric reactions to work group sex diversity among men and women. In: Academy of Management Journal, 2, S. 193-208

Cox, T. (1993): Cultural Diversity in Organizations: Theory, Research and Practice. San Francisco

Cox, T. Jr./Cox, T. H./O'Neill, P. (2001): Creating the multicultural organization: A strategy for capturing the power of diversity. Business school management series. Michigan

Cox, T./Stacy, B. (1995): Managing Cultural Diversity: Implications for Organizational Competitiveness. In: Harvey, C. P./Allard, M. J. (Hrsg.): Understanding Diversity. Readings, Cases, and Exercises. New York, S. 64-77

Dohrn, S./Hasebrook, J. P. (2011): Innovationsmanagement und Diversity Management in der Wissensökonomie. Untersuchung aus Sicht eines integrierten Kompetenzmanagments. Lahr

Engel, R. (2007): Die Vielfalt der Diversity Management Ansätze. Geschichte, praktische Anwendungen in Organisationen und zukünftige Herausforderungen in Europa. In: Koall, I./Bruchhagen, V./Höher, F. (Hrsg.): Diversity Outlooks. Managing Diversity zwischen Ethik, Profit und Antidiskriminierung. Münster, S. 97-110

Hansen, K./Müller, U. (2003): Diversity in Arbeits- und Bildungsorganisationen. Aspekte von Globalisierung, Geschlecht und Organisationsreform. In: Belinszki, E./Hansen, K./Müller, U. (Hrsg.): Diversity Management. Best Practices im internationalen Feld. Münster, S. 9-60

Holtbrügge, D. (2001): Postmoderne Organisationstheorie und Organisationsgestaltung. Wiesbaden

Ilmarinen, J. (2007): Towards a better and longer work life for older workers. Dokumentation der Tagung: Vom Defizit- zum Kompetenzmodell – Stärken älterer Arbeitnehmer erkennen und fördern. Am 18. und 19. April 2007 in Bonn

Kanter, R. M. (1977): Men and women of the corporation. New York

Köppel, Petra (2011): Diversity Management in Deutschland 2011: Ein Benchmark unter den DAX 30- Unternehmen, S. 8ff

Krell, G. (1997): Chancengleichheit durch Gleichstellungspolitik – eine Neuorientierung. IN: Krell, G. (Hrsg.): Chancengleichheit durch Personalpolitik. Gleichstellung von Frauen und Männern in Unternehmen und Verwaltungen. Wiesbaden

Kruse, A./Lehr, U. (1989): Altenbildung – theoretische und empirische Beiträge der Gerontologie. In: Röhrs, H./Scheuerl, H. (Hrsg.): Richtungsstreit in der Erziehungswissenschaft und pädagogische Verständigung. W. Flitner zur Vollendung des 100. Lebensjahres am 20. August 1989 gewidmet. Frankfurt, S. 317-338

Ladwig, D. H./Boie, S./Kutscher, M. (2006): Age Diversity Management in der Praxis. Chancen der Altersdifferenzen in Belegschaften nutzen. In: Personalführung, H. 3, S. 38-44

Loden, Marilyn/Rosener, Judy (1991): Workforce America! Business One Irwin

Müller, U. (2002): Geschlecht im Management - ein soziologischer Blick. In: Wirtschaftspsychologie, 1, S. 11-15

Naegele, G./Sporket, M. (2007): Ältere Arbeitnehmerinnen und Arbeitnehmer im Betrieb. Betriebliche Fallbeispiele zur Beschäftigungsförderung in ausgewählten Ländern der Europäischen Union. Abschlussbericht. In: http://www.boeckler.de/pdf_fof/S-2004-673-3-1.pdf

Rosen, B./Jerdee, T. H. (1976): The influence of age stereotypes on managerial decisions. In: Journal of Applied Psychology, Vol. 61, pp. 428-432

Statistisches Bundesamt (2006): Bevölkerung Deutschlands bis 2050 – 11. Koordinierte Bevölkerungsvorausberechnung. In: http://www.destatis. de/jetspeed/portal/cms/Sites/destatis/Internet/DE/Presse/pk/2006/Bevoelkerungsentwicklung/Annahmen_und_Ergebnisse,property=file.pdf, Abruf am 08.11.2010

Stuber, Michael (2002): Diversity als Strategie. Personalwirtschaft 1/2002

Thomas, D. A./Ely, R. J. (1996): Making differences matter: A new paradigm for managing diversity. In: Harvard Business Review, 5, S. 79-91

Thomas, R. Roosevelt (2001): Management of Diversity – Neue Personalstrategien für Unternehmen. Wiesbaden

Vedder, G. (2006): 10 Thesen zum Diversity Management. Vortrag auf der Tagung „Diversity Management und Anti-Diskriminierung am 31.05.2006 in Trier

Voigt, Bernd (2001): Measures & Benchmarks. Komparatives Diversity-Measurement. Präsentation auf der 3. Internationale Managing Diversity Konferenz, Potsdam 2001

Die Lernende Organisation – Vision zum Anpacken

Harald Klippel

1 Einleitung

Unternehmen sind in vielfältige Kontexte eingebunden: ökonomische, politisch-rechtliche, sozio-kulturelle und technologische. Sie sind herausgefordert, sich darin nicht nur zurechtzufinden, sondern auch so zu agieren, dass sie sich langfristig behaupten und positionieren.

In den vergangenen Dekaden wurde daher eine große Anzahl an vermeintlich unschlagbaren Management- und Organisationskonzepten entwickelt und kommuniziert, die das einzelne Unternehmen auf seinem Weg unterstützen sollen, indem sie zur Lösung betrieblicher Entwicklungsschwierigkeiten beitragen. Dazu zählt auch das Konzept der Lernenden Organisation, das wesentlich mit dem Namen des amerikanischen Wissenschaftlers Peter Senge verbunden ist, der im Jahr 1990 mit seiner Veröffentlichung "The Fifth Discipline. The art and practice of the learning organization" diese Konzeption bekannt machte. Innerhalb der nachfolgenden Welle der Veröffentlichungen zu diesem Thema überschlugen sich die Autoren angesichts der vermeintlichen Wirkungen, die mit diesem Konzept erzielt werden können. Zu lesen ist von steigender Arbeitszufriedenheit, erhöhter Problemlösungskompetenz, Wertsteigerung des Humankapitals, Reduktion von Risiken in Entscheidungsprozessen usw. Kurzum, mit Erscheinen der Fünften Disziplin setzte ein Enthusiasmus ein, der in Aussagen gipfelte wie: "Learning organization is … synonymous with change and success" (Symon 2002, 157).

In Deutschland wurden in den 1990er Jahren Unternehmen auf das Schild einer vorbildlichen lernenden Organisation gehoben, die wir heute nicht unbedingt mit einem im Markt erfolgreich agierenden Unternehmen gleichsetzen würden, wie z. B. Opel und die AEG.

Es wird damit nur eines deutlich: dem (Wirtschafts-)Leben ist zu eigen, dass es kein pauschales Erfolgsrezept gibt.

Auch wenn wohl nicht zuletzt aus dieser Erfahrung geboren der Höhepunkt der Veröffentlichungen zur Lernenden Organisation mit der Jahrtausendwende bereits überschritten war (vgl. Kerka 2007, 326), wurde aus der lernenden Organisation eine populärwissenschaftliche Vokabel (Google wirft z. B. aktuell binnen kurzer Zeit 877.000 Verweise aus). Vielleicht ist es gerade die eigentümliche Spannung zwischen der erlebten grauen Alltagswirklichkeit in Organisationen einerseits und andererseits dem Begriff gleich einer „Vision, die eine Richtung vorgibt, die Unternehmen ein Ziel vor Augen malt, an dem sie ihre eigenen Prozesse, Fortschritte etc. messen können" (Falk 2007, 38), die dieses bewirkt hat.

Auch die Delegiertenversammlung des Deutschen Caritasverbandes formulierte im Jahr 2008 in ihren Richtlinien für unternehmerische Aktivitäten der Caritas, dass sich Unternehmen der Caritas als Lernende Organisationen verstehen. Nach Auffassung der Delegiertenversammlung scheint es ein Erfolg versprechender Weg zu sein, neben anderen Impulsen (insgesamt wurden 15 Leitlinien formuliert) den Mitgliedern insbesondere zu empfehlen, ihre eigene Organisationen als eine lernende auszugestalten, vielleicht auch um damit dem Vorurteil, dass sich kirchliche Organisationen nicht oder nur sehr schwer auf offen angelegte Veränderungsprozesse einlassen können (vgl. Beule 1997, 28), zu begegnen.

2 Die Lernende Organisation

Was sich hinter der Konzeption der Lernenden Organisation verbirgt, wird auf den folgenden Seiten erläutert. Dabei wird zunächst die Unterscheidung zwischen organisationalem Lernen und Lernender Organisation besprochen, um damit den Fokus zu schärfen, um den es in der Konzeption der Lernenden Organisation geht. Im Folgenden wird dann die Konzeption der Lernenden Organisation anhand einer neueren Forschungsarbeit dargestellt.

2.1 Organisationales Lernen – Lernende Organisation

Der Begriff des organisationalen Lernens ist seit Beginn der 1960er Jahre Bestandteil der wissenschaftlichen Diskussion (vgl. Ziegler 2006, 6). Die unterschiedlichen Ansätze haben die Gemeinsamkeit, dass sie das organisationale Lernen als den kritischen Erfolgsfaktor für zukünftige Wettbewerbsfähigkeit identifizieren. Dabei kann organisationales Lernen verstanden werden als „a descriptive term to explain and quantify learning activities and events" (Love 2000, 324). Argyris/Schön (2006) unterscheiden in ihrer Monographie zwischen dem Einschleifen- und dem Doppelschleifen-Lernen. Kurz zusammengefasst handelt es sich bei ersterem um ein Agieren auf der Basis von Wenn-Dann-Relationen, während das Doppelschleifen-Lernen „zu einem Wertewechsel sowohl der handlungsleitenden Theorien als auch der Strategien und Annahmen führt" (Argyris/Schön 2006, 36). Während organisationales Lernen als „the socio psychological process of learning in the organization" angesehen wird, bei dem sowohl die Organisations- als auch die Individuumsebene Berücksichtigung finden, fragt man im Weiteren nach den organisationalen Rahmenbedingungen, die dieses Lernen ermöglichen. Damit geht es in der Auseinandersetzung mit der Lernenden Organisation um „the capability to change the form of behaviour of the organization" (beide Zitate Sun 2007, 44). Schilling/Kluge sprechen in diesem Zusammenhang von der Unterscheidung zwischen deskriptivem Ansatz – wie sehen kollektive Lernprozesse in einem sozialen System tatsächlich aus – und präskriptiven Ansatz – welche Merkmale soll eine Organisation haben, die sich als lernend beschreibt (Schilling/Kluge 2004, 370). M.a.W.: Bei der Beschreibung der lernenden Organisation geht es um die Fragestellung, welcher Struktur und Kultur es bedarf.

Der Grund, warum man sich mit diesen Fragen auseinandersetzt, liegt auf der Hand. Man erfährt eine zunehmend dynamische Wirtschaft, Märkte verändern sich, technologische Möglichkeiten steigen ins Unermessliche. Falls ein Unternehmen sich weiterhin erfolgreich im Markt behaupten will, muss es sich verändern, wobei die Veränderungsgeschwindigkeit mindestens so hoch sein muss wie die seines Umfeldes. Der Ansatz der Lernenden Organisation unterstellt dabei, dass Lernprozesse notwendig sind, um diese Veränderungsgeschwindigkeit erzeugen zu können (vgl. Lang 1996, 1).

2.2   Die Lernende Organisation und Erfolgsparameter ihrer Entwicklung

Mit seinem Buch „Die Fünfte Disziplin" veröffentlichte Peter Senge 1990 das bekannteste Werk. Senge postuliert fünf Disziplinen, die bei der Entwicklung eines Unternehmens zu einer Lernenden Organisation Berücksichtigung finden müssen: ‚individuelle Reife', ‚mentale Modelle', ‚gemeinsame Vision', ‚Lernen im Team' und ‚Denken in Systemen'.

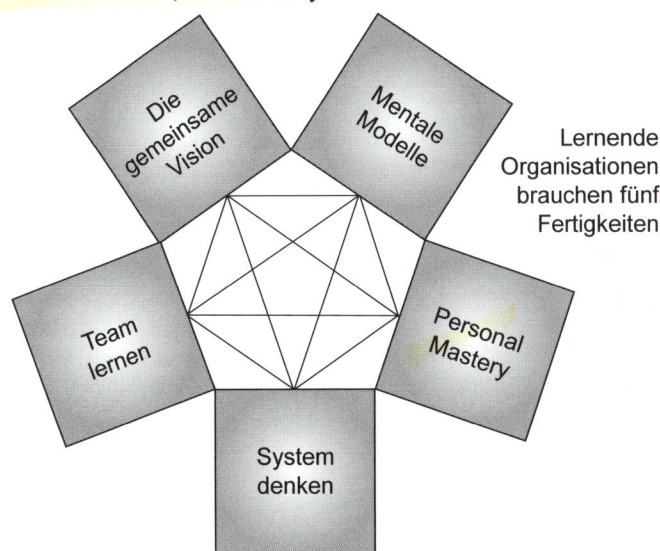

Grafik: Dr. Klaus Ritter

Wenngleich wesentliche Elemente dieser Monographie als nicht gänzlich neu betrachtet wurden, attestierte man Senge, dass das Neue an seinem Ansatz der Vorschlag war, „systemisches Denken als Disziplin zu begreifen, die es ermöglicht, Zusammenhänge holistisch zu verstehen" (Gairing 2008, 82).

Senge selbst versteht sein Buch nicht als Rezeptbuch, das eine konkrete Anleitung zur Schaffung einer lernenden Organisation gibt, vielmehr betont er, dass der Begriff lernende Organisation eine Vision und keine Realität sei. Die für ihn praxisrelevante Frage ist: „Wie kann sich eine Organisation mit der Zeit in diese Richtung [einer Lernenden Organisation] bewegen, und können wir relevante Unterscheidungen zwischen verschiedenen Organisationen treffen, die unterschiedliche Fortschritte in diese Richtung gemacht haben?" (Senge 2003, 502).

Nicht von ungefähr existieren daher in den unterschiedlichen Interpretationen des Konzeptes der lernenden Organisation Unsicherheiten und grobe Unterschiede (vgl. Lembke 2004, 69). Es gibt unzählige Kurzdefinitionen , etwa als Organisation, „that organizes its learning such that the diffusion and adoption of new ideas are not unnecessarily hindered by the past" (Huysman 2000, 142). Oder eine lernende Organisation ist „an organization skilled on creating, acquiring and transferring knowledge, and it is modifying its behavior to reflect new knowledge and insights" (Garvin 1993, 80).

Gleichwohl muss man sich ehrlich eingestehen, „despite its popularity, the ideas concerning the learning organization more often than not lack a solid theoretical as well as empirical foundation" (Huysman 2000, 133, vgl. auch Garvin 1993, 79).

Unabhängig von der empirischen Fundierung und der unterschiedlichen Rezipienten des Begriffes wird eines deutlich: der Anspruch, eine lernende Organisation zu formen, korreliert wesentlich mit dem Grundsatz, für alle Organisationsmitglieder Selbstentwicklungsmöglichkeiten zu eröffnen. (Lederer 2005, 80f.). Diese Verknüpfung erklärt sich im Wesentlichen durch die Abhängigkeit der Organisation von Individuen, deren Denken und Handeln sich in der Kommunikation der Organisation widerspiegeln. Die Gestaltung von Selbstentwicklungsmöglichkeiten ist zweifelsohne eine Managementaufgabe. Senge unterstreicht dies, indem er die Vorstellung, dass man Unternehmen zu Lernenden Organisationen fortentwickeln kann „without personal change, and especially without change on the part of people in leadership" (Senge 2003a, 48), ins Reich der Fantasie verbannt.

2.3   Erfolgsparameter für die Gestaltung einer Lernenden Organisation

Welcher Interventionen von Seiten des Managements bedarf es jedoch in einer Organisation, damit Selbstentwicklungsmöglichkeiten realisiert und zum Nutzen der Organisation eingesetzt werden?

Zu den neueren empirischen Forschungen zählt das Werk des neuseeländischen Professors Peter Y. Sun, dessen Gedankengang skizziert wird, um eine Ahnung über die konkreteren Schritte zu erhalten, die sich aus den von Senge formulierten fünf Fertigkeiten (Personal Mastery, mentale Modelle, gemeinsame Vision, Teamlernen und Systemdenken) ergeben.
Auf Grundlage einer der eigentlichen Erhebung vorangehenden Delphi-Befragung ermittelte Sun zunächst elementare Barrieren, die der Entwicklung eines Unternehmens zur Lernenden Organisation im Wege stehen, um dann zu ermitteln, welche Maßnahmen und Interventionen getroffen werden müssen, um ein Unternehmen zu einer Lernenden Organisation zu entwickeln. Ausgangspunkt für ihn ist die Feststellung: Die fünf Disziplinen von Senge „consider the levels of learning in the organization, they tell us very little about how to deal with the barriers that arise when translating radical learning across these levels" (Sun 2007, 3).

Sun identifiziert zunächst fünf Schlüsseldimensionen der Lernbarrieren – personenbezogen, beziehungsmäßig, kulturell, strukturell, gesellschaftlich (ebd., 46) – die er vor dem Hintergrund einer systemischen und holistischen Perspektive beschreibt (ebd., 62). Dabei bezieht sich die personenbezogene Schlüsseldimension auf individuelle Lernbarrieren, die beziehungsmäßige Schlüsseldimension auf das Gruppenagieren. Die kulturelle und die strukturelle Dimension beziehen sich auf organisationale und interorganisationale Ebenen des Lernens. Die gesellschaftliche Dimension schließlich beschreibt die latent in den Geschäftsprozessen vorhandene gesellschaftliche Ebene.
Als Ursprünge der einzelnen Lernbarrieren identifiziert er

- bei der personenbezogenen Dimension sowohl „individual" als auch „organizational" und „interorganizational imperatives" sowie mangelnde Kompetenzen,

- bei der kulturellen Dimension das Klima in sowie die Normen der Gruppe, ebenso das organisationale und das zwischenbetriebliche Klima,

- bei der beziehungsmäßigen Dimension die Beziehungen auf den unterschiedlichen Ebenen Gruppe, Organisation sowie der zwischenbetrieblichen Ebene,

- bei der strukturellen Dimension das organisationale System und die organisationalen Strukturen, die Strukturierung der einzelnen Gruppe sowie das zwischenbetriebliche System und die zwischenbetrieblichen Strukturen (ebd., 58f.).

Bezug nehmend auf den Transfer zwischen den einzelnen Ebenen (Individuum und Gruppe, Gruppe und Individuum, Gruppe und (Gesamt-)Organisation, Organisation und Gruppe, zwischen einzelnen Betrieben) zählt Sun als Lernbarrieren mangelnde soziale und kommunikative Kompetenzen,

divergierende Zielvorstellungen, mangelhafte Kommunikationsstrukturen, Zeitmangel und Arbeitsüberhäufung, Versäulungs- bzw. Inseldenken,
mangelnden Informationsfluss, Kontrollillusion seitens des Managements,
sowie die Angst vor Machtverlust auf.

Den vorhandenen Lernbarrieren kann nach Sun adäquat begegnet werden
durch das Verfolgen von fünf organisationalen Orientierungen (genetic
diversity, organizational ideology, organizational dualism, organizational
coupling, strategic play), die sich für Sun aus der Implementierung von neun
unterschiedlichen Interventionsformen ergeben. Diese beziehen sich auf alle
von ihm eingeführten Ebenen (Individuum, Gruppe, gesamte Organisation).
Sie sollen Handlungswissen formen und fördern. Dabei bezieht Sun seine
Interventionen in Anlehnung an Senge (vgl. Senge 1996, 36) im Wesentlichen auf das Top-Management eines Unternehmens.

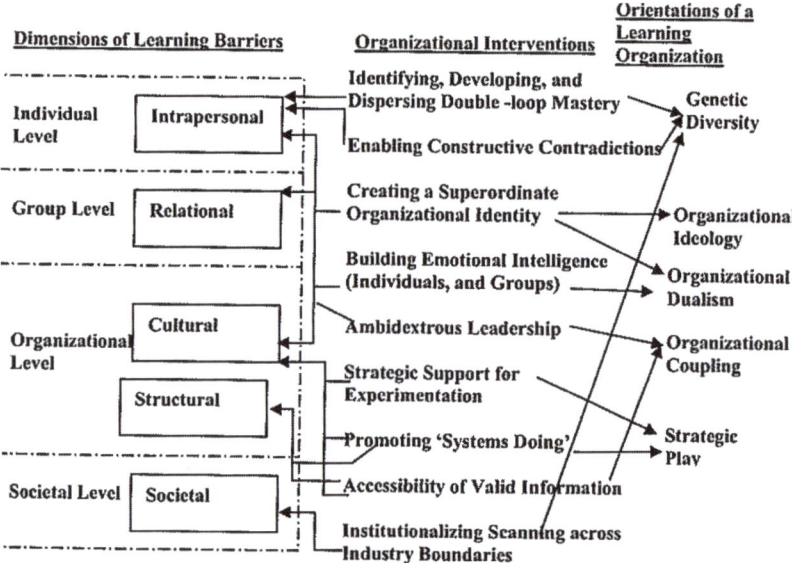

Im Folgenden werden zum besseren Verständnis die neun organizational
interventions kurz vorgestellt.

Die erste Intervention überschreibt Sun mit den Worten identifying, develo-
ping, and dispersing double-loop mastery. Dahinter verbirgt sich für ihn die
Aufgabe der Führungskräfte, nach Mitarbeitenden mit einer hohen Selbstre-
flexionsfähigkeit Ausschau zu halten. Darunter versteht er „a capability
to look at an alternative view of oneself and the organization, and to have
sufficient emotional resources to question one's self concept" (ebd., 204).

Für Sun ist offensichtlich, dass nicht alle Mitarbeitenden diese Fähigkeit mitbringen und es auch nicht müssen, jedoch für den Erfolg einer Lernenden Organisation auf den unterschiedlichen Hierarchieebenen zumindest einige mit dieser Kompetenz ausgestattete Mitarbeiter vorhanden sein müssen. Insbesondere gilt dies jedoch für das mittlere Management, da hier die (produktive) Spannung eines Unternehmens zwischen Strategie und den alltäglichen Notwendigkeiten am größten und v. a. permanent vorhanden ist. Die zweite Intervention besteht für Sun in der Ermöglichung der Auseinandersetzung mit konstruktiven Widersprüchen. Im Wesentlichen geht es hier um das bewusste Zulassen der Infragestellung von Überzeugungen und Annahmen.

Eine dritte Intervention ist für Sun die Entwicklung einer übergeordneten organisationalen Identität. Während er organisationale Identität beschreibt als „the collective perceptions and beliefs of individual regarding what are central, distinct, and enduring attributes of the organization" (ebd., 207), versteht er eine übergeordnete organisationale Identität wesentlich abstrakter, da sie genügend Spielraum zulassen muss, „so that multiple identities can create a varying conception of its meaning, while it still generates sufficient coherence" (ebd., 208). Falls diese Kohärenz nicht ermöglicht wird, ist ein unausweichlicher Konflikt mit der Selbstentwicklungsmöglichkeit der Mitarbeitenden gegeben. Zum anderen wäre angesichts der vielfältigen Aktivitäten einer Organisation eine unnötige Verengung ausgesprochen kontraproduktiv. Sun verweist in seinem Beispiel nicht zu Unrecht auf kirchliche Organisationen, bei denen Profit- und Non-Profit-Aktivitäten mit einer je eigenen Logik verfolgt werden, jedoch sich alle wiederfinden unter der übergeordneten organisationalen Identität, Gott zu dienen und menschenfreundlich zu sein.

Als vierte Intervention sieht Sun die Entwicklung von emotionaler Intelligenz, wobei dies sowohl für alle drei Ebenen (Individuum, Gruppe, Organisation) gemeinsam gilt, als auch bezogen für jede Ebene eine eigene Qualität aufweist ("I would go as far as to suggest that an emotionally intelligent group requires emotionally intelligent individuals, but a collection of emotionally intelligent individuals do not necessarily constitute an emotionally intelligent group" – ebd., 210). Inhaltlich verweist er auf Goleman, der die emotionale Intelligenz in persönliche und soziale Kompetenzen unterteilt (vgl. Goleman 2002, 65f.).

Die fünfte Intervention überschreibt Sun mit dem Begriff „ambidextrous leadership". Hinter diesem Begriff verbirgt sich die Notwendigkeit, ein für das Unternehmen optimales Verhältnis von Innovation und Bewahrung zu erreichen. Beide Ausrichtungen erfordern unterschiedliches Führungshandeln des Topmanagements. Um erfolgreich zu sein, muss das Führungsmanagement jedoch diese unterschiedlichen Ausgestaltungen des Führungshandelns beherrschen, die sich für Sun in der situationsabhängigen Ausgestaltung der ambidextrous leadership in den Formen ambidextrous style (das Topmanagement kann sowohl transformational als auch transaktional führen), ambidextrous reach (situationsbezogenes Einbeziehen der Top-Hierarchie in die Kommunikation zwischen den einzelnen Hierarchieebenen), ambidextrous control (Führung kann sowohl direktiv als auch partizipativ sein) und ambidextrous awareness (Notwendigkeit einer emotionalen Intelligenz im Topmanagement) ausdrückt. Sun ist sich wohl bewusst, dass er bei dieser Intervention sehr hohe Ansprüche stellt, da es extrem schwierig ist, einen Topmanager zu finden, der alle vier Qualitäten mitbringt. Jedoch ist es für ein Führungsteam wichtig, alle vier Qualitäten in der richtigen Mischung zu besitzen.

Als sechste Intervention sieht Sun die strategische Unterstützung von Innovation. Das Topmanagement hat die Aufgabe, einen Raum zur Verfügung zu stellen, in dem Ideen entwickelt, geprüft und bewertet werden können. Darüber hinaus ist es notwendig ein gemeinsames Verständnis in der Organisation zu entwickeln, um dadurch eine Identität einer innovativen Organisation zu erzeugen.

Die siebte Intervention überschreibt Sun mit Fördern des systemischen Handelns und versteht darunter „the participation of individuals from all functions of the organization in active experimentation" (ebd., 214). Für ihn hat diese Intervention hohen Bedeutungswert, da sie das Versäulungsdenken gerade in größeren Unternehmen überwindet.

Als achte Intervention sieht Sun die Eröffnung des Zugangs zu validen Informationen. Diese Möglichkeit ist hierarchieunabhängig zu gewähren, weil dadurch eine „variance in the mental models between different levels of hierarchies, and contributes to a culture of compliance and lack of flexibility for organizational change" (ebd., 215) entstehen kann. Laut Sun wäre eine Haltung des Topmanagements, sensible und strategische Informationen für sich zu behalten, kontraproduktiv für die Entwicklung hin zu einer Lernenden Organisation.

Schließlich beschreibt Sun als neunte Intervention die Förderung des Blickes über den eigenen Tellerrand (institutionalizing scanning across industry boundaries), um frühzeitige Entwicklungen zu identifizieren, aber auch um herauszufinden, wie andere mit ähnlichen Schwierigkeiten umgehen.

Sun sieht zwischen den einzelnen Interventionen dynamische Verbindungen, wenngleich er ebenfalls eine gewisse Rangordnung identifiziert, nach der die Förderung der Auseinandersetzung mit konstruktiven Widersprüchen sowie die ambidextrous leadership Grundvoraussetzungen der Entwicklung hin zu einem lernenden Unternehmen sind.

Der Begriff der ambidextrous leadership ist im deutschen Sprachraum bislang nur sehr spärlich verbreitet, bekannter ist hingegen das Begriffspaar transaktionale und transformationale Führung. Während dieses jedoch aufgelöst in sich gegenüberstehende Führungsmuster darstellt, beschreibt ambidextrous management (Ambidextrie) die Notwendigkeit, die Aktivitäten beider Orientierungsmuster, die sich durch das Spannungsfeld zwischen einer Ressourcenallokation zur Ausnutzung vorhandener Stärken auf der einen Seite und dem lerngetriebenen Aufbau von Potenzialen auf der andern Seite kennzeichnen lassen, in das Managementhandeln zu integrieren (vgl. Weibler, Keller 2010, 260f.).

Aktivitätsmuster	Charakteristika	Fokus
Exploration	• Suche nach neuen Möglichkeiten • Experimentieren mit alternativen Prozessen • Überdenken des gegenwärtigen Status quo	Flexibilität
Exploitation	• Nutzung bestehender Potenziale • Optimierung vorhandener Prozesse • Erhaltung des Status quo	Effizienz

Sun 2007, 260

3 Ausblick – Die Vision in den Blick nehmen

Peter Senge gab selbst die Richtung vor, als er die Lernende Organisation dem Visionären zuordnete und nicht der Realität. Daher wird jeder, der seine Organisation als eine lernende definiert, sich mit der Frage auseinandersetzen, wie sich seine Organisation in den vergangenen Jahren entwickelt hat und welche Wirkungen man feststellen kann. Sicher werden alle fünf Grunddimensionen der Lernenden Organisation nach Senge sich in der Entwicklung wiederfinden, jedoch weist allein schon der systemische Ansatz in die Richtung der Unmöglichkeit, die fünf Grunddimensionen einzeln isoliert voneinander zu entwickeln. Entwicklung geschieht vielmehr immer im Kontext.

Dieses versucht das folgende Schaubild zu visualisieren

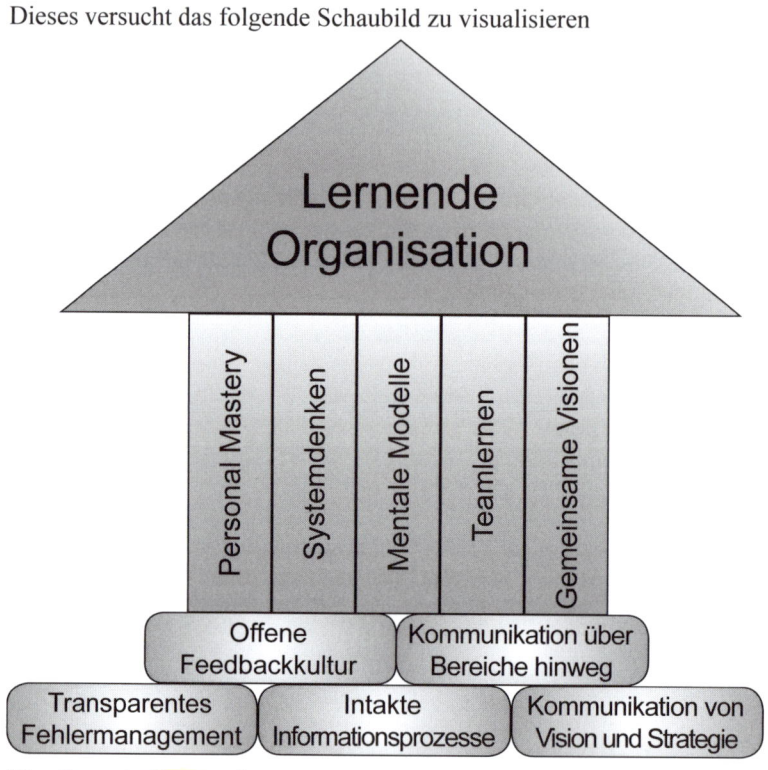

(Quelle:meta-five.com).

Beispielhaft werden hier Begriffe aufgezählt, deren Etablierung zu heutigem Managementhandeln zählt. Jede hat einen Bezug zu einer oder mehreren Grunddimensionen der Lernenden Organisation nach Senge, stärkt also die Entwicklung dieser Grunddimensionen und fördert die Entwicklung der Organisation hin zu einer lernenden.

Das scheint das Interessante und Spannende bei der Konzeption der Lernenden Organisation zu sein. Sie ist nicht fertig ausformuliert, sie ist nicht in sich abgeschlossen, sie weist jedoch dem Manager den Weg, auf elementare Grunddimensionen zu achten, deren Förderung für die Entwicklung der Organisation unablässig sind.

Literatur

Argyris, Chris; Schön, Donald A. (2006): Die Lernende Organisation. Grundlagen, Methode, Praxis. 3. Aufl. Stuttgart

Beule, Georg: Grundsätzliche Aspekte zur Beratung und Weiterbildung in kirchlichen Systemen. In: Zeitschrift für Organisationsentwicklung, Jg. 1997, H. 2., S. 27-34

Falk, Samuel (2007): Personalentwicklung, Wissensmanagement und Lernende Organisation in der Praxis. 2. Aufl. München

Gairing, Fritz (2008): Organisationsentwicklung als Lernprozess von Menschen und Systemen. 4., neu ausgestattete Aufl. Weinheim

Garvin, David A.: Building a learning organization. In: Harvard Business Review, Jg. Vol 71 Issue 4, H. Jul/Aug93, S. 78-91

Garvin, David A. u. a. (2008): Das lernende Unternehmen. In: Harvard Business manager, H. 11, S. 76–88

Goleman, Daniel (2002): Emotionale Intelligenz. [Nachdr.]. München. Hopkins, Michael S. (2009): 8 Reasons Sustainability will change management. In: MIT Sloan Management Review, H. Fall 2009, S. 27–30

Huysman, Marleen: An organizational learning approach to the learning organization. In: European Journal of Work & Organizational Psychology, Jg. Vol. 9 Issue 2, H. Jun2000, S. 133-145

Kerka, Friedrich (2007): Das Auf und Ab der Managementmoden: Die Lernende Organisation — nur ein neuer Managementhype? In: Kriegesmann, Bernd; Kerka, Friedrich (Hg.): Innovationskulturen für den Aufbruch zu Neuem. Missverständnisse – praktische Erfahrungen – Handlungsfelder des Innovationsmanagements. Wiesbaden, S. 323–346

Kriegesmann, Bernd; Kerka, Friedrich (Hg.) (2007): Innovationskulturen für den Aufbruch zu Neuem. Missverständnisse – praktische Erfahrungen – Handlungsfelder des Innovationsmanagements. Wiesbaden

Lang, Robert (Darmstadt): Die lernende Organisation in Wissenschaft und Praxis. Unter Mitarbeit von Jenny Amelingmeyer: 1996

Lederer, Bernd (2005): Das Konzept der Lernenden Organisation. Bildungstheoretische Anfragen und Analysen. Univ., Diss.--Köln, 2004. Hamburg

Lembke, Gerald (2004): Die lernende Organisation als Grundlage einer entwicklungsfähigen Unternehmung. Marburg

Love, Peter E. D.: Total quality management and the learning organization: a dialogue for change in construction. In: Construction management & economics, Jg. Vol. 18 Issue 3, H. Apr/May 2000, S. 321-331

Schilling, Jan; Kluge, Annette (2004): Können Organisationen nicht lernen? Facetten organisationaler Lernkulturen. In: Gruppendynamik und Organisationsberatung, Jg. Vo.l 35, H. 4, S. 367–385

Senge, Peter (1996): leading learning organizations. In: Training and Development, Jg. vol. 50, H. Iussue 12, S. 36

Senge, Peter (2003): Die fünfte Disziplin. Kunst und Praxis der lernenden Organisation. 8. Aufl. Stuttgart

Senge, Peter (2003a): Taking personal change seriously: The impact of Organizational Learning on management practice. In: Academy of Management Executive, Jg. Vol. 17, H. 2, S. 47-50

Sun, Peter Y. T. (2007): a multi level perspective of the learning organization. Saarbrücken

Symon, Graham: The ‚Reality' of Rhetoric and the learning organization in the UK. In: Human Resource Development International, Jg. Vol. 5 Issue 2, H. Jun 2002, S. 155-174

Weibler, Jürgen; Keller, Tobias (2010): Ambidextrie – Die organisationale Balance im Spannungsfeld von Exploration und Exploitation. In:WiSt Heft 5 Mai 2010, S. 260-262

www.meta-five.com/kunden/newsletter/newsletter_08_de.php; zuletzt kontrolliert am 25.08.2012

Ziegler, Siegfried (2006): Lernen bei Gregory Bateson und lernende Organisation. Die Veränderung sozialer Systeme durch organisationales Lernen. Dissertation in der Fakultät für Kulturwissenschaften, Universität Paderborn

Jede Phase hat ihre Zeit – Arbeitsrechtliche Möglichkeiten für eine lebensphasenorientierte Arbeitszeitgestaltung

Klaus Tritschler

1 Einführung und Überblick

Bei der Begründung eines Arbeitsverhältnisses legen die Vertragspartner im Dienstvertrag den Beschäftigungsumfang konkret fest. Die Mitarbeiterin/der Mitarbeiter sagt damit zu, in dem vereinbarten Umfang zur Arbeitsleistung zur Verfügung zu stehen. Diese vertragliche Bindung besteht so lange, bis die Vertragspartner sich aus Gründen in der Sphäre der Mitarbeiterin/des Mitarbeiters oder aus betrieblichen Gründen auf eine Vertragsänderung einigen oder einer der Vertragspartner rechtswirksam kündigt.

In der Regel ist der Beschäftigungsumfang bei Beginn des Dienstverhältnisses der aktuellen Lebenssituation der Mitarbeiterin/des Mitarbeiters, den zeitlichen Möglichkeiten sowie den finanziellen Bedürfnissen angepasst. Diese Aspekte können sich für die Mitarbeiterin/den Mitarbeiter im Laufe des Berufslebens je nach Lebensphase mehrfach verändern. Dann gilt es, die vertragliche Arbeitszeit der jeweiligen Lebenssituation anzupassen. Konkret geht es dabei um:

- Phasen der Vereinbarkeit von Beruf und Familienarbeit
- Zeiten der Weiterbildung
- Auszeit
- Vereinbarkeit von Beruf und Pflege eines Angehörigen
- Übergang in den Ruhestand

Im Hinblick auf die flexible Anpassung der arbeitsvertraglichen Gegebenheiten auf die jeweilige Situation von Mitarbeiterinnen und Mitarbeitern gibt es einige Regelungen in den AVR, andere Sachverhalte sind per Gesetz geregelt. Das Instrument mit dem größten Potential zur flexiblen Gestaltung der Arbeitszeit und damit der möglichen Lebensphasenorientierung ist die Einrichtung von Langzeitkonten/Lebensarbeitszeitkonten durch den Dienstgeber. Außerdem sind in diesem Zusammenhang weiterhin zu nennen:

- Der Anspruch auf (vorübergehende) Reduzierung der Arbeitszeit sowohl nach den AVR als auch nach dem Gesetz

- Der Anspruch auf die Aufstockung der Arbeitszeit sowohl nach AVR als auch nach dem Gesetz

- Gesetzliche Regelungen für Pflegezeit und Familienpflegezeit
- Altersteilzeit nach AVR oder FALTER

Im Folgenden werden diese verschiedenen Instrumente und Rechtsgrundlagen zur flexiblen Anpassung der Arbeitszeit näher ausgeführt.

2 Arbeitszeitkonten als Langzeitkonten/Lebensarbeitszeitkonten

Mit dem Instrument der Langzeitkonten ermöglicht der Dienstgeber seinen Mitarbeiterinnen und Mitarbeitern, bestimmte Teile künftig entstehender Lohnansprüche statt der Auszahlung bei Fälligkeit zunächst auf einem Wertguthabenkonto anzusparen. Dieses Guthaben schafft für die Mitarbeiterin/den Mitarbeiter die Möglichkeit, sich damit eine entsprechende Phase ohne Arbeitsleistung zu „finanzieren" unter Aufrechterhaltung des Sozialversicherungsschutzes. Ebenso kann das Guthaben zur Aufstockung der Vergütung in einer Phase mit reduzierter Arbeitszeit eingesetzt werden.

Vereinbarungen zu Langzeitkonten können nur einvernehmlich zustande kommen. Den Mitarbeiterinnen und Mitarbeitern diese Arbeitszeitflexibilisierung zu ermöglichen schafft für den Dienstgeber einen Wettbewerbsvorteil bei der Gewinnung von Mitarbeitern und wirkt sich ebenso auf die Motivation und Arbeitszufriedenheit der Mitarbeiterschaft aus.

Welche Teile der künftigen Vergütungsansprüche einem Langzeitkonto zugeführt werden können, muss konkret festgelegt werden. Die AVR enthalten insoweit keine Detailregelungen sondern lediglich allgemeine Öffnungsklauseln in Anlage 5c sowie in § 9 Abs 6 der Anlagen 31 bis 33.

Empfehlenswert ist der Abschluss einer Dienstvereinbarung mit der Festlegung der Rahmenbedingungen, unter anderem:

- Geltungsbereich der DV
- Welche Vergütungsbestandteile können dem Langzeitkonto zugebucht werden?
- Art der Insolvenzsicherung und Werterhaltungsgarantie
- Wer trägt die Kosten der Kontoführung, der Kapitalanlage, der Insolvenzsicherung?
- Evtl. Mindestanspardauer und Möglichkeiten der Verwendung des Wertguthabens
- Antragsfristen für Freistellung bzw. Reduzierung der Arbeitszeit
- Wertzuwachs während einer Arbeitsunfähigkeit

Zwingend ist eine Einzelvereinbarung mit jedem teilnehmenden Mitarbeiter/Mitarbeiterin darüber, welche Vergütungsbestandteile in welcher Höhe bei Fälligkeit der Auszahlung entzogen und dem Langzeitkonto zugebucht werden (Umwandlungsvereinbarung). Eine solche schriftliche Vereinbarung ist Voraussetzung dafür, dass während einer Freistellung von länger als einem Monat der Sozialversicherungsstatus erhalten bleibt. Die Vergütung aus dem Wertguthaben während einer Freistellung muss zwischen 70 und 130 Prozent des Lohnniveaus der letzten 12 Monate vor der Freistellung liegen.

Grundsätzlich sind folgende Vergütungsbestandteile einer Zuführung auf das Langzeitkonto zugänglich:

- Teile der Regelvergütung
- Vergütung für zusätzliche Arbeitsstunden, die anlassbezogen und zeitlich begrenzt in bestimmtem Umfang vereinbart wurden
- Urlaubsgeld
- Weihnachtszuwendung bzw. Jahressonderzahlung
- Vergütung für Bereitschaftsdienst/Rufbereitschaft
- Vergütung für Resturlaubstage, die über dem gesetzlichen Mindesturlaub liegen
- Vermögenswirksame Leistungen

In der Dienstvereinbarung kann diese Auswahl ganz oder teilweise vorgesehen werden. In der Einzelvereinbarung mit dem Mitarbeiter/der Mitarbeiterin wird dann konkret festgelegt, was für den Einzelfall gelten soll.

Phasen der Guthabenverwendung können grundsätzlich sein:

- Freistellung für eine Auszeit, Weiterbildung/Qualifizierung oder Vorruhestand
- Freistellung für eine Pflegezeit oder Familienpflegezeit
- Freistellung im Rahmen des Anspruches auf Elternzeit
- Vergütungsaufstockung bei reduzierter Arbeitszeit

Auch dieser Katalog der Guthabenverwendung steht zur Disposition und kann insgesamt oder auch nur teilweise in eine Dienstvereinbarung übernommen werden.

Im Hinblick auf Lohnsteuer- und Beitragsfälligkeit zur SV gilt, dass die Abzüge von der Bruttovergütung erst zum Zeitpunkt der Auszahlung des Wertguthabens an den Mitarbeiter/die Mitarbeiterin fällig werden. Die Zuführung auf das Langzeitkonto erfolgt mit dem Bruttolohnbestandteil. Damit führen auch die Anteile für Lohnsteuer und SV zu einem Verzinsungsbeitrag des Wertguthabens.

Voraussetzung für diese zeitliche Verschiebung der gesetzlichen Abzüge ist, dass die Modalitäten des Ansparens und der Guthabenverwendung (wie vorstehend beschrieben) schriftlich vereinbart sind, die Langzeitkonten in Geldwert geführt werden, der Dienstgeber eine Werterhaltungsgarantie abgibt und eine ausreichende Insolvenzsicherung für das Wertguthaben und den Gesamtsozialversicherungsbeitrag besteht. Für Organmitglieder werden diese Vorzüge von der Finanzverwaltung nicht gewährt.

Diese Beschreibung von Verfahren und Formvorschriften mag etwas aufwändig und komplex wirken. Es gibt professionelle Dienstleister, die dem Dienstgeber den gesamten Prozess von der Planung, Mitarbeiterinformation, Dienstvereinbarung, Kontoführung, Kapitalanlage bis zur Insolvenzsicherung und Treuhänderbestellung mit überschaubarem Kostenaufwand abnehmen.

Im Falle der vorzeitigen Beendigung des Arbeitsverhältnisses gibt es mehrere Möglichkeiten. Das Wertguthaben kann dem Mitarbeiter/der Mitarbeiterin ausgezahlt werden, ein neuer Arbeitgeber kann das Wertguthaben übernehmen oder das Guthaben kann der Deutschen Rentenversicherung Bund übertragen werden, wenn dies eine Mindestgrößenordnung hat (derzeit 15.750 Euro). In letzterem Fall kann sich der Mitarbeiter/die Mitarbeiterin zu gegebener Zeit das Guthaben wie Arbeitslohn von der DRV Bund auszahlen lassen.

3 Vereinbarkeit von Beruf und Familienarbeit oder Beruf und Pflege eines Angehörigen

3.1 Arbeitszeitreduzierung

Die AVR räumen Mitarbeiterinnen und Mitarbeitern das Recht auf die Reduzierung der Arbeitszeit ein, wenn

* der MA ein minderjähriges Kind erzieht oder
* einen pflegebedürftigen Angehörigen selbst pflegt.

Der Mitarbeiter/die Mitarbeiterin kann den Reduzierungswunsch mit einer Befristung von bis zu fünf Jahren verknüpfen. Nur dringende betriebliche Belange ermöglichen dem Dienstgeber den Antrag auf Reduzierung der Arbeitszeit abzulehnen.

Für Mitarbeiterinnen und Mitarbeiter wird dieser Anspruch auf Reduzierung der Arbeitszeit durch eine gesetzliche Anspruchsgrundlage verstärkt. Nach § 15 Abs 5 bis 7 Bundeselterngeld- und Elternzeitgesetz (BEEG) können Arbeitnehmer/-innen während der Elternzeit in Betrieben mit mehr als 15 Arbeitnehmern (AN; nach Ablauf der ersten sechs Beschäftigungsmonate) die Reduzierung der Arbeitszeit auf einen Umfang zwischen 15 und 30 Wochenstunden verlangen.

Die Frist für den schriftlich zu stellenden Antrag unter Angabe von Beginn und Umfang beträgt sieben Wochen. Eine evtl. Ablehnung von Seiten des Arbeitgebers (AG) ist nur aus dringenden betrieblichen Gründen und schriftlich innerhalb von vier Wochen möglich.

3.2 Vereinbarkeit von Beruf und Pflege

Die rechtlichen Rahmenbedingungen zur Vereinbarkeit von Beruf und der Pflege von Angehörigen hat der Gesetzgeber mit zwei Gesetzen geschaffen:

a) Das Pflegezeitgesetz aus dem Jahr 2008 ermöglicht Arbeitnehmerinnen und Arbeitnehmern einerseits bei akut eintretendem Pflegebedarf eines nahen Angehörigen bis zu 10 Tage zur Organisation der Pflege frei zu nehmen und darüber hinaus bis zu sechs Monate unbezahlten Urlaub zu nehmen, um die Pflege selbst zu übernehmen.

b) Das Familienpflegezeitgesetz ist am 1.1.2012 in Kraft getreten und regelt die Rahmenbedingungen für eine freiwillige Vereinbarung zwischen AG und AN zur Reduzierung der Arbeitszeit bis zur Dauer von zwei Jahren zur Pflege eines nahen Angehörigen bei gleichzeitiger Aufstockung des Teilzeitlohnes um die Hälfte der vereinbarten Reduzierung.

Pflegezeitgesetz 2008

Bei akut eintretender Pflegebedürftigkeit eines nahen Angehörigen hat ein AN das Recht, ohne Einhaltung einer Frist vom AG die Freistellung für bis zu 10 Tage zu verlangen, um die bedarfsgerechte Pflege zu organisieren. Dies gilt nicht nur bei erstmaligem Eintreten der Pflegebedürftigkeit, sondern auch bei kurzfristigem und unvorhersehbarem Ausfall einer Pflegeperson.

Auf Verlangen des AG muss eine ärztliche Bescheinigung über die voraussichtliche Pflegebedürftigkeit vorgelegt werden. Was den Lohnanspruch für diese bis zu 10 Freistellungstage anbelangt, handelt es sich hier um eine Verhinderung der Arbeitsleistung aus einem in der Person des AN liegenden Grundes im Sinne von § 616 BGB für eine verhältnismäßig nicht erhebliche Zeit und damit Anspruch auf Lohnfortzahlung. Dieser Anspruch ist in den AVR jedoch rechtswirksam begrenzt auf Fälle von Angehörigen im selben Haushalt und beträgt dann einen Tag im Kalenderjahr.

Nimmt der AN die Pflege des nahen Angehörigen selbst wahr, hat er/sie Anspruch auf vollständige oder teilweise Reduzierung der Arbeitszeit für die Dauer von bis zu sechs Monaten, wenn der AG in der Regel mehr als 15 Beschäftigte einschließlich Auszubildende beschäftigt. Dieser Anspruch setzt den Nachweis der Pflegebedürftigkeit im Sinne des SGB XI voraus. Es gilt eine Ankündigungsfrist von 10 Arbeitstagen. Die Ankündigung hat schriftlich und unter Angabe von Umfang und Dauer der Reduzierung zu erfolgen.

Der AG kann nur bei Vorliegen dringender betrieblicher Gründe ablehnen.

Eine solche Pflegezeit endet vorzeitig mit einer Frist von 4 Wochen, wenn der Pflegebedürftige stationär untergebracht wird oder verstirbt.

Nahe Angehörige im Sinne beider Gesetze a) und b) sind Großeltern, Eltern, Schwiegereltern, Ehegatten, Lebenspartner, Partner einer eheähnlichen Gemeinschaft, Geschwister, Kinder, Adoptiv- oder Pflegekinder, Kinder des Ehegatten oder Lebenspartners, Schwiegerkinder und Enkelkinder.

Familienpflegezeitgesetz 2012

Dieses Gesetz regelt die Rahmenbedingungen für eine freiwillige Vereinbarung zwischen AN und AG im Falle der Pflege eines nahen Angehörigen. Dabei geht es um die vorübergehende Reduzierung der Arbeitszeit für die Dauer von bis zu zwei Jahren bei gleichzeitiger Aufstockung des Teilzeitentgelts um die Hälfte der vorgenommenen Reduzierung.

Das Modell der Familienpflegezeit sieht vor, zur Wahrnehmung der häuslichen Pflege eines nahen Angehörigen die Arbeitszeit auf nicht weniger als 15 Wochenstunden zu reduzieren. Das Teilzeitentgelt wird vom AG um die Hälfte der Reduzierung aufgestockt. Nach der Familienpflegezeit behält der AG spiegelbildlich die gezahlten Aufstockungsleistungen vom Arbeitsentgelt wieder ein.

Es besteht kein Rechtsanspruch auf dieses Modell.

Der AG hat die Möglichkeit, sich die Aufstockungszahlungen aus einem Darlehen des Bundesamtes für Familie und zivilgesellschaftliche Aufgaben zwischenfinanzieren zu lassen.

Vorgeschrieben ist in jedem Fall der Abschluss einer Versicherung gegen das Risiko der Berufsunfähigkeit, Langzeiterkrankung oder Tod des Mitarbeiters/ der Mitarbeiterin.

Erhöhung des Beschäftigungsumfanges

Hat der Mitarbeiter/die Mitarbeiterin den Beschäftigungsumfang auf der Grundlage von § 1a der Anlage 5 AVR unbefristet reduziert, so hat er/ sie bei gleicher Eignung einen Anspruch auf Wiederaufstockung, wenn ein Arbeitsplatz mit einem entsprechenden Umfang zu besetzen ist.

Eine gesetzliche Grundlage mit vergleichbarer Zielsetzung findet sich in § 9 TzBfG. Bei der Besetzung eines freien Arbeitsplatzes ist ein Mitarbeiter/ eine Mitarbeiterin mit Aufstockungswunsch bei Vorliegen gleicher Eignung bevorzugt zu berücksichtigen.

Dies wirkt sich aber nicht auf die Organisationsentscheidung des AG aus. Ihm obliegt grundsätzlich die Entscheidung über die Stellenstruktur, das heißt z. B. ob Teilzeit oder Vollzeitstellen eingerichtet werden.

4   Altersteilzeit

Seit dem 1.1.2010 gibt es mit der Anlage 17a in den AVR eine neue
Altersteilzeitregelung. Diese hat eine Laufzeit bis Ende 2016 und unterschei-
det sich inhaltlich in einigen Punkten deutlich von der früheren Regelung in
Anlage 17.

Anspruch auf ATZ besteht nun nach den AVR ab dem 60. Lebensjahr. Dieser
Anspruch ist für den DG mit einer Belastungsgrenze von 2,5 Prozent der Mitarbeiterinnen und Mitarbeiter in ATZ versehen. Unterhalb dieser Belastungsgrenze ist die Ablehnung von ATZ-Anträgen nur möglich, wenn betriebliche
Gründe dies rechtfertigen. Der Anspruch besteht für längstens 5 Jahre, sodass
wegen der stufenweisen Heraufsetzung des Rentenzugangsalters die ATZ
nicht für die gesamte Zeit von der Vollendung des 60. Lebensjahres bis zum
Anspruch auf Regelaltersrente beansprucht werden kann.

In der ATZ wird das Teilzeitbrutto um 20 Prozent aufgestockt. Eine Nettoga-
rantie gibt es im neuen Modell nicht. Zuschüsse von Seiten der Arbeitsagen-
tur an den AG gibt es nicht mehr.

Die Beiträge zur Rentenversicherung sowie zur ZVK werden auf 90 Prozent
des Umfanges vor Beginn der ATZ (max. 90 Prozent der BBG RV) aufgestockt. Während der ATZ dürfen Nebentätigkeiten max. im Umfang einer
geringfügigen Beschäftigung im Sinne von § 8 SGB IV ausgeübt werden.
Dies gilt für Nebentätigkeiten in einem Arbeitsverhältnis wie auch in Selb-
ständigkeit.

5   FALTER – Flexible Altersarbeitszeit

FALTER ist ein Modell des gleitenden Übergangs in den Ruhestand. Es
besteht kein Rechtsanspruch. Die Rahmenregelung dazu findet sich in
Anlage 17, III der AVR.

Dieses Modell sieht vor, dass der Mitarbeiter/die Mitarbeiterin zwei Jahre
vor Erreichen des Anspruches auf eine abschlagsfreie Altersrente (65 plus X)
seine Arbeitszeit auf die Hälfte reduziert und eine Teilrente in Höhe von max.
50 Prozent bezieht.

Es ist vorgesehen, dass diese Konstellation mit halbiertem Beschäftigungsumfang und Bezug einer Teilrente für die Dauer von 4 Jahren und somit 2
Jahre über den eigentlichen Zeitpunkt mit Anspruch auf Regelaltersrente
hinaus beibehalten wird. Die Rentenabschläge für den vorgezogenen
Rentenbezug werden dann durch die längere Dauer der Beitragszahlung in
etwa ausgeglichen.

Resümee

Wie dargestellt wurde, gibt es zur Unterstützung der Vereinbarkeit von Beruf und Familie sowie von Beruf und Pflege gesetzliche Rahmenbedingungen, teilweise auch verbindliche Rechtsansprüche.

Die AVR erweitern diese Möglichkeiten noch um eine Öffnungsklausel für Lebensarbeitszeitkonten und eine Regelung zu Altersteilzeit bis Ende 2016. Bei konzeptionellen Planungen zur Personalpolitik oder zu Personalmarketing liegt es nahe, auch diese Instrumente mit in die Überlegungen einzubeziehen. Es könnte durchaus werbewirksam sein und zur Markenbildung beitragen, wenn Dienstgeber die Möglichkeiten, die sie im Sinne einer lebensphasenorientierten Arbeitszeitgestaltung realisieren können, aktiv und als Gesamtkonzept anbieten.

Teil 2
Zukunftsfähige Praxis –
altersgerechte Personalentwicklung
am Beispiel konkreter Projekte

Führungswechsel in der Ausstiegsphase

Michael Auer, Michael Schellenberger

1 Einführung

Das Projekt „Führungswechsel in der Ausstiegsphase" ist in die Struktur und die Rahmenbedingungen des Caritasverbandes der Erzdiözese München und Freising e. V.[24] und das Handlungsfeld „Berufliche Bildung" eingebunden, die in den Kapiteln eins bis vier genauer erläutert werden. Auch die demografische Entwicklung im Caritasverband wurde umfangreich untersucht bzw. die Handlungskonsequenzen aufgezeigt (Kapitel fünf bis sechs). Als Konsequenz der demografischen Entwicklung bietet sich für die zukünftige Personalentwicklung der Handlungsrahmen der „Lebenszyklusorientierten Personalentwicklung" an (Kapitel sieben).

Das Projekt „Führungswechsel in der Ausstiegsphase" (Kapitel acht bis neun) untersucht den Wechsel einer langjährigen Führungskraft aus einer Führungsposition (Kreisgeschäftsführung in einem Caritas-Zentrum) in der beruflichen Ausstiegsphase in eine Fachposition (Projektverantwortung). Zeitgleich übernimmt eine langjährige Führungskraft (ebenfalls Kreisgeschäftsführer in einem Caritas Zentrum) mit einem Führungswechsel die freie Führungsposition. Im Zeitraum November 2010 bis November 2011 wurden drei intensive Interviews (à zwei Stunden) geführt. In der Zusammenfassung dieser Erfahrungen wurden allgemeine Voraussetzungen und Bedingungen für die Übertragbarkeit in ähnliche Situationen (Führungswechsel in der Ausstiegsphase) des DiCV erarbeitet (Kapitel zehn).

Anlass und Motiv für die vorliegende Auswertung war u. a. die Weiterbildung der Fortbildungs-Akademie des Deutschen Caritasverbandes zum Thema „Altersgerechte Personalentwicklung in Verbänden, Einrichtungen und Diensten der Caritas".

2 Caritasverband der Erzdiözese München und Freising e. V.

Der Caritasverband ist ein Wohlfahrtsverband der katholischen Kirche, der seit 1922, neben fünf weiteren Verbänden (Diakonie, Rotes Kreuz, Paritätischer Wohlfahrtsverband, Zentralverband der Juden sowie Arbeiterwohlfahrt), als Sozialdienstleister tätig ist. Aktuell beschäftigt er ca. 7.300 Mitarbeitende in insgesamt 351 Einrichtungen und Diensten in der Erzdiözese

---

24 Im Folgenden Caritasverband genannt

München und Freising, die in etwa der Fläche von Oberbayern entspricht. Der Caritasverband ist zudem Spitzenverband weiterer Einrichtungen mit ca. 14.000 Mitarbeiter/-innen und nimmt die politische Vertretung sozialer Interessen wahr. Als Trägerverband betreibt der Caritasverband:

- 28 Altenheime mit insgesamt 2.500 Mitarbeitenden;

- 22 Behinderteneinrichtungen, davon vier Werkstätten mit insgesamt 985 Plätzen, vier Wohnheime mit 195 Plätzen, fünf Heilpädagogische Tagesstätten mit 264 Plätzen sowie eine Förderschule mit 195 Plätzen;

- 25 Caritas-Zentren in der Stadt München und in den Landkreisen Oberbayerns, in die eine Vielzahl sozialen Fachdienste wie Ambulante Pflege, Schuldnerberatung, Erziehungsberatung, Migrationsdienst, Behindertenarbeit, Suchtberatung, Sozialpsychiatrischer Dienst, Alten- und Servicezentrum, Kindertagesstätten und Jugendhilfeeinrichtungen integriert sind;

- das Caritas Institut für Bildung und Entwicklung (IBE) mit insgesamt 120 Mitarbeiter/-innen, zuständig für die Ausbildungen in fünf Caritas-Fachschulen und einer Fachakademie für Kinderpflege, Sozialpädagogik, Altenpflege und Heilerziehungspflege, die berufliche Fort- und Weiterbildung der Caritasmitarbeiter/-innen (8.000 Teilnehmer/-innen in 2011) sowie die Personal- und Organisationsentwicklung (OE/PE) im Caritasverband. Das IBE ist zudem in Organisationsentwicklungs-, Qualitätsmanagement- und Personalentwicklungsprozessen beratend und begleitend tätig. Das Handlungsfeld „Berufliche Bildung" (siehe nachfolgende Erläuterungen) ist im Institut angesiedelt bzw. wird hier verantwortet (Projektleitung);

- das Pater-Rupert-Mayer-Haus (PRMH) in München als zentrale Verwaltungseinheit für die Zentralen Dienste (z. B. Personalabteilung, Kommunikation und Sozialmarketing, Finanz- und Rechnungswesen, diversen Stabstellen, den Vorständen und einzelnen Geschäftsführungen aus dem operativen Bereich).

3 Handlungsfelder im Caritasverband

Der Caritasverband der Erzdiözese München und Freising e. V. führt seine strategische Planung in sogenannten „Handlungsfeldern" durch. Die Vielfalt der Dienste und Einrichtungen des Caritasverbandes zeigt sich als großer Vorteil, da die Breite des Angebotes es ermöglicht, auf vielfältige Nöte und Bedarfe vernetzt zu reagieren. Um die Vielfalt optimiert zu nützen, sind die verschiedenen Angebote geschäfts- und einrichtungsübergreifend zu koordinieren und vernetzen. In diesem Kontext wurden deshalb folgende sechs Handlungsfelder geschaffen:

Leben im Alter	Das Handlungsfeld „Leben im Alter" umfasst alle Angebote für alte Menschen mit altersspezifischen Pflege-, Versorgungs-, Unterstützungs- und Beratungs-bedarfen.
Menschen mit Behinderung und Beschäftigung von Menschen mit Handicaps	Ein weiteres, ebenfalls großes Handlungsfeld umfasst alle Angebote für Menschen mit besonderem Unterstützungs- und Integrationsbedarf in Bezug auf Arbeit und Beschäftigung.
Kinder / Jugendliche / Familie	In diesem Handlungsfeld werden alle für die Zielgruppe relevanten Betreuungs-, Beratungs- und Bildungs-angebote koordiniert.
Gemeindecaritas / Bürgerschaftliches Engagement	Gerade für den Caritasverband ist es wichtig, alle Angebote für Menschen und Gruppen, die sich in der und für die Caritas engagieren wollen (Gemeindecaritas/Bürgerschaftliches Engagement), gut abzustimmen.
Menschen mit psychischen Einschränkungen und Suchtproblemen	Alle Angebote für Menschen mit Betreuungs-, Unterstützungs-, Beratungs- und Integrationsbedarfen, die mit psychischer Erkrankung bzw. Sucht einhergehen, werden ebenfalls innerhalb eines gemeinsamen Handlungsfelds abgestimmt.
Berufliche Bildung in sozialen / sozialpflegerischen Berufen	Da der Caritasverband einen kirchlichen Bildungsauftrag hat und die Bildung im sozialen Bereich immer wichtiger wird, werden alle Angebote im sozialen und sozialpflegerischen Bereich geplant und abgestimmt.

4 Handlungsfeld „Berufliche Bildung" und Einordung des Projekts „Führungswechsel in der Ausstiegsphase"

Die Auswertung des Modells „Führungswechsel in der Ausstiegsphase" ist eng verbunden mit dem Ziel des Handlungsfelds „Berufliche Bildung", für die Einrichtungen im Dienste der ambulanten und stationären Pflege, der Kinder- und Jugendhilfe, der Behindertenhilfe sowie der sozialen Beratung weiterhin qualifiziertes Personal zu finden, zu binden und stetig weiterzubilden. Sechs Teilprojektgruppen bearbeiten folgende Bereiche [25]:

---

25 Siehe Projektstruktur im Handlungsfeld „Berufliche Bildung", interne Quelle IBE.

- Teilprojekt 1: Personalgewinnung und Arbeitsmarktanalyse
- Teilprojekt 2: Ausbildung und politische Rahmenbedingungen
- Teilprojekt 3: Unternehmensanalyse
- Teilprojekt 4: Bildungscontrolling
- Teilprojekt 5: Lebenszyklusorientierte Personalentwicklung
- Teilprojekt 6: Öffentlichkeitsarbeit

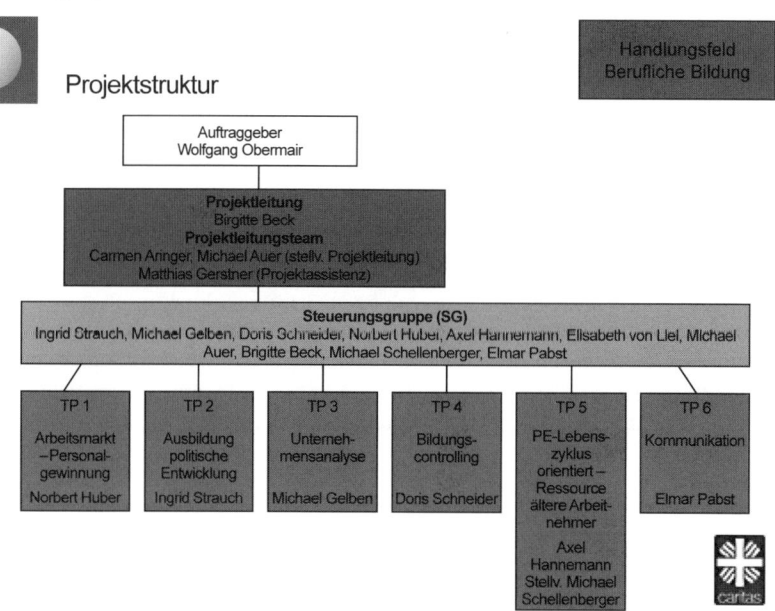

Das Projekt „Führungswechsel in der Ausstiegsphase" ist im Teilprojekt 5

5 Demografischer Wandel

Der demografische Wandel in Deutschland stellt den Caritasverband als sozialen Dienstleister vor vielfältige Herausforderungen. Durch ihn werden in zunehmendem Maße soziale Berufe (Sozial- und Gesundheitsberufe) besonders beeinflusst. Handelt es sich bei der Sozial- und Gesundheitswirtschaft einerseits um ein Wachstumsfeld, da aufgrund der Alterung der Gesellschaft die Nachfrage nach personengebundenen Dienstleistungen weiter anwachsen und verstärkt qualifiziertes Personal benötigt wird, was besonders in den wachsenden Ballungsräumen in Oberbayern zutrifft, sinkt andererseits das Arbeitskräfteangebot und die Belegschaften altern zunehmend.

Nach einer Arbeitsmarktanalyse des Deutschen Caritasverbandes[26] schrumpft die Bevölkerung Deutschlands seit 2003. Ab 2015 werden einerseits die geburtenstarken Jahrgänge aus den 1950er bis 1960er Jahren aus dem Erwerbsleben ausscheiden, andererseits wird spätestens dann deutlich, dass die nachfolgenden Generationen zahlenmäßig immer geringer werden. Parallel dazu wird insgesamt die Nachfrage nach Arbeitskräften in Deutschland zurückgehen. Dies trifft aber nicht für den Dienstleistungssektor im Sozial- und Gesundheitsbereich zu. Die Bedeutung der sozialen Berufe hat in den letzten Jahren erheblich zugenommen. 2003 waren ca. 1,3 Millionen Beschäftigte in sozialen Berufen tätig, 2008 bereits 1,6 Millionen (24 Prozent Anstieg). Innerhalb der Berufsgruppen der sozialen Berufe ist die Altenpflege (Zuwachs von 27 Prozent seit 2003) sowie die Soziale Arbeit (Sozialpädagogen/-innen und Sozialarbeiter/-innen, Zuwachs von 23 Prozent seit 2003) am stärksten angewachsen.

Mit diesen aufgezeigten demografischen Entwicklungen und deren Folgen wird in Zukunft ein noch größerer Wettbewerb um hochqualifizierte und motivierte Fach- und Führungskräfte in den sozialen Berufen entstehen.

Diese Entwicklungen in Deutschland haben auch massive Auswirkungen auf den Caritasverband. Im Rahmen des „Handlungsfeldes Berufliche Bildung" ist eine umfassende Analyse der Altersstruktur der Mitarbeiter/-innen im DiCV erstellt worden.

---

26   vgl. Prognos AG (2010): Arbeitsmarktanalyse und Führungskräftebefragung zur Personalsituation der Caritas

6 Altersstruktur der Mitarbeiter/-innen im Caritasverband

Aus den Berechnungen[27] zur Struktur aller Mitarbeiter/-innen in den Geschäftsbereichen (G1-G6, Ressort II) des Caritasverbands lassen sich folgende zentrale Ergebnisse festhalten:

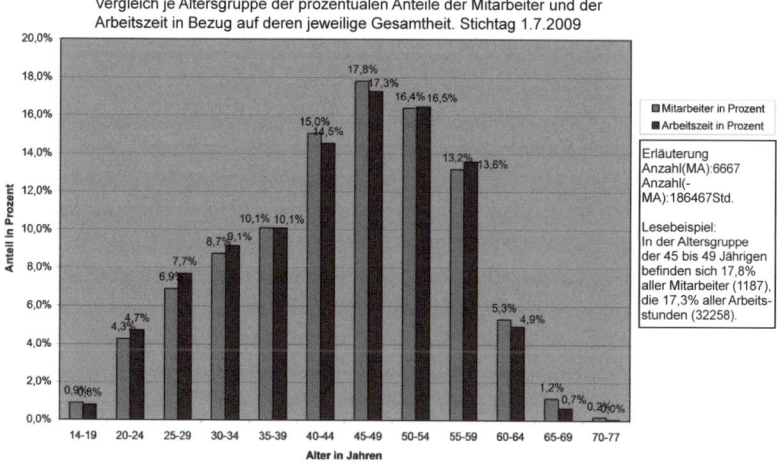

- Die meisten Mitarbeiter/-innen in den Geschäftsbereichen des Caritasverbandes sind im Jahr 2009 zwischen 45 und 49 Jahren alt (17,8 Prozent; 1187 MA).

- Ab dem Alter 54 nimmt der Anteil der Mitarbeiter/-innen innerhalb der Geschäftsbereiche rapide ab.

- Jede/r zweite Mitarbeiter/in in den Geschäftsbereichen des Caritasverbandes ist zwischen 40 und 54 Jahren alt (49,2 Prozent; 3280 MA).

- In den nächsten zehn Jahren wird ein Großteil der Mitarbeiter/-innen in den Ruhestand gehen bzw. sie befinden sich in der Ausstiegsphase ihres Berufslebens.

Zu der aufgezeigten Altersstruktur ergibt sich im Verhältnis zu geleisteten Wochenarbeitszeit folgendes Bild:

- Die 20- bis 24-Jährigen (32,06 Stunden) und die 55- bis 59-Jährigen (30,72 Stunden) arbeiten in der Woche länger als der/die durchschnittliche

---

27 Erfasst wurden alle Mitarbeiter/-innen des Caritasverbands München-Freising (G1-G6, Ressort II) zum Stichtag 1.7.2009. Anzahl (n)=6667 MA

Caritas-Mitarbeiter/in [28]. Diese Gruppe macht 33,1 Prozent aller Mitarbeiter in den Geschäftsbereichen aus.

- Mit dem Ausscheiden der Gruppe 55- bis 59 Jahre in den nächsten zehn Jahren müssen im Verhältnis auch überdurchschnittlich viele Wochenarbeitsstunden neu besetzt bzw. verteilt werden.

- Die 35- bis 49-Jährigen arbeiten im Mittel eine Stunde pro Woche weniger als der Gesamtdurchschnitt. Dies könnte an der Kinderbetreuung und der zunehmenden Pflege von Angehörigen in dieser Altersgruppe liegen.

Bei der Auswertung der Altersstruktur der Führungskräfte und der Mitarbeiterzuordnung ergibt sich, dass ein Zusammenhang zwischen Alter und Zunahme der Führungsverantwortung (zugeordnete Mitarbeiter/-innenzahlen) besteht. So haben beispielsweise im Geschäftsbereich G5 (Caritas Zentren in der Region Nord) die Führungskräfte zwischen 50 und 54 Jahren 164 und die Führungskräfte zwischen 25 und 29 Jahren 49 zugeordnete Mitarbeiter/-innen in der Führungsverantwortung. Mit zunehmenden Alter steigt die Führungsverantwortung und auch entsprechend die psychische und physische Belastung. Dies hat sich auch im Praxisbeispiel (siehe Punkt 7) als entscheidender Faktor für den Führungswechsel gezeigt.

7 Lebenszyklusorientierte Personalentwicklung

Bei der Umsetzung des Modells „Führungswechsel in der Ausstiegsphase" ist das Modell der „lebenszyklusorientierten Personalentwicklung" ein hilfreicher Bezugsrahmen. Die lebenszyklusorientierte Personalentwicklung orientiert sich am individuellen Lebenszyklus der Mitarbeiter/-innen und umfasst alle informations-, bildungs- und stellenbezogenen Personalentwicklungsmaßnahmen, die zur gezielten Entwicklung sämtlicher Mitarbeitenden eines Unternehmens während ihres gesamten betrieblichen Lebenszyklus dienen [29].

Bei der lebenszyklusorientierten Personalentwicklung geht es um die persönliche und berufliche Entwicklung von Mitarbeitenden in Bezug zu ihrem individuellen Lebenszyklus. Bei der Ausgestaltung der betrieblichen Personalentwicklung oder bei der Wahl von geeigneten Personalentwicklungsmaßnahmen wird berücksichtigt, in welcher Lebensphase sich Mitarbeitende befinden. Der Grund dafür ist, dass sich Bedürfnisse, Aufgabenstellungen und Potenziale ändern, je nachdem in welcher Phase des Lebenszyklus sich Menschen befinden. Mit 20 Jahren sind andere Themen relevant und

---

28 Im Mittel arbeitet ein/e Caritas-Mitarbeiter/in 28,69 Stunden in der Woche

29 vgl. Graf, Anita (2007), Lebenszyklusorientierte Personalentwicklung. In Thom, Norbert und Zaugg, Robert (Hrsg.), Moderne Personalentwicklung (2. Auflage, S. 263ff). Wiesbaden: Gabler

Möglichkeiten oder Kompetenzen vorhanden als mit 40 oder 60 Jahren. Demzufolge sind je nach Phase auch andere Personalentwicklungsmaßnahmen effizient und effektiv. Der betriebliche Lebenszyklus beginnt mit dem Eintritt in die Organisation [30]:

„Klassische" Phasen des beruflichen Lebenszyklus:

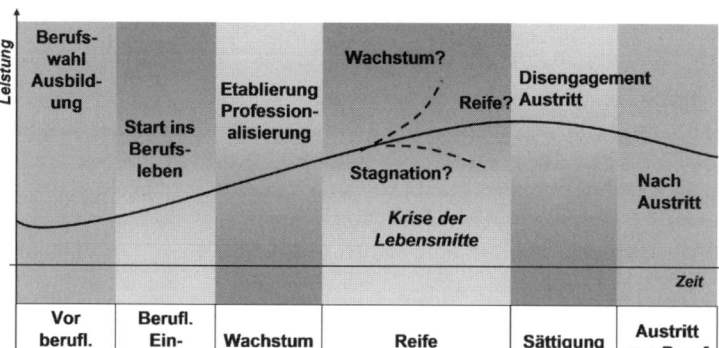

In Anlehnung an: Graf, A. (2007): Lebenszyklusorientierte Personalentwicklung

Der demographische Wandel wird auf den Caritasverband massive Auswirkungen haben, sei es im Hinblick auf die Personalgewinnung als auch den Umgang mit einer sich verändernden Altersstruktur innerhalb der Organisation. Wenn dort immer mehr ältere Mitarbeitende beschäftigt sind, ist es von entscheidender Bedeutung, wie deren Leistungsfähigkeit und -bereitschaft während der gesamten Dauer der Dienstzugehörigkeit erhalten und gefördert werden kann. Dies ist das Ziel der lebenszyklusorientierten Personalentwicklung. In der Analyse werden einige Punkte für langfristige Ziele aufgezeigt. Als erste Maßnahmen empfehlen sich folgende Umsetzungsschritte:

• Sensibilisierung der Führungskräfte für die Umsetzung einer lebenszyklusorientierten Personalentwicklung

• Förderung horizontaler Karriereschritte (Praxisbeispiel: Führungswechsel in der Ausstiegsphase)

• Ausbau flexibler Karrieremodelle

Im Folgenden wird als Beispiel zur Förderung horizontaler Karriereschritte der Führungswechsel in der Ausstiegsphase dargestellt. Aus den Erfahrungen werden Erfolgsfaktoren für die spätere standardisierte Umsetzung entwickelt.

---

30   vgl. Graf, Anita (2007), Lebenszyklusorientierte Personalentwicklung. In Thom, Norbert und Zaugg, Robert (Hrsg.), Moderne Personalentwicklung (2. Auflage, S. 263ff). Wiesbaden: Gabler

8 Projektdarstellung „Führungswechsel in der Ausstiegsphase"

Das Projekt „Führungswechsel in der Ausstiegsphase" untersucht den Wechsel einer langjährigen Führungskraft von einer Führungsposition in der beruflichen Ausstiegsphase in eine Fachposition (Projektverantwortung). In der Zeit vom November 2010 bis November 2011 wurden drei intensive Interviews (à zwei Stunden) geführt.

Die Interviews wurden von Michael Auer und Michael Schellenberger durchgeführt und mit Einverständnis der Interviewenden über ein Digitalgerät aufgezeichnet. Interviewt wurden immer gleichzeitig der Nachfolger und die Vorgängerin. Letztgenannte ist seit 26 Jahren in unterschiedlichen Führungspositionen des Caritasverbandes tätig. Der Nachfolger ist seit über 18 Jahren beim Caritasverband und seit sechs Jahren in einer Führungsposition tätig.

Vorgeschichte und Hintergrundinformationen
Die bisherige Stelleninhaberin hatte in der Endphase ihrer Berufstätigkeit vermehrt körperliche Probleme. Zusätzlich stieg die berufliche Belastungssituation in ihrem Verantwortungsbereich aufgrund von zeitgleichen und sehr ressourcenintensiven Projekten. Sie trat im Januar 2010 an ihrem Vorgesetzten heran mit der Bitte einer Überprüfung von Entlastungsmöglichkeiten (z.B. mit einem beruflichen Wechsel). Zeitgleich hatte der spätere Nachfolger gegenüber dem gleichen Vorgesetzten die Bitte geäußert, eine Führungsposition näher an seinem Wohnort zu übernehmen. Letztgenannter hat demnach die Führungsposition der bisherigen Stelleninhaberin übernommen. Für diese wurde in der gleichen Organisationseinheit eine Stelle mit einer übergreifenden Funktion (Projektfunktion) geschaffen. Beide waren mit dem Wechsel einverstanden und der nachfolgende Mitarbeitende hat im Rahmen des Handlungsfelds „Berufliche Bildung" und in Rücksprache mit der Projektleitung Michael Auer und Michael Schellenberger beauftragt, diesen Führungswechsel in der Ausstiegsphase auszuwerten.
In den Interviews wurden u. a. folgende Fragen gestellt:

Gespräch am 22.11.2010

- Was waren die Auslöser für das Modell „Führungswechsel"?
- Wer hatte die Idee?
- Wie ist der jeweilige berufliche Werdegang bei der Caritas?
- Wie wird das Modell umgesetzt? (Meilensteine, Zeitfenster, Kommunikation, etc.)
- An welchen Themen wird gerade gearbeitet, was sind die Schwerpunkte?
- Welche Funktion übernimmt das Führungsinstrument des Caritasverbandes (Mitarbeiterführung durch Zielvereinbarung) bei der Umsetzung des Modells?

- Welche Spielregeln, Tabus und Stolpersteine gibt es?
- Was waren bis jetzt fördernde Faktoren?
- Was waren bis jetzt hinderliche Faktoren?
- Was sollte man in Zukunft anders machen?
- Wie haben die Mitarbeiter/-innen und Kollegen/-innen reagiert?

Gespräch am 14.03.2011

- Wie war der Wechsel bis jetzt? Welche Meilensteine gab es bis jetzt?
- Was waren bis jetzt fördernde Faktoren?
- Was waren bis jetzt hinderliche Faktoren?
- Was sollte man in Zukunft anders machen?
- Was sagen die Mitarbeiter/-innen?
- Was sagen die Kollegen/-innen?
- Welche Unterstützung erfahren Sie vom Vorgesetzten?
- Was würden Sie sich noch wünschen?
- Wie ist das Feedback im Caritasverband?
- Wo sehen Sie aus den bisherigen Erfahrungen Chancen und Risiken für die Zukunft (für die eigene Einrichtung und den Caritasverband insgesamt)?

Gespräch am 05.12.2011 – Abschluss

- Was waren nach Abschluss fördernde Faktoren?
- Was waren nach Abschluss hinderliche Faktoren?
- Was sollte man in Zukunft anders machen? (Perspektive der Betroffenen, Mitarbeiter/-innen, Kollegen/-innen)
- Was sollte man in Zukunft beibehalten? (Perspektive der Betroffenen, Mitarbeiter/-innen, Kollegen/-innen)
- Welche Unterstützung ist vom Vorgesetzten notwendig?
- Wo sehen Sie aus den bisherigen Erfahrungen Chancen und Risiken für die Zukunft (für die eigene Einrichtung und den Caritasverband insgesamt)?

9 Auswertung der Interviews

Zusammenfassend gab es in allen Interviews folgende Aussagen (gebündelt in förderliche bzw. hinderliche Faktoren und Empfehlungen für die weitere zukünftige Umsetzbarkeit):

Was waren fördernde Faktoren?

Antworten Vorgängerin:

• Die Ziele und Schwerpunkte bei der Übergabe bzw. in den Gesprächen konnten die Interviewten selbst definieren.
• Die Interviewten kannten sich bereits vorher und hatten schon in den jeweiligen Führungspositionen zusammengearbeitet.
• Es gab im Vorfeld Gespräche zur Umsetzung des Führungswechsels mit dem Nachfolger.
• Die neue Tätigkeit war bereits bekannt und deshalb war keine lange Einarbeitungszeit notwendig.
• Die lange Berufs- und Leitungserfahrung war hilfreich, um schnell Probleme und Schwerpunkte zu erkennen.
• Entscheidend für den Erfolg war auch die Bereitschaft der zugeordneten Mitarbeiter/-innen, sich auf den Führungswechsel einzulassen.
• Gute Abstimmung mit den Führungsebenen (der Vorschlag des Führungswechsels kam vom Vorgesetzten), der zuständige Ressortvorstand wurde eingebunden.
• Die Reaktionen des Umfeldes haben sich während der Umsetzung verändert. So waren anfangs Kollegen/-innen mit Führungsverantwortung misstrauisch bis ablehnend („so etwas kann nicht funktionieren"). Dies hat sich aber verändert: Viele äußerten im Laufe des Jahres den Wunsch, dass sie (wenn sie altersbedingt in einer ähnlichen Situation sind) auch die Möglichkeit erhalten möchten, eine weniger gesundheitsbelastende Stelle zu erhalten.

Antworten Nachfolger:

• Sehr hilfreich waren die Vorerfahrungen in dem zugeordneten Arbeitsfeld.
• Wichtig waren auch die Vorkenntnisse über den Landkreis durch die Wohnortnähe zur neuen Dienststelle.
• Die Beteiligten kannten sich vorher.
• Im Vorfeld gab es Gespräche über die Vorstellungen beider Beteiligter bezüglich des Führungswechsels.
• Der Vorlauf war förderlich, wenn auch zu kurz (siehe hinderliche Faktoren).
• Aufgrund der neuen Situation gab es viele Gestaltungsmöglichkeiten.
• Sehr hilfreich waren die vorhanden Kenntnisse über Strukturen des Caritasverbandes.

- Die vorherige Tätigkeit (Leitungsposition in einer nahezu identischen Einrichtung) half, Probleme frühzeitig zu erkennen.
- Sehr gut war, dass beide gemeinsam in die Fachteams gegangen sind. Dadurch fand ein „Stabwechsel" statt und jeder konnte seine Sichtweise einbringen.
- Ein wichtiger Meilenstein war sicherlich auch die gemeinsame Einführungs- und Abschiedsfeier.

Was waren hinderliche Faktoren?

Antworten Vorgängerin:

- Es musste alles selbst und neu erarbeitet werden (Ablauf Führungswechsel).
- Im ersten Monat war niemand richtig zuständig (durch Urlaubszeit des Vorgesetzten)
- Die Entscheidung für den Führungswechsel wurde zu spät getroffen. Es blieb wenig Zeit für die Vorbereitung und Kommunikation bei den Mitarbeiter/-innen.
- Auch wenn die neue Aufgabe bekannt war, ist eine Einarbeitungszeit notwendig. Dadurch verkürzte sich die Zeit zur Zielerreichung bis zum Ausscheiden aus dem Dienst.
- Wenig Unterstützung vom Vorgesetzten.

Antworten Nachfolger:

- Unklare Formulierungen und Festlegungen der Rahmenbedingungen.

Was sollte in Zukunft anders gestaltet werden (Empfehlungen für die weitere Umsetzung)?

Antworten Vorgängerin:

- Es wäre sinnvoll früher über einen Wechsel nachzudenken bzw. zu beginnen (evtl. ab dem 60. Lebensjahr).
- Ein Jahr vor dem beabsichtigen Führungswechsel sollten die Planungen mit den Beteiligten beginnen.
- Wichtig wären Schulungen von Führungskräften zur Begleitung von Mitarbeitern/-innen bei einem Führungswechsel.
- Durch ein strukturiertes und geplantes Vorgehen kann Zeit gespart werden.
- Mehr Unterstützung vom Vorgesetzten, z. B. klar strukturierte Zielvereinbarungen zu den jeweiligen Meilensteinen bei der Umsetzung.

Antworten Nachfolger:

- Die Vorgabe eines zeitlichen Rahmens führt zu mehr Klarheit bei der Umsetzung.
- Eine offene und transparente Kommunikation (Sinn und Zweck, Zielgruppe, etc.) ist wichtig.
- Die Kommunikation nach innen (im Unternehmen) und nach außen (im Gemeinwesen) ist von Anfang an notwendig, um Gerüchten vorzubeugen (z. B. „da musste jemand gehen und wurde abgesetzt weil er/sie zu alt war").
- Die Struktur und die Vorstellungen müssen von der Führungskraft klar dargestellt werden.
- Im Vorfeld muss mit den Betroffenen vereinbart werden, was erreicht werden und wie das vorhandene Wissen eingesetzt werden soll.
- Die jeweiligen Stellen sollten ausgeschrieben werden (Bewerbungsverfahren).
- Bevor der Führungswechsel umgesetzt wird, ist ein Coaching-Prozess mit den Betroffenen notwendig (zur Übergabe). In der Umsetzungsphase wäre ein jeweiliges zusätzliches Einzelcoaching hilfreich. Dadurch können auch Konflikte bearbeitet werden (z. B. durch unterschiedliche Führungsstile sind durch den Wechsel Probleme lösbar, mit denen der/die Vorgänger/in keine Lösung gesehen hat).

10 Zusammenfassung und Ausblick

Die Auswertung der Interviews hat gezeigt, dass dieses Modell des altersgerechten Führens nur unter ganz bestimmten Voraussetzungen angewendet werden kann. Es ist ein Modell, das im Unternehmen eine Perspektive für ein längeres Arbeiten von Führungskräften sein kann (in Zukunft bis 67 Jahre ohne entsprechende Altersteilzeitregelungen). Aufgrund der Größe des Caritasverbandes gibt es hier entsprechende geschäftsübergreifende Möglichkeiten. Zusätzlich leistet dieses Modell einen wichtigen Beitrag zu einem umfangreichen Wissensmanagement. Führungskräfte können ihre Erfahrungen an Nachfolger/-innen während der Ausstiegsphase weitergeben und nochmals in den letzten Berufspositionen anwenden (z. B. in übergreifenden Projekten).

Für eine weitere Umsetzung im Caritasverband sind folgende Voraussetzungen im Vorfeld zu prüfen:

- Die Initiative für einen Führungswechsel muss von dem/der jeweiligen Stelleninhaber/in in der Ausstiegsphase kommen. Der Führungswechsel ist nicht geeignet für Versetzungen, die von der nächst höheren Führungskraft gegen den Willen des Mitarbeitenden veranlasst werden.

- Ein Führungswechsel in der Ausstiegsphase fällt leichter, wenn im zurückliegenden Berufsleben bereits ein mehrmaliger Wechsel in unterschiedliche Berufspositionen stattgefunden hat.

- Der Führungswechsel ist in Rücksprache mit der zuständigen Führungskraft frühzeitig (mindestens zwei Jahre vor dem beabsichtigen Ruhestand) zu klären.

- Voraussetzung für den Führungswechsel ist eine gute Nachfolgeregelung, d. h. ein/e geeigneter/e Nachfolger/in sollte zeitgleich im Rahmen einer strukturieren Karriereplanung geworben werden. Idealerweise kennen sich die Beteiligten aus dem jeweiligen beruflichen Kontext und haben in der Vergangenheit bereits gut zusammengearbeitet.

- Neben der Nachfolgeregelung muss eine geeignete Stelle für den Führungswechsel geschaffen werden bzw. es muss eine vorhandene besetzt werden. Sehr geeignet sind hier komplexe projektbezogene Aufgaben (auch in anderen Geschäftsbereichen). Dadurch wird das umfangreiche Wissen einer ausscheidenden Führungskraft für das Unternehmen ressourcenorientiert genutzt. Eine direkte weisungsbefugte Unterstellung unter dem/der Nachfolger/in in der gleichen Organisationseinheit ist zu vermeiden.

- Die zuständige verantwortliche Führungskraft (ggf. zwei Personen) muss mit den Betroffenen die genauen Rahmenbedingungen abklären. Dies wären im Einzelnen:
  - Zeitrahmen
  - Aufgabenstellung und Zielvereinbarung
  - Kommunikation intern und extern
  - finanzielle Rahmenbedingungen (Eingruppierung, Budgetvorgaben, etc.)
  - Coaching zur Vorbereitung und während der Umsetzung (Gruppen- und Einzelcoaching)
  - Konflikt- und Prozessmanagement
  - Rollenklärung
  - regelmäßige Rücksprachen und führungsmäßige Begleitung
  - Informationsweitergabe und Wissensmanagement
  - Einbeziehung der internen und externen Anspruchsgruppen der jeweiligen Stellen und Aufgabenfelder
  - Formen der Evaluation zur Weiterentwicklung des Modells im Caritasverband

Mit den aufgezeigten Bedingungen und Voraussetzungen ist es unserer Ansicht möglich, den Führungswechsel in der dargestellten Form im DiCV umzusetzen. Neben den bereits erwähnten Punkten ist eine breite Information im

Unternehmen mit entsprechenden Vorbereitungsseminaren notwendig. Bedanken möchten wir uns an dieser Stelle bei der die Führungsposition abgebenden Kollegin und dem ihr nachfolgenden Kollegen, die sich für die zeitintensiven Interviews zur Verfügung gestellt haben.

Literatur

Becker, Manfred (2007). Die neue Rolle der Personalentwicklung. In Thom, Norbert und Zaugg, Robert (Hrsg.), Moderne Personalentwicklung. (2. Auflage, S. 41 ff) Wiesbaden: Gabler

Becker, Manfred (2005): Personalentwicklung – Bildung, Förderung und Organisationsentwicklung in Theorie und Praxis (4. Auflage). Stuttgart: Schäffer-Poeschel

Bruch, Heike u. a. (2009). Generationen erfolgreich führen (1. Auflage). Wiesbaden: Gabler

Graf, Anita (2002). Lebenszyklusorientierte Personalentwicklung. Ein Ansatz für die Erhaltung und Förderung von Leistungsfähigkeit und -bereitschaft während des gesamten betrieblichen Lebenszyklus (1. Auflage). Bern: Verlag Paul Haupt

Graf, Anita (2007), Lebenszyklusorientierte Personalentwicklung. In Thom, Norbert und Zaugg, Robert (Hrsg.), Moderne Personalentwicklung (2. Auflage, S. 263ff). Wiesbaden: Gabler

Kienbaum (2008): Personalentwicklung, http://www.kienbaum.de/desktop default.aspx/tabid-527/ (Zugriff: 19.04.2011)

Prognos AG (2010): Arbeitsmarktanalyse und Führungskräftebefragung zur Personalsituation der Caritas

Thom, Norbert (2007). Trends in der Personalentwicklung. In: Thom, Norbert und Zaugg, Robert (Hrsg.), Moderne Personalentwicklung (2. Auflage S. 3ff). Wiesbaden: Gabler

„Fit und gesund beim SkF"

Gesundheitsförderung für Mitarbeiter/-innen und Besucher/-innen

Susanne Smolen

Beschreibung Projekt

Ausgangssituation und Handlungsbedarf/Motivation für das Projekt

Der Sozialdienst kath. Frauen e. V. (SkF) Ortsverein Hörde ist ein seit 110 Jahren tätiger Fachverband im Dortmunder Süden. Im Laufe der Jahre wuchs der Verein und mit ihm seine Aufgaben. Heute sind 25 Mitarbeiterinnen sowie zahlreiche Ehrenamtliche und Honorarkräfte tätig in den Arbeitsfeldern:

- Schwangerschaftsberatung
- Stadtteilarbeit
- Schuldner- und Insolvenzberatung
- Allgemeine soziale Beratung
- Mehrgenerationenhaus mit angeschlossenem Begegnungszentrum
- Unterstützung für pflegende Angehörige
- Präventive Gesundheitsberatung für Senior/-innen

Da beim SkF hauptamtlich ausschließlich Frauen tätig sind, wird in diesem Bericht generell von Mitarbeiterinnen gesprochen, die Auswirkungen bei einer männlichen Belegschaft wären aber nicht anders gewesen.

Das Projekt „Fit und gesund beim SkF" entstand nach einer Umorientierung. Ursprünglich sollte das Projekt „50+ – Freude an der Arbeit kennt keine Altersgrenzen" speziell für die älteren Mitarbeiterinnen im SkF Hörde entwickelt werden.

Die Ausgangssituation war, dass von damals 22 Mitarbeiterinnen 14 über 50 Jahre und älter waren. In vier Jahren würden zwei Abteilungen wegbrechen, da sechs Mitarbeiterinnen ziemlich zeitgleich in Rente gehen. Zudem ist in den letzten zwei Jahren die Krankheitsquote älterer Mitarbeiterinnen mit langfristigen Erkrankungen sprunghaft gestiegen, sodass dies ausfallbedingt zu einer Mehrbelastung der anderen älteren Mitarbeiterinnen geführt hat. Die Anforderungen, auf neue Entwicklungen reagieren zu müssen, um weiterhin Gelder für die eigentliche Beratung zu erhalten, sind auffallend gestiegen. Die Ressourcen sind gleich geblieben. Auch sind die neuen hohen Anforderungen an die Mitarbeiterinnen nicht (nur) mit Strukturarbeit/Planung und Organisation auszugleichen. Dementsprechend sollte das Projekt dazu beitragen, die Mitarbeiterinnen zu motivieren, sich diesen Herausforderungen zu stellen.

Das Ursprungskonzept wurde nicht weiter verfolgt, da es bei den Mitarbeiterinnen zu Widerständen kam, die dieses Projekt von Anfang an gefährdeten. Jüngere Mitarbeiterinnen fühlten sich diskriminiert und ausgeschlossen, älteren Mitarbeiterinnen wurde plötzlich bewusst, dass mit dem Alter 50+ langfristig auch ein „Abschied von der Arbeitswelt und Einstieg ins Rentenalter" verbunden sein könnte. Das eigentliche Thema „50+ – Freude an der Arbeit" wurde zur Nebensache.

Das daraufhin umstrukturierte Projekt mit dem Thema „Gesundheitsförderung am Arbeitsplatz" wurde von allen Mitarbeiterinnen mitgetragen. Im Laufe des Projektes stieg die Motivation aller, an dem Thema zu arbeiten, sodass es sich letztendlich auf alle Arbeitsbereiche und unsere Besucher/-innen positiv ausgewirkt hat.

Ziel(e) des Projekts

Das Ziel des Ursprungskonzeptes war es, eine hohe Motivation und Engagement der Mitarbeiterinnen bis ins Rentenalter zu erreichen. Als Teilziel galt es, Rahmenbedingungen für ein gesundheitsförderndes Arbeitsklima zu schaffen.

Die MAV sollte am gesamten Prozess beteiligt sein, um auch von deren Seite die Mitarbeiterinnen positiv zu motivieren und nicht kontraproduktiv zu arbeiten.

Ziele des Projektes „Gesundheitsförderung am Arbeitsplatz" waren,

- alle Mitarbeiter/-innen für ein gesundheitsbewusstes Verhalten zu begeistern,
- Rahmenbedingungen zu schaffen, die ein gesundheitsförderndes Arbeitsklima möglich machen.

Der SkF Hörde steht unter dem Namen ksd Dortmund – kath. Fachverbände in Dortmund – in enger Kooperation mit den drei anderen Fachverbänden SkF Dortmund, IN VIA Dortmund und SkM – kath. Verein für soziale Dienste Dortmund. Die fünf Geschäftsführer/-innen arbeiten eng zusammen.

Da in den anderen Verbänden ähnliche Strukturen der Mitarbeiterschaft und der Beratungsdienste bestehen, war es Ziel, das Projekt zunächst im SkF Hörde umzusetzen und mit den dort gemachten Erfahrungen das Konzept auf alle vier Fachverbände umzusetzen.

Durch die Neuorientierung im Laufe des Projektes, nicht nur auf die Mitarbeiterinnen zu achten, sondern das Thema „Gesundheit" auf alle Arbeitsbereiche auszudehnen, entstanden weitere Ziele:
- Motivation für ein gesundheitsbewusstes Verhalten bei den Klient/-innen,
- Schaffung von Bewusstsein unter den Mitarbeiterinnen, dass wir Vorbilder für die Klient/-innen sind und dies bewusst im Umgang mit ihnen vorleben,
- Umstrukturierung der laufenden Maßnahmen unter Berücksichtigung der Gesundheitsaspekte.

Im Projektverlauf bearbeitete Inhalte, gesetzte Strukturen, durchgeführte Maßnahmen, erreichte Meilensteine/Zwischenergebnisse

Die Fortbildung des Deutschen Caritasverbandes „altersgerechte Personalentwicklung in caritativen Verbänden" baute auf fünf wesentliche Themenbereiche auf:
- Personalmarketing
- Arbeits(zeit)organisation
- Gesundheitsmanagement
- Diversity Management
- Kultur des Lernens

Die daraus gelernten Inhalte spiegeln sich in den durchgeführten Maßnahmen des Projektes wider und wurden während des Projektzeitraums immer wieder im Hinblick auf Effektivität und Verbesserung überarbeitet.

Wesentlich für die Projektleitung war es, dass die Inhalte gelebt und mit den Mitarbeiterinnen und den Besucher/-innen kontinuierlich diskutiert, verbessert und umgesetzt werden.

Der dabei erforderliche Zeitaufwand ist nicht zu unterschätzen, aber wesentlich, um das Projekt langfristig und nachhaltig zum Erfolg zu führen.

Der folgende Maßnahmenkatalog ist daher nur ein (kleiner) Ausschnitt des tatsächlich stattgefundenen und immer noch weiter stattfindenden Gesundheits- und Gesprächsprozesses. Getreu nach dem Motto: Wir sind „Fit und gesund im SkF – Steigerungen sind möglich".

Maßnahmen der Projektleitung
- Literaturstudium und Entscheidungsprozess für das Projektthema
- Gewinnung der MAV

Ein wesentlicher Baustein der Fortbildung bestand darin, das Gelernte anhand der eigenen Person zu reflektieren und auszuprobieren, um eine Vorstellung für die Umsetzung auf die „eigenen" Mitarbeiterinnen zu haben und so (realistische) Impulse für den eigenen Verband geben zu können.

Maßnahmen für die Mitarbeiterinnen

- Vorstellung des Themas auf der Dienstbesprechung
- Diskussionen mit den einzelnen Abteilungen und Änderung des Themas
- Durchführung eines „großen" Gesundheitstages
- bei Bedarf Möglichkeit zu „Aufwärmrunden" vor Dienstbesprechungen oder in Pausen
- Dienstbesprechungen finden generell mit Obst und nicht mehr mit Süßigkeiten statt (sehr zur Begeisterung der meisten und zum Leidwesen Einzelner)
- Einladung des Arbeitsmediziners und der Sicherheitsfachkraft
- Hinweis und Durchführung von Augenarztuntersuchungen

Maßnahmen für die Besucher/-innen

- Einführung eines monatlichen gesunden SeniorInnenfrühstücks
- regelmäßiger Besuch des Zahnarztes in den Geburtsvorbereitungskursen der Schwangerschaftsberatungsstelle (sehr zur Freude beider Seiten)
- Ausbau der vorhandenen Kinderkochgruppe „junges Gemüse"
- Kooperation mit einer örtlichen Krankenkasse und Durchführung von Seniorengymnastikkursen
- zukünftig: Einrichtung einer Männer(skat)gruppe, Modellbau …

Maßnahmen im Verbund ksd – kath. Soziale Dienste

- Vorstellung des Themas im ksd
- Anschaffung eines Gesundheitsmassagesessels für Mitarbeiter/-innen im ksd
- Organisation des Lauftrainings und Teilnahme am AOK Firmenlauf
- Anfrage bei Fitnesscentren nach vergünstigten Konditionen

Maßnahmen im SkF und in der Öffentlichkeit

- Einbau eines Aufzuges zum barrierefreien Erreichen der Geschäftsstelle
- Verstärkter Hinweis in der Presse auf die Gesundheitsaktionen im SkF
- Der SkF gewinnt die Ausschreibung der Bundesregierung zum Mehrgenerationenhaus auch im Hinblick auf den betonten Gesundheitsaspekt für alle
- Vorstellung des Themas in der Diözese und Leitung eines Workshops auf der Bundesgeschäftsführerkonferenz der SkF Ortsvereine
- Durch die Medien aufmerksam geworden, trat die Kommune an uns heran mit der Bitte etwas für pflegende Angehörige zu entwickeln. Daraus ist das Projekt „Freiraum – Unterstützung für pflegende Angehörige" mit einer neuen Mitarbeiterin entstanden

Wie bereits erwähnt, nahmen die oben genannten Schwerpunktthemen unterschiedlich Einfluss auf die Maßnahmen:

Der Bereich „Personalmarketing" war während aller Maßnahmen immer auch mit einem Stück Selbstreflexion verbunden. Arbeit(zeit)organisation spielte beim SkF keine wesentliche Rolle. Hier zeigte der Gesundheitstag, dass die Organisationsstrukturen und die Arbeitszeiten für die Mitarbeiterinnen ausreichend und auch im Vergleich zu anderen caritativen Verbänden mehr als gut sind, sodass von Seiten des Verbandes bis auf Kleinigkeiten kein aktueller Handlungsbedarf besteht. Dadurch, dass das Thema in der Mitarbeiterschaft angesprochen wurde, wissen die Mitarbeiterinnen nun jedoch, dass sie bei Änderungswünschen oder auftretenden Problemen bei der Geschäftsführung auf Verständnis stoßen.

Durch das Literaturstudium stieß die Projektleitung auf das Thema „Ältere lernen anders". Dies hat dazu geführt, dass verstärkt in der Mitarbeiterschaft und bei den Besucher/-innen darauf geachtet wird, Neues visueller (z. B. per Powerpoint-Präsentation, mit einfachen Skizzen/Thesen) darzustellen und diese Materialien auch nach den Sitzungen zum Nachschlagen zur Verfügung zu stellen. Auch werden die Sinnhaftigkeit von Entschlüssen und der Entscheidungsprozess deutlicher als in der Vergangenheit erläutert, um eine bessere Bereitschaft zu erhalten, die Entschlüsse in der Praxis umzusetzen.

Diversity Management spielt in unserem Verband eine geringere Rolle, da die Mitarbeiterinnen teils schon über Jahre oder Jahrzehnte zusammenarbeiten. Hier ist eine hohe Identifikation mit den Zielen und der Ausrichtung des SkF gegeben. Dies macht es im Gegenzug teilweise schwierig, Neuerungen oder z. B. Mitarbeiter/-innen der anderen Fachverbände zu akzeptieren, die nicht in das „übliche" bekannte Schema passen.

Interessanterweise zeigte sich beim Thema „gender", dass wir als Frauenfachverband häufig einen Überschuss an Frauenangeboten haben. Dies führte dazu, dass sich Männer in den Angeboten nicht wiederfanden. Hier wird das Mehrgenerationenhaus verstärkt auf den Ausbau dieser Angebote achten.

Kontakte, Rückmeldungen, Vernetzungen und Abhängigkeiten innerhalb und außerhalb der Organisation

Der Vorstand: Dieser stand dem Projekt zunächst kritisch bis neutral gegenüber. Für die Genehmigung zur Teilnahme an der Fortbildung standen zum einen die Kostenneutralität und der Wunsch der Projektleitung im Vordergrund „Wenn Sie meinen und Sie dies möchten …"

Im Laufe der Fortbildung schlug das „zurückhaltende Verhalten" jedoch in eine Begeisterung für das Thema um. Die Bereitschaft, den Gesundheitstag für alle Mitarbeiterinnen zu genehmigen und dafür auch die Kosten für die Referentin zu übernehmen, war sofort da.

Der Einbau eines Aufzuges für den barrierefreien Zugang zum Begegnungszentrum war mit erheblichen Kosten verbunden.

Auch jetzt unterstützt der Vorstand die Projektleitung und trägt neue Ideen und Arbeitsfelder, die das Thema „Gesundheit" betreffen, immer mit.

Die Diözese Paderborn: Hier stieß die Teilnahme an der Fortbildung auf großes Interesse bei der Abteilungsleitung. Die Projektleitung wird nun angesprochen, wenn es darum geht, das Thema auf Diözesanebene bekannt zu machen und umzusetzen.

Die Bundeszentrale: Die Durchführung eines Workshops auf der Geschäftsführerkonferenz wurde erwähnt. Der Austausch über neue Arbeitsfelder (pflegende Angehörige …) ist gewünscht.

Die Kommune: Ist über unsere Öffentlichkeitsarbeit zu dem Thema mit dem Wunsch an uns herangetreten, uns als kompetenten Kooperationspartner für ein neues Arbeitsgebiet zu gewinnen. Dies spricht für sich.

Reflexion

In welchem Umfang wurden die Projektziele erreicht? Welche Projektziele wurden nicht erreicht?

- Das Ziel, das Thema „50+", konnte bei den Mitarbeiterinnen nicht platziert werden. Das damit auch verbundene Thema „Berentung" konnte nicht angesprochen werden, sondern wurde nur verschoben.

Bei den Mitarbeiterinnen konnte ein gesundheitsbewusstes Verhalten erreicht werden, bei der praktischen Umsetzung entstanden kleinere Schwierigkeiten. Angebote für Mitarbeiterinnen, die innerhalb der Arbeitszeit und kostenneutral angeboten werden, werden von den Mitarbeiterinnen unter hoher Wichtigkeit eingestuft. Wenn es jedoch darum geht, selbst etwas von eigener Freizeit einzusetzen oder sich an Kosten zu beteiligen, nimmt die Wichtigkeit des Gesundheitsaspektes für die Mitarbeiterinnen ab.

Die „gesundheitsbewusste" Vorbildfunktion im Beratungsprozess konnte teilweise erreicht werden. Während es bei Veranstaltungen keine Probleme in der Umsetzung als Vorbildfunktion gab (also punktuell), war die Verhaltensänderung im ständigen Beratungsprozess teilweise schwieriger. Lieb gewonnene Gewohnheiten (z. B. Süßigkeiten als ständiges sichtbares Nahrungsmittel auf dem Schreibtisch zu verbannen) wurden nicht immer verabschiedet. Die Umstrukturierung in den Arbeitsfeldern ist gelungen (s. o. Maßnahmen in den Arbeitsfeldern).

Die generelle Umsetzung des gesundheitlichen Bewusstseins unter den Besucher/-innen ist jedoch nur teilweise gelungen. Angebote an die Senior/-innen werden mit einer hohen Bereitschaft aktiv und gerne angenommen, kommt es jedoch gelegentlich zu einer geringen Kostenbeteiligung (z. B. ein gesundes Frühstück für 2 Euro inkl. aller Getränke, Bioessen …), so nimmt die Bereitschaft daran teilzunehmen, stark ab. Dabei handelt es sich häufig um gut situierte Rentner/-innen, die häufig unter Vereinsamung leiden.

Die Umsetzung des Projektes bei den Fachverbänden ist langwieriger als im eigenen Verband, stößt aber auf großes Interesse bei den Mitarbeiter/-innen („die Geschäftsführer/-innen tun etwas für mich") und wird auch von den Mitarbeiter/-innen selbst unterstützt (so kam jetzt schon die Anfrage nach dem Lauftreff für den Firmenlauf in 2012 und dem Gesundheitstag).

Was waren Stolpersteine, Umwege und Fallen?

Viele der „Stolpersteine und Umwege" sind bereits genannt. Der Wesentlichste ist sicherlich, dass die entstehende Problematik – durch den mehr oder weniger gleichzeitigen Eintritt in die Rente älterer Mitarbeiterinnen brechen ganze Abteilungen weg – nur verschoben wurde. Schwierig ist auch, dass trotz aller Hilfestellungen und Möglichkeiten, die die Fortbildung bot, sich hierfür kein Lösungsweg gezeigt hat.

Die Frage, ob man, neben dem Aufbau neuer Abteilungen, ausscheidende Mitarbeiter/-innen vielleicht generell auf die Rente vorbereiten sollte und wenn ja wie, ist m. E. nicht die Frage eines einzelnen Verbandes, sondern sollte über den Deutschen Caritasverband und seine Fachverbände beantwortet werden.

Das wesentlichste Sprungbrett ist, neben der Bekanntmachung des Themas und der auch damit verbundenen Bekanntmachung der Projektleitung, sicherlich das Entstehen eines neuen Arbeitsfeldes und das Vertrauen der Kommune, den Träger als „fitten und gesunden" SkF zu sehen.

Der Lernerfolg für Mitarbeiter/-innen und Organisation im Zusammenhang mit dem Projekt! Empfehlungen für „Nachahmer"

Als wesentlichen Lernerfolg kann man sicherlich das gestiegene Gesundheitsbewusstsein bei den Mitarbeiterinnen, der Projektleitung und der Organisation nennen. Neben den Einzelaktionen (Anmeldungen zur Krankengymnastik und Massagen, neue Computerbrille etc.) achten die Mitarbeiterinnen untereinander mehr auf sich. Gemeinsam an einem Thema zu arbeiten und auch den eigenen Nutzen zu spüren, hat nicht nur zur Gesundheitsverbesserung, sondern auch zu mehr Verständnis untereinander geführt.
Begriffe wie Work-Life-Balance, Burnout etc. erhielten für alle eine neue Bedeutung, sich damit auseinanderzusetzen und sich gegebenenfalls auch zu

trauen, Missstände bei dem anderen offen und vertrauensvoll anzusprechen. Beeindruckend war sowohl für die Projektleiterin, die gleichzeitig Geschäftsführerin ist, als auch für die Mitarbeiterinnen die Erkenntnis, dass vieles, was in der Fortbildung als besonders oder vorzeigewürdig genannt wird (Teilzeitarbeit, flexible Arbeitszeitgestaltung etc.), bei uns so selbstverständlich ist, dass es überhaupt nicht mehr im Bewusstsein war und auch nicht explizit genannt wurde. Es tut gut, nicht nur zu lernen, sondern sich auch zu verinnerlichen, dass vieles schon gut läuft, aber i. d. R. eher das Negative genannt wird.

Die Entscheidung, sich für eine längerfristige umfangreiche Fortbildung festzulegen, ist im Nachhinein ein voller Erfolg – sowohl persönlich als auch für die Organisation.

Persönlich empfand ich es als Geschäftsführerin als „Luxus", in den Fortbildungswochen kontinuierlich an einem Thema ohne Unterbrechungen zu arbeiten. Der damit gewonnene Mehreffekt wurde im Alltag dadurch deutlich, dass ich die Lerninhalte wohl so verinnerlicht habe, dass sie teilweise automatisch umgesetzt wurden.

Im Hinblick auf das Dreiecksverhältnis „Werte – Recht – Betriebswirtschaft" wurde durch die jetzige Reflektion deutlich, wie wichtig auch längerfristige Fortbildungen sind, auch wenn sie im ersten Moment unter dem betriebswirtschaftlichen Aspekt „Einbußen" bedeuten. Trotz der Finanzierung durch EU-Mittel war es nicht immer leicht, sowohl für den Vorstand als auch für die Mitarbeiterinnen, die Geschäftsführung längerfristig frei zu stellen und zeitweise Vertretungen zu übernehmen. Durch den Erfolg zeigt sich jedoch, dass der Gewinn für den Verband und die Gemeinschaft größer war als der Einsatz.

Bei der Erstellung dieser Projektarbeit war ich überrascht, wie „Fit und gesund im SkF" zwischenzeitlich Raum gefunden hat. Häufig haben sich bestimmte Schritte so verselbständigt, dass sie von mir gar nicht mehr wahrgenommen werden. Dieses Selbstverständnis erlebe ich bei (einzelnen) Mitarbeiterinnen inzwischen im Hinblick auf das Thema ebenfalls. Es macht Freude zu sehen, dass das Thema richtig gewählt wurde, es mit Abschluss der Fortbildung nicht beendet ist, sondern ein ständiger wachsender Prozess entstanden ist.

Allen, die diese Fortbildung mitgetragen und die Inhalte mit Leben gefüllt haben, gehört an dieser Stelle der besondere Dank der Projektleitung.

„Wachstum überholt Organisation"

oder auf dem Weg zu altersgerechten Personalentwicklungsgesprächen

Michael Strob

Beschreibung Projekt

Der SKM – Katholischer Verein für soziale Dienste in Osnabrück e. V. besteht seit 1963 als eingetragener Verein (früher Sozialdienst Katholischer Männer Osnabrück e. V.); er ist dem für seinen Wirkungskreis zuständigen Caritasverband zugeordnet.

Mit über 250 Mitarbeiterinnen und Mitarbeitern in vier Fachbereichen ist der SKM Osnabrück ein sozialer Dienstleister in folgenden Feldern:

*   Beratung und Betreuung
    Allgemeine soziale Beratung, Rechtliche Betreuung (Haupt- und Ehrenamt), Soziale Schuldner- und Insolvenzberatung

*   Kinder-, Jugend- und Familienhilfe
    Kinder- und Jugendnotdienst, Inobhutnahme Wohngruppe, Ambulante Familienhilfe, Sozialpädagogischer Hort, schulische Ganztagsbetreuung

*   Hilfen für Wohnungslose
    Tagesaufenthalt, Fachberatungsstelle, Wohnangebote für Männer und Frauen

*   Qualifizierung, Förderung und Beschäftigung für langzeitarbeitslose Menschen Soziales Kaufhaus, Fahrradladen und -werkstatt, Verwertung von Altmaterialien, Dienstleistungen wie Gartenarbeiten und Malerarbeiten, Umzugshilfen und Wohnungsauflösungen

Im Jahr 2013 besteht der SKM Osnabrück 50 Jahre. Von Beginn an hatte er ein stetiges, aber im Durchschnitt gemäßigtes Personalwachstum. Eine räumliche Nähe sowie eine überschaubare Anzahl an Arbeitsfeldern ermöglichte es den Mitarbeiterinnen und Mitarbeitern, die Vereinsentwicklung, fachliche Entwicklungen sowie personale Bedarfe unmittelbar wahrzunehmen.

Mit zunehmender Größe des Vereins sowie Ausgliederung in zwei gemeinnützige Gesellschaften wurden zum einen neue Leitungsstrukturen eingeführt, zum anderen war der Informationsfluss eher innerhalb der jeweiligen Fachbereiche und Ressorts gegeben.

Organigramm 1

Auf den verschiedenen Ebenen vertikal wie horizontal wurden Instrumente zum betriebswirtschaftlichen und fachlichen Controlling eingeführt, Alltagsabläufe modifiziert, Stellen beschrieben u. v. m.

Ein strukturiertes Personalmanagement lag allerdings nicht vor. Mit Blick auf das hier benannte Projekt fiel insbesondere auf, dass es kein Instrument gibt, das eine Personalentwicklungsplanung zulässt, die z. B. auch die Verbände (Caritas) mit einbezieht. Noch weniger sind Kommunikationsmöglichkeiten mit den Mitarbeiterinnen und Mitarbeitern z. B. zu Themen wie Fortbildung, Motivation und Zufriedenheit, Zielen und Perspektiven vorhanden. Themen wie Karriereplanung, betriebsinterne sowie betriebsexterne Wechselinteressen von Mitarbeiterinnen und Mitarbeitern können bisher nicht strukturiert ermittelt werden.

Notwendige Neustrukturierungen in der Personalverwaltung, die u. a. eine einheitliche Personalaktenführung sowie EDV-gestützte Personal- und Vollkräftetabellen ergaben, waren ein erster Schritt zur Neubewertung der Notwendigkeit einer Erfassung personaler Ressourcen.

Im zweiten Schritt wurden Regularien für eine betriebliche Kultur im Umgang mit Jubiläen, „runden" Geburtstagen und anderen wichtigen persönlichen Ereignissen der Mitarbeiter entwickelt.

Was deutlich fehlte und in den Fokus des kursbezogenen Praxisprojektes gestellt wurde, war eine zielorientierte Form der Gespräche zur individuellen

Personalentwicklung. Die bisherige Praxis variiert zwischen dem individuell vereinbarten Einzelgespräch bis zum „zwischen Tür und Angel"-Gespräch.

Folgende Ziele wurden zu Beginn des Praxisprojektes formuliert:

• Entwicklung eines Organigramms zur Durchführung von Jahresgesprächen in den Hierarchieebenen
• Entwicklung Leitfaden zu Jahresgesprächen
• Herstellung betrieblicher Konsens (Dienstgeber/Dienstnehmer)
• Schulung der Gesprächsleiter
• Durchführung von Jahresgesprächen

Die Ziele und auch arbeitsrechtliche Vorgaben machen es erforderlich, dass dieses Projekt im Kontext von Dienstgeber und Dienstnehmer geplant wird. Aber auch wenn die arbeitsrechtlichen Vorgaben negiert würden, wäre der Einbezug der Mitarbeiterschaft zwingende Voraussetzung. Personalgespräche zu konzipieren heißt, von Beginn an in den Dialog zu treten, der letztendlich ein konstruktives Element der Personalentwicklung ist.

Der Beginn des Projektes war somit die Installation einer Projektgruppe unter Leitung des Geschäftsführers (Kursteilnehmer). Weitere Teilnehmer der Projektgruppe sind der Fachbereichsleiter Kinder-, Jugend- und Familienhilfe sowie ein Mitglied der Mitarbeitervertretung. Aufgrund des Ausscheidens des Mitarbeitervertreters wurde diese Position Mitte 2011 durch einen neuen Vertreter der Mitarbeiter besetzt.

Da der SKM Osnabrück nicht nur von der Anzahl der Mitarbeiterinnen und Mitarbeiter, sondern auch von der Vielfalt der Angebote her ein heterogener Träger ist (s. Organigramm), konnte im ersten Schritt nicht der gesamte Träger in den Blick genommen werden.

Im ersten Treffen der Projektgruppe im September 2010 wurde festgelegt, dass beispielhaft für die Entwicklung und Erprobung von Personalentwicklungsgesprächen das Ressort Krisenintervention/Inobhutnahme im Fachbereich Kinder-, Jugend- und Familienhilfe ausgewählt wird. Der Fachbereich Kinder-, Jugend- und Familienhilfe war mit ca. 45 hauptamtlichen Mitarbeiterinnen und Mitarbeitern mit unterschiedlichem Stundenumfang und einer multidisziplinären pädagogischen Teamstruktur eine für die Erprobung größtenteils homogene und gut strukturierte Einheit.

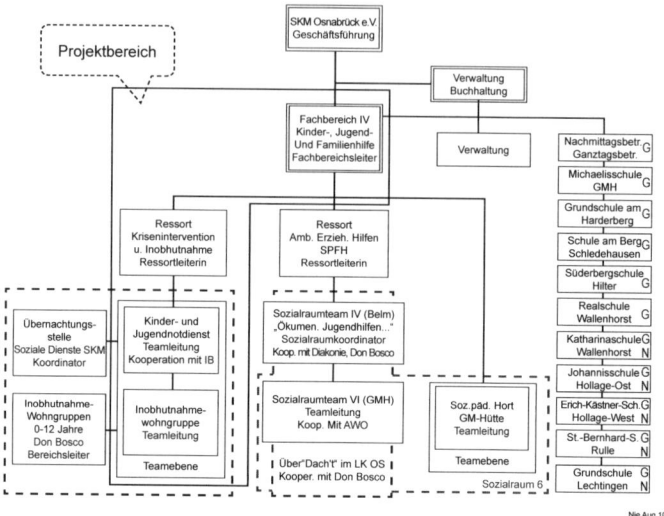

In dem diesem Bereich zugeordneten Ressort Krisenintervention/Inobhut-nahme arbeiten 15 Personen, die eine überschaubare und für eine Auswer-tung repräsentative Größe bilden.

Der Vorstand des SKM Osnabrück e. V. hat das Projektvorhaben unterstützt. Die Projektgruppe wurde als „Stabsstelle" eingerichtet und mit den notwen-digen Zeitressourcen ausgestattet.

Im ersten Block wurden Vorschläge für eine Dienstvereinbarung mit der Mitarbeitervertretung entwickelt, ein Leitfaden sowie eine vorliegende Do-kumentation geprüft und die Verwendung im Projekt resümiert. Materialien zur Entwicklung und Planung für die Schulung von Mitarbeiterinnen und Mitarbeitern wurden sondiert.

Als Merkpunkte wurden festgelegt,

• dass die bestehende Fortbildungsordnung und mögliche Ausführungs-Bestimmungen in den Fachbereichen angepasst und eingebunden werden,
• dass in den Haushaltsplanungen 2011 Ansätze für Fortbildungskosten eingebunden werden,
• dass Arbeitsplatz-/Tätigkeitsbeschreibungen in den einzelnen Fachberei-chen weiter entwickelt werden.

Im dritten Quartal 2010 konnten die Analyse der bisherigen betrieblichen Ab-läufe zum Thema und die Erstellung eines Organigramms mit den verschiede-nen Hierarchie- und Durchführungsebenen für Personalgespräche entwickelt werden. Mit Beginn des Jahres 2011 wurde in den ersten Sitzungen intensiv an der Entwicklung eines Leitfadens für Jahresgespräche weiter gearbeitet. Durch unerwartete betriebliche Veränderungen mussten die Projektziele aber für das zweite und dritte Quartal 2011 verändert werden.

Das Ziel, dass mit Ende des Projektes Jahresgespräche im SKM durchgeführt werden und entsprechend im Vorfeld Schulungen der jeweiligen Gesprächsleitungen absolviert werden können, musste auf die Zeit nach dem Projektende verschoben werden. Die Entscheidung, im SKM Osnabrück e. V. zukünftig Jahresgespräche bzw. Personalentwicklungsgespräche zu führen, steht weiterhin als Ziel fest.

Was hat zu den Veränderungen der Projektziele geführt?

Im Prinzip kann das, was zu Anfang über das Wachstum des SKM Osnabrück als Ganzes gesagt wurde, auf den Fachbereich Kinder-, Jugend- und Familienhilfe übertragen werden. Kurz gesagt: Wachstum überholt Organisation.

Zum Sommer 2011 mussten im Fachbereich Kinder-, Jugend- und Familienhilfe für die schulische Ganztagsbetreuung ca. 60 Mitarbeiterinnen und Mitarbeiter im Rahmen von Gleitzonen bzw. geringfügigen Beschäftigungen eingestellt werden. Hierdurch ergab sich eine ganz neue Herausforderung, denn zum einen veränderte sich die bisher relativ zentrale Struktur des Fachbereichs in eine in großen Teilen dezentrale Struktur. Die neuen Mitarbeiterinnen und Mitarbeiter sind aufgeteilt auf 13 zusätzliche Standorte. Hinzu kommt, dass durch die relativ geringe Anwesenheit der Mitarbeiterinnen und Mitarbeiter veränderte innerbetriebliche Kommunikationsstrukturen entwickelt und die Frage von Weisungsbefugnis im Dienstlichen wie im Fachlichen neu organisiert werden mussten.

Vor dem Hintergrund dieser Entwicklung wurde in der Projektgruppe beschlossen, dass eine intensive Beschäftigung und Neubewertung von Stellenprofilen und entsprechenden Stellenbeschreibungen Vorrang hat. Nur eine entsprechend klare hierarchische Gliederung mit einer personellen Zuordnung lässt eine strukturierte Kommunikation mit den Mitarbeiterinnen und Mitarbeitern zu. Somit änderte sich auch der Fokus weg von einem Teilbereich des SKM hin zu dem gesamten Träger.

Eine weitere Problematik während des Projektverlaufes war, dass die tarifvertragliche Umstellung der AVR zu den sogenannten S-Vergütungsgruppen bedeutete, dass für die einzelnen Tätigkeitsfelder eine Neubewertung und Eingruppierung stattfinden musste. Dies konnte allerdings nicht über individuelle Mitarbeitergespräche erfolgen, sondern musste im Rahmen von arbeitsrechtlich tragbaren Bewertungen von Tätigkeitsfeldern vorgenommen werden. Diese sich bis zum Projektende hinziehende Bewertung, aber auch

Auseinandersetzung zwischen dem Dienstgeber und den Dienstnehmern, hat insbesondere die Projektgruppenteilnehmer intensiv gebunden.

Eine Zwischenbewertung der Projektgruppe im August 2011 mit der Fragestellung „Ist das Projekt aufgrund der vermeintlich umfangreichen Störungen der Abläufe gescheitert?" wurde eindeutig verneint. Die vorbereitenden Arbeiten zur Arbeitsorganisation, zu Entscheidungs- und Gestaltungsspielräumen in verschiedenen Leitungsebenen, zur Kommunikation zwischen Dienstgeber und Mitarbeitervertretung sowie die unmittelbare Qualität der Zusammenarbeit in der Projektgruppe lassen Folgendes erkennen:

Die Stellenbeschreibungen für die einzelnen Leitungsbereiche, Fachbereichsleitung, Ressortleitung/Abteilungsleitung und Teamleitung sind mit Ende des ersten Quartals 2012 abgeschlossen.

Eine Grundstruktur für Mitarbeitergespräche liegt mit folgenden Schwerpunkten vor

1. Arbeitsaufgaben – Qualität der Arbeitsergebnisse (individueller Arbeitsauftrag)
2. Arbeitsorganisation – Arbeitsumfeld (institutionelle Rahmenbedingungen)
3. Arbeitsklima – Zusammenarbeit – Entscheidungs- und Gestaltungsspielräume (Kommunikation – horizontale Struktur)
4. Zusammenarbeit und Führung – Qualität der Zusammenarbeit und Führung (Kommunikation – vertikale Struktur)
5. Veränderungs- und Entwicklungsmöglichkeiten – Perspektiven für berufliche Entwicklung – Fort- und Weiterbildungsmaßnahmen (Planung)
6. Schlussvereinbarungen (Zielvereinbarung nach der SMART-Methode)

Auf der Leitungsebene (Geschäftsführung, Fachbereichsleiter) wurde ein intensiver Diskurs über den Sachverhalt initiiert, dass sich langfristig bindendes, älter werdendes Personal aufgrund der tariflichen Bindung einen erhöhten Kostendruck verursacht, gleichzeitig jedoch ein hohes Humankapital darstellt. Die einfache Definition „zu alt = zu teuer" wurde einer wesentlich differenzierteren Betrachtung unterzogen, insbesondere da ein Arbeitsbereich maßgebliche Auftragszuwächse mit gleichzeitig einhergehender Einstellung junger Mitarbeiterinnen und Mitarbeiter erreichte. Der bewusste Schritt, junge Mitarbeiterinnen und Mitarbeiter einzustellen, wurde nicht allein mit dem Faktor durchschnittlich sinkender Personalaufwendungen vollzogen, sondern in der Betrachtung über eine Dekade hinweg als Sicherung des Humankapitals der älteren Mitarbeiterinnen und Mitarbeiter für die Zukunft gesehen. Hierzu wurden die jungen Mitarbeiterinnen und Mitarbeiter jeweils erfahrenen Fachkräften in einer Bürogemeinschaft zugeordnet und entsprechende pädagogische Betreuungsteams gebildet.

In der bewussten Auseinandersetzung mit Inhalten des Diversity Managements wurde deutlich, dass die bisher häufige Annahme, sozialpädagogische Teams müssten möglichst homogene Gruppen mit dem Ziel einer „harmonischen" Zusammenarbeit sein, unmittelbar widerlegt werden kann. Gerade das Zusammenführen verschiedener Altersgruppen, verschiedener beruflicher Hintergründe, wenn auch mit einem vergleichbaren (pädagogischen) Abschluss, ermöglicht einen konstruktiven Diskurs. Die sich hieraus ergebenden inhaltlichen Auseinandersetzungen müssen über eine positive Streitkultur besetzt werden. Wichtig in diesem Prozess ist, so die Erfahrung am oben genannten Beispiel, eine externe beratende Begleitung (Supervision).

Aktuell sind weitere wichtige „Baustellen" durch die Inhalte der Weiterbildung und das Projekt in den Fokus gerückt.

Die berufliche und persönliche Wiedereingliederung nach Langzeiterkrankung

Hier wird gegenwärtig mit betriebsärztlicher wie auch arbeitsrechtlicher Unterstützung an einem Verfahren gearbeitet, das es zum Einen dem Arbeitgeber ermöglicht abzuschätzen, in welchem Rahmen die Mitarbeiterin/der Mitarbeiter in der Zukunft eingesetzt werden kann und inwieweit hier möglicherweise auch Belastungsgrenzen sind. Zum anderen soll der Mitarbeiterin/ dem Mitarbeiter die Möglichkeit gegeben werden, in einer sachlichen, vertrauensvollen Atmosphäre die eigenen Belange, die ggf. aus einer Langzeiterkrankung resultieren, einzubringen. Es geht hierbei zwar nicht allein um die Thematik von Überlastungsdepressionen u. ä., aber die Kursbausteine zum Burnout bzw. Diversity Management waren an dieser Stelle sehr hilfreich.

Die oben genannten Handlungsfelder sowie das Querschnittsthema Gender sind durch das Projekt und dessen Verlauf wieder stärker und teilweise neu in den Fokus der Betrachtung zur Entwicklung und Bewertung von Prozessen genommen worden. Somit ist der Projektverlauf nicht gradlinig und mit eindeutigen Impulsen zu bewerten, sondern hat dazu beigetragen, systemimmanente Lücken aufzuzeigen und zukunftsorientiert neue Zielfelder zu definieren. An der Grundfrage der Einführung von Mitarbeitergesprächen zeigte sich im Planungsverlauf die komplette Bandbreite der Inhalte dieser Weiterbildung.

Resümee

Da das Projekt über den Berichtszeitraum hinausgeht, liegen zum jetzigen Zeitpunkt erst Kontakte zur Projektgruppe und zu den Leitungskräften (Fachbereichs- und Ressortleiter) vor. Die Rückmeldungen sind durchgängig positiv, da es ein großes Interesse der unterschiedlichen Leitungsebenen gibt, klare Zuschreibungen der Kompetenzen, Zuordnung der Mitarbeiter und transparente Kommunikationswege zu erhalten. Die nicht zu unterschätzende Kontaktebene der sogenannten Tür- und Angelgespräche zeigte eine anfängliche Skepsis gegenüber dem Thema Mitarbeitergespräche. Die Fragestellung „Will der Arbeitgeber uns aushorchen? Wo wird das abgespeichert? Was passiert mit den Informationen?" konnte durch die Einbeziehung der Mitarbeitervertretung in die Projektgruppe bearbeitet und viele kritische Fragestellungen konnten revidiert werden. Es zeigt sich über diese Kontakte jedoch sehr deutlich, dass die Implantierung von Mitarbeitergesprächen in der Zukunft eine besondere Kommunikationskultur voraussetzt. Die Bedenken („Gebe ich etwas preis, was gegen mich verwandt wird?") sind ernst zu nehmen und müssen als Auftrag gewertet werden. Als Auftrag im Sinne eines Handlungsleitfadens, der deutlich macht, dass es bei dem Thema altersgerechte Personalentwicklung wie personale Entwicklung allgemein um eine gemeinsame kooperative Aufgabe geht, die eine wertschätzende Haltung und Kommunikation verlangt.

Das Projekt hat schon zum jetzigen Zeitpunkt einen hohen Mehrwert für den Verband. Noch höher wäre er sicherlich, wenn das geplante Projekt mit den anvisierten Zielen zum jetzigen Zeitpunkt umgesetzt worden wäre. Auch wenn interne und externe Ereignisse dazu geführt haben, dass an dem Zeitplan des Projektverlaufes nicht festgehalten werden konnte, so sind die Ziel- und Fragestellungen weiterhin handlungsleitend und sollen als Geschäftsführungsziel umgesetzt werden. Die projektbegleitenden Themen der Weiterbildung und die Wechselwirkung zwischen Projektzielen und Weiterbildungsinhalten haben umfangreiche interne Fragestellungen aufgeworfen, die zum unmittelbaren Mehrwert des Projekts zu addieren sind.

Die Frage nach der Nachhaltigkeit des Projektes bzw. seiner Ziele kann im laufenden Prozess noch nicht beantwortet werden. Die Erwartung ist aber, dass die Impulse nachhaltig wirken werden, da sich schon zum jetzigen Zeitpunkt gezeigt hat, dass sowohl in der Organisationsentwicklung als auch in der Personalentwicklungsplanung des SKM – kath. Verein für soziale Dienste in Osnabrück e. V. ein weiterführender Entwicklungsbedarf besteht, sodass die Nachwirkungen des Projektes und der Weiterbildungsinhalte in den nächsten Jahren nachgezeichnet werden können.

Zum Ende der Projektlaufzeit stellte sich noch eine weitere Herausforderung für die Zukunft, die direkt zu den Themen der Weiterbildung passt: Die im Organigramm 1 angesprochene MÖWE gGmbH, eine 100-prozentige gemeinnützige Tochter des SKM Osnabrück e. V., wird sich im Rahmen einer Zertifizierung einem intensiven QM-Prozess unterziehen. Ein wichtiger Baustein wird hierbei auch die Personalentwicklung, u. a. mit Teilbereichen wie Personalfortbildung, Kommunikationsebenen innerhalb der Organisation u.ä. sein. Grundsätzliche Themen dieser Fortbildung und des eingebundenen Projektes sind eine qualitativ wertvolle Basis für den letztendlich weiterzuführenden Prozess.

Abschließend wird hierbei deutlich, dass Personalentwicklung nicht statisch sein kann und nicht abschließend zu bearbeiten ist. Eine sich stetig verändernde Organisation, ob sie in der Mitarbeiterzahl wächst, sich in den Angeboten verändert oder auch Angebotsbereiche wieder abbauen muss, hat dies mit engagiertem, motiviertem und fachlich hoch kompetentem Personal zu leisten. Es geht also darum, einen Prozess zu gestalten, an dem Mitarbeiterinnen und Mitarbeiter eines in unserem Fall sozial-caritativen Unternehmens aktiv mitwirken können und durch konstruktive und wechselseitige Rückmeldungen ein gemeinsamer Lernprozess gefördert wird.

Vom Einzelkämpfer zum Teamplayer

Leitungs- und Teamentwicklung als Baustein von Mitarbeiterbindung in einer stationären Einrichtung

Ute Bressler

Projektbeschreibung

Das Seniorenzentrum St. Martin in Essen-Rüttenscheid besteht seit fünf Jahren und ist in den umgebauten Räumlichkeiten eines Kirchengebäudes untergebracht, das vom Bistum Essen im Rahmen seiner Strukturreform als Kirche aufgegeben worden ist. Es ist also ein sehr neues Gebäude mit moderner, freundlicher Architektur, dessen veränderte Nutzung im Stadtteil sehr wohlwollend aufgenommen worden ist.

Vor zwei Jahren kam ich als Pflegedienstleitung in die Einrichtung, deren zweite Etage seit der Eröffnung 2007 von einer anderen Einrichtung genutzt worden war, da deren eigene Räumlichkeiten gerade umgebaut wurden. Zum Zeitpunkt meines Arbeitsbeginns zogen die Bewohner gerade wieder in ihre eigene Einrichtung zurück, sodass wir die Aufgabe hatten, die frei gewordenen Zimmer neu zu belegen. Das hatte zur Folge, dass sich die Bewohnerzahl in unserer Einrichtung binnen kurzer Zeit verdoppelte.

Im Vorfeld wurde unter Mitwirkung der damaligen Wohnbereichsleitungen entschieden, dass es pro Etage einen großen Wohnbereich mit je 51 Bewohnerinnen und Bewohnern und einer freigestellten Wohnbereichsleitung geben solle. Um eine Kontinuität der Qualität sicher zu stellen, wechselte ein Teil der Beschäftigten aus der schon seit zwei Jahren betriebenen ersten Etage (zu der Zeit in zwei kleinere Wohnbereiche aufgeteilt) in die neu eröffnete zweite Etage.

Wir hatten uns von dieser Maßnahme erhofft, die neu einzustellenden Beschäftigten schneller integrieren zu können. In der Praxis stellte sich jedoch heraus, dass der große Wohnbereich sehr unübersichtlich war. Dies lag zum einen an den baulichen Gegebenheiten, zum anderen auch an den langen Wegen. Demzufolge kam es schnell zu Unzufriedenheiten, sowohl bei den Bewohnerinnen und Bewohnern, deren Angehörigen, den vorhandenen und auch bei den neuen Beschäftigten.

Ich stellte fest, dass die Vielzahl von neuen Beschäftigten und neuen Bewohnerinnen und Bewohnern unsere Wohnbereichsleitungen vor immense Herausforderungen stellte. Die neue Organisation und der Wechsel der

Leitungsebene (Einrichtungsleitung, Pflegedienstleitung) waren zusätzliche Belastungen für alle Beteiligten.

In der Folge – weil auch nicht alles so komplikationslos lief, wie es sollte – entwickelte sich unter den Mitarbeitenden ein nicht unerheblicher Konkurrenzkampf: Es ging nicht mehr um das Miteinander in der täglichen Aufgabenstellung, sondern mehr darum, wer welche Schuld trägt, wenn ein Fehler gemacht worden war. Da sich dies schnell zu einem erheblichen Problem entwickelte, musste ich reagieren – und zwar in verschiedenen Bereichen.

Zunächst wurden die zwei großen Wohnbereiche auf vier kleinere Wohnbereiche aufgeteilt. Dies brachte eine wiederum neue Zusammensetzung des Pflegepersonals mit sich, denn es musste ja auf fachliche Qualität, Stundenumfang und Geschlecht geachtet werden. Zusätzlich stellte ich zwei neue Wohnbereichsleitungen ein, sodass nun jeder der vier Wohnbereiche eine eigene Leitung hat. Doch die neue Personalzusammensetzung, die Änderungen in der mittleren Führungsebene und der veränderte Leitungsstil brachten Unruhe, Unsicherheit und auch Kündigungen mit sich – Merkmale, auf die ich wiederum reagieren musste. Letztlich gab diese Entwicklung den Anstoß, mein Thema „Leitungs- und Teamentwicklung als Baustein für Mitarbeiterbindung" im Rahmen des Kurses „Altersgerechte Personalentwicklung in Verbänden, Einrichtungen und Diensten der Caritas" intensiver zu bearbeiten.

Ziele des Projekts

Der große Überbegriff „Leitungs- und Teamentwicklung" beinhaltet für mich verschiedene Aspekte. Zunächst war mir wichtig, das „Wir-Gefühl" der Mitarbeitenden zu stärken, damit sie sich nicht mehr gegenseitig abgrenzen, sondern vielmehr gemeinsame Ziele verfolgen. Sie sollten nicht mit Schuldzuweisungen agieren, sondern stattdessen konstruktiv aus Fehlern lernen und gemeinsam Verbesserungen anstreben. Als wichtige Grundlage und Voraussetzung, um dieses Ziel zu erreichen, sah ich die stärkere „Wertschätzung der Beschäftigten" an. Denn sie scheint mir eine Voraussetzung zu sein, ihnen die dringend benötigte Sicherheit in ihrem Arbeitsalltag zu vermitteln. Dazu mussten zunächst bestimmte Voraussetzungen geschaffen werden, d. h. im Einzelnen:

Im Bereich der mittleren Führungsebene wurden neue Wohnbereichsleitungen eingestellt bzw. vorhandene Beschäftigte entwickelt. Hier mussten Leitungsaufgaben neu definiert und anschließend eingeübt werden.

Im Bereich der neu gebildeten Teams beabsichtigte ich, die Zusammenarbeit und den Zusammenhalt zu entwickeln, damit ein offenerer und ehrlicher Umgang entsteht. Die Teams der einzelnen Wohnbereiche sollten sich als eine Dienstleistungseinheit sehen, die sich gegenseitig stärken und nicht behindern.

Alle Beschäftigten sollten sich der Wertschätzung der Vorgesetzten sicher sein und Kritik als konstruktive Verbesserungsmaßnahme und nicht als Demotivation erfahren.

Im Projektverlauf bearbeitete Inhalte, gesetzte Strukturen, durchgeführte Maßnahmen, erreichte Meilensteine/Zwischenergebnisse

Nachdem der Arbeitstitel meines Projekts mit „Teambildung und Binden von Mitarbeitern" gefunden war, habe ich es in der Leitungsrunde im August 2010 vorgestellt. Mit einem Brainstorming wurden mögliche Inhalte und Schwerpunkte ermittelt. Dies diente nicht zuletzt dazu, die leitenden Beschäftigten auf das Projekt neugierig zu machen und das Interesse am Mitmachen zu wecken.

Im Nachgang wurden alle Eingaben geclustert. Hieraus entwickelte sich das weitere Vorgehen, das ich in sieben Meilensteine strukturierte.

1. Meilenstein – Da stelle mer uns janz dumm und
   fragen mal nach …

Umfrage bei den Beschäftigten

Zusammen mit den Beschäftigten der Projektgruppe wurde ein Fragenkatalog mit der Zielvorgabe entwickelt, einfache, klare Fragestellungen mit einem geringen Zeitaufwand zu bearbeiten.

Der Fragebogen wurde im Februar 2011 allen Beschäftigten zur Verfügung gestellt. Für die Beantwortung war ein Zeitfenster von drei Wochen vorgegeben, um auch die Teilzeitbeschäftigten und Beschäftigte im Urlaub erreichen zu können. Die Fragen sollten anonym beantwortet werden, allerdings wurden die Fragebogen der verschiedenen Wohnbereiche und des Sozialen Dienstes getrennt erfasst. Um keine Rückschlüsse auf den Beschäftigten ziehen zu können, wurde eine studentische Hilfskraft für die Auswertung beauftragt. Die Ergebnisse wurden in Grafiken umgewandelt und den Beschäftigten präsentiert.

Gesamtauswertung

Die Gesamtbeteiligung lag bei 57,89 Prozent, was bedeutet, dass nur etwas mehr als die Hälfte aller betroffenen Beschäftigten die Evaluation abgegeben haben. Die genaue Prozentzahl der jeweiligen Bereiche ist jedoch nicht zwangsläufig richtig, da wir nicht mit Gewissheit sagen können, ob die Nachtwachen den jeweils richtigen Bereich angegeben haben, eventuell kam es da zu Ungenauigkeiten.

Interessant war, dass die Beschäftigten der kleineren Wohnbereiche eine höhere Teilnahmequote verzeichnen konnten, was möglicherweise ein Hinweis auf die Motivation kleinerer Teams im Verhältnis zu größeren Teams sein könnte.

Grafik 1

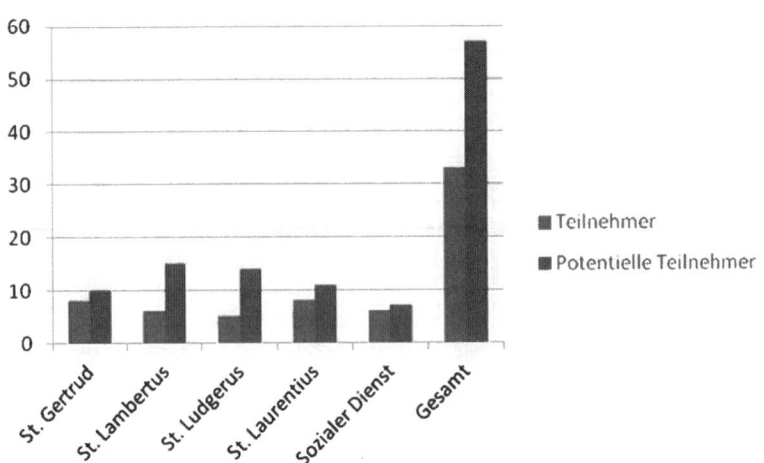

Grafik 2: Ist Ihnen Teambilung wichtig?

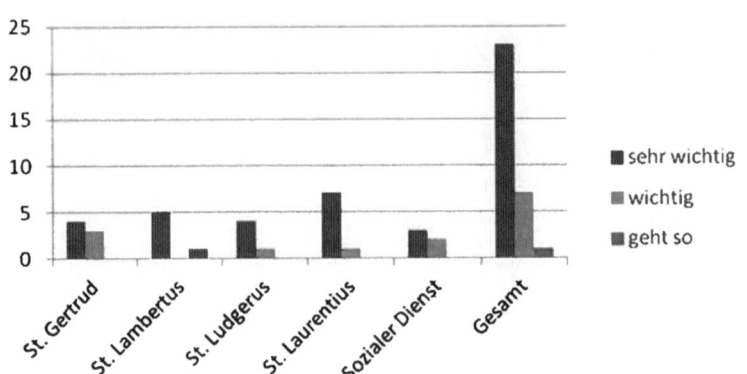

Grafik 3: Möchten Sie auch in Ihrer Freizeit Zeit mit Kollegen verbringen?

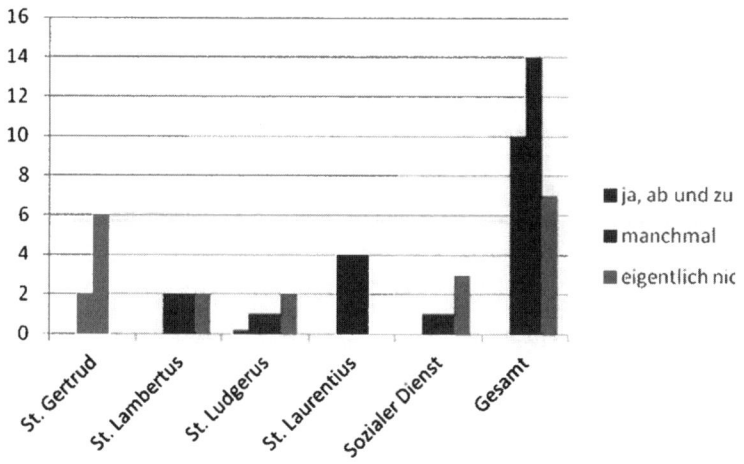

Grafik 4: Wenn ja, wo liegen Ihre Interessen?

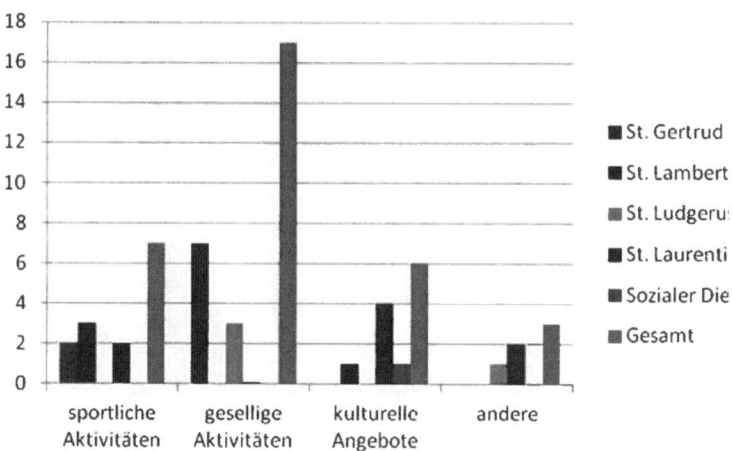

Grafik 5: Was könnte Ihrer Meinung nach seitens des Unternehmens getan werden?

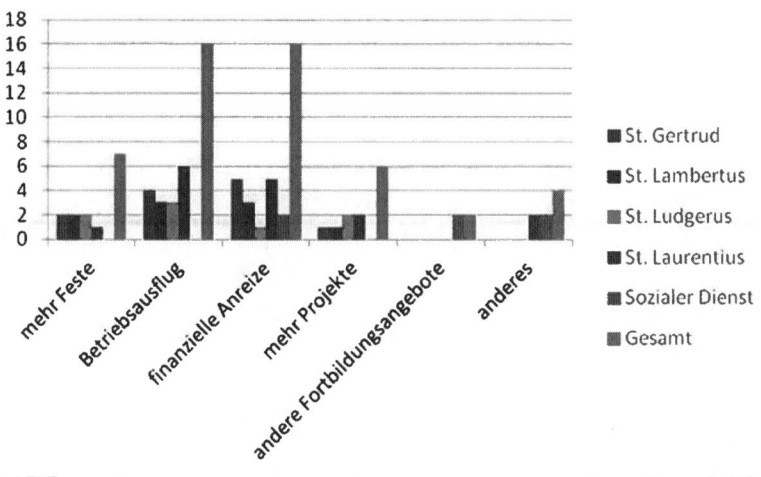

Grafik 6: Welchen zeitlichen Einsatz wäre Ihnen möglich/würden Sie einbringen wollen zur Teamförderung

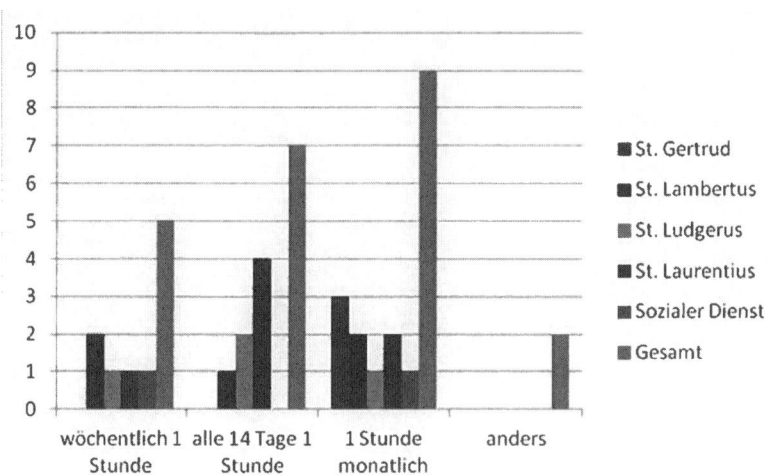

Die Ergebnisse im Überblick

Den meisten Personen ist Teambildung sehr wichtig, auffallend ist, dass lediglich Einzelpersonen Teambildung als unwichtig einschätzen. Umso mehr ist es wichtig, diesen Punkt im Rahmen des Projektes besonders zu behandeln.

Drei Viertel der befragten Personen bewerten das Betriebsklima als sehr gut oder gut. Dies ist erstaunlich, da durch die schon beschriebene Umstrukturierung die Beschäftigten „gemischt" wurden und so neue Teams entstanden, die sich meiner Meinung nach noch im Teambildungsprozess befanden. Außerdem steht das Ergebnis im Widerspruch zu manchen Äußerungen, in denen gerade über das Betriebsklima geklagt worden war.

Gelegentliche gemeinsame Freizeitaktivitäten scheinen für den einen oder anderen Beschäftigten durchaus interessant zu sein, allerdings würden wir mit solch einem Angebot maximal ein Drittel der Beschäftigten erreichen.

„Ein gemeinsamer Freizeitwunsch" ist nicht so leicht zu ermitteln, da die Antworten sehr breit gestreut sind, grundsätzlich werden jedoch gesellige Aktivitäten bevorzugt. Hierzu muss man beachten, dass die gemachten eigenen Vorschläge eigentlich auch unter gesellige Aktivitäten fallen und hinzugerechnet werden können.

Auch die Verbesserungsvorschläge sind sehr weit gestreut, sodass es hier keine eindeutige Meinung gibt. Bei dieser Frage muss beachtet werden, dass viele Beschäftigte mehrere Möglichkeiten gewählt haben. Daraus lässt sich schließen, dass viele Beschäftigte für mehrere Vorschläge offen sind.

Herauszuheben ist, dass insbesondere Betriebsausflüge und dergleichen die Beschäftigten interessieren.

Bei der Überlegung, wie viel Zeit zur Teamförderung eingesetzt werden soll/ muss, gibt es auch kein einheitliches Bild. Interessant ist aber, dass es auf den jeweiligen Wohnbereichen verschiedene Favoriten gibt, welche jedoch nicht mit der Meinung des gesamten Hauses übereinstimmen.

Obwohl die Befragung anonym durchgeführt wurde, entsteht hier der Eindruck, dass diejenigen, denen Teambildung wichtig ist, auch einen höheren Zeitaufwand veranschlagen.

2. Meilenstein: Kleine Belohnung nach der Anstrengung

Kleinigkeiten zeigen Wirkung

Da die Befragung nicht durchweg mit Begeisterung aufgenommen wurde (für Beschäftigte stellt sich immer die Frage, ob aus einer solchen Umfrage letztlich auch etwas resultiert, etwas Nennenswertes dabei herauskommt), erhielten alle Teams als Dankeschön und zur weiteren Motivation nach dem ersten Meilenstein kleine Aufmerksamkeiten zum gemeinschaftlichen Verzehr.

3. Meilenstein: Wünsche werden wahr

Erste Umsetzungen aus den Erkenntnissen der Befragung

Da sich viele Mitarbeiter gemeinsame Aktivitäten außerhalb ihrer Arbeitszeiten gewünscht hatten, fand im September 2011 ein Betriebsfest außerhalb der Einrichtung statt. Dies beinhaltete neben einem kostenfreien Buffet und Getränken auch eine große Tombola. Am späteren Abend gab es zudem die Möglichkeit zum Tanz.

Die sich an das Betriebsfest anschließende Kurzbefragung ergab eine durchweg positive Resonanz, eine Neuauflage ist bereits in Planung.

4. Meilenstein: Kleine Geschenke …

Neue Formen der Wertschätzung

Um neben dem gesprochenen Lob eine zusätzliche Form der Wertschätzung zum Ausdruck zu bringen, führten wir eine kleine Aufmerksamkeit zum jeweiligen Geburtstag der Beschäftigten ein. Gemeinsam mit der MAV und einigen Beschäftigten aus der mittleren Führungsebene wurden verschiedene Vorschläge bewertet und ein gemeinsamer Entschluss gefasst. Die Einrichtungsleitung oder der stellv. Pflegedienstleiter gratulieren persönlich und überreichen das Geschenk.

Auch hier erhielten wir positive Resonanz, die Beschäftigten fühlen sich sehr wertgeschätzt.

5. Meilenstein: Ein Tag nur für uns …

Schritte in der Leitungsentwicklung

Im nächsten Schritt innerhalb dieses Projektes widmeten wir uns der Leitungsentwicklung. Zwei unserer vier Wohnbereichsleitungen haben wir die Qualifizierung zur mittleren Führungsebene ermöglicht. Im Rahmen dieser Qualifikation werden ebenfalls Projekte durchgeführt, die wir als Teilprojekte dieser Arbeit sehen (z. B. gezielte Einarbeitung unserer Auszubildenden im

Bereich Pflege). Zudem richteten wir für unsere vier Wohnbereichsleitungen einen „Leitungstag" ein. An diesem Tag sollen u. a. kollegiale Beratung und Absprachen untereinander stattfinden, es wird Zeit zur Internetrecherche zur Verfügung gestellt und die Lektüre der Fachzeitschriften kann in dieser Zeit stattfinden.

6. Meilenstein: … ohne Gesundheit ist alles nichts!

Ein Parcours-Test zeigt Stärken und Schwächen

In einem weiteren Schritt haben wir uns mit dem Gesundheitsmanagement unserer Beschäftigten auseinandergesetzt: Gemeinsam mit unserem Verbundunternehmen aus der ambulanten Pflege organisierten wir mit Unterstützung einer großen Krankenkasse einen Gesundheitstag für alle Mitarbeitenden.

An verschiedenen Parcours-Stationen konnten die Beschäftigten die im Allgemeinen im Pflegeberuf auftretenden Belastungen messen bzw. testen lassen. Es wurden Seh- und Koordinationstests angeboten, eine Rückenanalyse durchgeführt und ein Stresstest gemacht. Jeder Mitarbeiter erhielt eine für ihn spezifische Auswertung mit entsprechenden Empfehlungen.

7. Meilenstein: Wer hart arbeitet, darf auch feiern!

Eine kleine Belohnung zu Weihnachten

Unser letzter und siebter Meilenstein bestand in einer gemütlichen Weihnachtsfeier, die erstmalig stattfand. Sie hatte einen besinnlichen und kommunikativen Teil. Auch hier gab es als wertschätzende Maßnahme ein kleines Geschenk beim gemütlichen Abendessen mit adventlicher Musik. Ein Großteil der Beschäftigten nahm dieses Angebot an, selbst Beschäftigte, die sich im Langzeitkrank befanden, kamen zu diesem Fest.

Kontakte, Rückmeldungen, Vernetzungen und Abhängigkeiten innerhalb und außerhalb der Organisation

Der Auftakt des Projektes mittels Fragebogen erschien zunächst etwas holprig. Wie schon erwähnt, befürchteten die Beschäftigten eine Befragung ohne Konsequenzen, die teilweise doch sehr zeitnahe Umsetzung und die zusätzlich entstandenen Meilensteine hatten aber ihre positive Wirkung.

Durchweg wurden alle Meilensteine sehr positiv gesehen. Hervorzuheben ist, dass für die nächsten teamfördernden Projekte nun deutlich mehr Freiwillige zur Verfügung stehen. Die Geschäftsführung hat den Stimmungswandel in der Belegschaft ebenfalls bemerkt, insofern unterstützte sie während des gesamten Projektzeitraumes alle Maßnahmen und begleitete das Projekt sehr interessiert.

Dadurch, dass alle Beschäftigten die Möglichkeit der Beteiligung hatten und dass die aus der Befragung resultierenden Umsetzungen zeitnah und breit gefächert erfolgten, konnte eine positive Grundstimmung erzeugt werden.

Insbesondere durch die teamfördernden Maßnahmen (Meilenstein 2–4) konnte die Zertifizierung nach DIN EN ISO 9001:2008 erreicht werden, was wiederum zur Teamfestigung beigetragen hat und zusätzlichen Motivationsschub gab.

Motivierte Beschäftigte erbringen überdurchschnittlich gute Arbeit. Dies zeigte sich in einer deutlich verbesserten Benotung durch den MDK, die sich wiederum positiv auf die Mitarbeitenden auswirkte und für sie ein verdienter Lohn für die investierte Arbeit war.

Reflexion

In welchem Umfang wurden die Projektziele erreicht? Welche nicht?

Oberste Priorität hatte die Team-Entwicklung und die Stärkung des „Wir-Gefühls". Dieses Ziel konnte sehr gut erreicht werden. Dies wird deutlich am konstruktiven Miteinander, am problemlosen Aushelfen untereinander und nicht zuletzt am Einbringen von ehrenamtlichen Tätigkeiten.

Die Beschäftigten haben sich selbst zum Ziel gesetzt, den Gesamtstand der Mehrarbeitsstunden kritisch zu hinterfragen und möglichst abzubauen. Der Blick für das Gesamtunternehmen hat sich geschärft.

Die Beschäftigten der mittleren Führungsebene nutzen die neu geschaffenen Zeitressourcen zur Erledigung ihrer Führungsaufgaben, was sich ebenfalls in der Mitarbeiterzufriedenheit niederschlägt.

Beschäftigte, die uns vor Beginn des Projektes verlassen haben, kehren wieder in die Einrichtung zurück, da sie von der Zufriedenheit aller Beschäftigten und der Teambildung erfahren haben.

Viele Veränderungen, die durch das Projekt hervorgerufen wurden, sind zur dauerhaften Einrichtung geworden. Die hohe Teilnehmerzahl und die positiven Rückmeldungen veranlassten uns zu entsprechenden Neuauflagen.

Der Leitungstag für die Wohnbereichsleitungen ist aus dem Dienstplan nicht mehr wegzudenken, er würde inzwischen wohl notfalls auch von den Leitungen erkämpft. Die kollegialen Beratungen und Absprachen untereinander haben den Alltag sehr erleichtert.

Die Wohnbereiche sind zunehmend ähnlich strukturiert, sodass das Aushelfen untereinander erleichtert wird.

Auch die kleinen Aufmerksamkeiten zu den privaten oder kirchlichen Feiertagen sind fester Bestandteil und Motivation für alle.
Verschiedene halb dienstliche, halb private Ausflüge fanden statt. Die Absprachen (Wer fährt mit, wer bleibt hier?) verlaufen auch jetzt noch aufgrund der guten Teamfähigkeit problemlos.

Das Projekt war von Beginn an so angelegt, dass ein Weiterverfolgen der einmal begonnenen Maßnahmen unabdingbar ist. Durch die nachweislich höhere Zufriedenheit unserer Beschäftigten konnte die Personalfluktuation deutlich gesenkt werden. Das bietet uns die Möglichkeit, die Beschäftigten langfristig zu entwickeln, sodass zukünftig auf die unterschiedlichen Altersstrukturen verstärkt eingegangen werden kann.

Die Sensibilisierung der Beschäftigten, ihre Gesundheit als wichtiges Gut zu schätzen und zu pflegen, wirkt sich positiv auf die Krankenstatistik unseres Unternehmens aus.

Stolpersteine, Umwege und Fallen

Schwierigkeiten gab es zum einen in der notwendigen Neubesetzung einer Wohnbereichsleitungsstelle und der damit verbundenen schwierigeren Ansprache der Mitarbeitenden. Zum anderen fühlten sich manche Beschäftigte durch mehrere Befragungen, die zeitnah aufeinander folgten, ein wenig genervt. Verschiedene Meilensteine des Projektes trafen mit der regelmäßigen Kundenbefragung nach den Vorgaben unseres QM-Systems zusammen, sodass es zu einer Verwirrung und Ermüdung der Beschäftigten beim Ausfüllen der Fragebögen kam.

Die mangelnde Führungskompetenz und zynische Äußerungen einer Wohnbereichsleitung in Bezug auf die geplanten Veränderungen haben außerdem dazu geführt, dass manches nicht so reibungslos lief wie geplant. Doch letztlich konnten diese Schwierigkeiten überwunden werden, weil die rasche und erfolgreiche Umsetzung der Zwischenziele deutlich werden ließ, dass nicht nur geredet, sondern auch gehandelt wurde.

Der Lernerfolg für Mitarbeiter/-innen und für die Organisation durch das Projekt – Empfehlungen für „Nachahmer"

Die zeitnahe Folge von Überlegungen und darauf aufbauenden Handlungen war sicher einer der Garanten des Projekterfolgs. Wer Veränderungen beginnen möchte, muss auch am Ball bleiben, sonst verliert er rasch seine Glaubwürdigkeit. Außerdem hat das Projekt gezeigt, dass die breite Ansprache der Beschäftigung von Vorteil war. Nicht ein kleiner Kreis entscheidet, was für das „Wir-Gefühl" wichtig sein könnte, sondern alle werden aufgefordert, sich dazu Gedanken zu machen – und diese Gedanken werden auch ernst genommen.

Erfolgskritische Faktoren von Fortbildung als Hintergrund des Projektes und damit Veränderungsprozesses in der eigenen Organisation

Meine Fortbildung „Altersgerechte Personalentwicklung" stärkte mich in vielen Bereichen. In den Abschnitten Gender Mainstreaming und Diversity Management bekam ich Impulse und Inputs für mein Projekt, z. B. in welcher Frau-Mann-Stärke sich Teams zusammensetzen sollten, wie Mitarbeitende angesprochen werden sollten, welche Ressourcen sich durch Religionsunterschiede, Geschlechter und Alter der Mitarbeitenden ergeben und wie ich diese positiv nutzen kann.

Die Weiterbildung der beiden Wohnbereichsleitungen stärkte diese im Rahmen der Mitarbeitenden-Führung, gesetzliche Vorgaben für den Arbeitsalltag und Strukturen wurden ihnen vermittelt, was letztendlich den Teams zugutekam.

Unseren Mitarbeitenden wurden Fortbildungen angeboten, die ihnen halfen, ihre Kommunikationsart mit allen beteiligten Gruppen zu verbessern und strukturierter im Rahmen des Zeitmanagement zu arbeiten.

Alle Faktoren haben das Verständnis füreinander geschärft, was dann auch zum Erfolg des Projektes beitrug.

Ich bin der Meinung, dass trotz hoher Motivation von den Mitarbeitenden der Blick und die Rückmeldung von außen (also durch Fort- und Weiterbildung) sehr wertvoll sind, um zu erkennen, welche Dinge man positiv verändern kann und sollte.

„Keiner kann mehr sagen, es geht nicht"

Vereinbarkeit von Familienaufgaben und Berufstätigkeit für Mitarbeitende in einer Pflegeeinrichtung

Ursula Franz-Marr

Beschreibung des Projektes

Ausgangssituation und Handlungsbedarf für das Projekt

Den Leitungspersonen in unserer Einrichtung war zum einen klar, dass die Altersstruktur unserer Mitarbeitenden so beschaffen ist, dass sich in einem relativ kurzen Zeitraum ein sehr großer Anteil in den Ruhestand verabschieden wird. Viele gehen auch vor dem Erreichen der Altersgrenze aus dem Beruf, der körperlich und psychisch sehr anstrengend ist. Immer anspruchsvollere Vorgaben von Kostenträgern und Gesetzgebung, hoher Zeit- und Leistungsdruck, Mehrfachbelastung durch Beruf, Familie und Betreuung von pflegebedürftigen Angehörigen führen zu einem Überlastungssyndrom und zu einem verfrühten Ausstieg aus diesem Job.

Zum anderen wird es auch bei uns im ländlichen Raum immer schwieriger, gute Fachkräfte zu finden, die unseren relativ hohen Ansprüchen an Fachlichkeit und soziale Kompetenz genügen. Die wachsende Konkurrenz am Markt (Neubau mehrerer Pflegeheime in der Umgebung) verstärkt nicht nur den Wettbewerb um die Kunden, sondern auch um qualifizierte Mitarbeitende.

Unsere Überlegung war, mit arbeitnehmerfreundlichen Maßnahmen die Zielgruppe der jüngeren gut ausgebildeten Frauen anzusprechen, die zuhause ihre Kinder betreuen, aber gerne auch eine Teilzeitarbeit annehmen würden, wenn sie gute Arbeitsbedingungen vorfänden.

Da in einer Pflegeeinrichtung ein ganzjähriger Schichtbetrieb über 24 Stunden am Tag notwendig ist, in dem die Versorgung der Bewohner und deren Bedürfnisse berücksichtigt und auch auf die individuellen Lebensbedingungen der Mitarbeitenden geachtet werden muss, bedeutete dies eine große Herausforderung an die Organisation und vor allem für die Dienstplangestalter.

Ziele des Projektes

Vorausschicken möchte ich, dass sich die Ziele im Verlauf der Fortbildung und des Projektes mit den neu erworbenen Erkenntnissen veränderten. Ursprünglich dachten wir bei der Einführung des Projektes nur daran, für junge gut ausgebildete Fachkräfte (vor allem in der Pflege) Bedingungen zu schaffen, die es dieser Zielgruppe möglich macht, neben ihren Erziehungsaufgaben für kleinere Kinder, zumindest eine Teilzeitarbeit aufnehmen zu können. Dies sollte erfolgen durch

1. Veränderung der Dienstzeiten, die familienfreundlicher gestaltet werden,
2. Suche nach Verbündeten im Gemeinwesen und Schaffung eines Netzwerkes von Betreuungsmöglichkeiten für Kinder,
3. Gestaltung und Einführung bedarfsgerechter einrichtungsinterner Kinderbetreuungsangebote.

Diese Zielsetzungen änderten sich mit den Impulsen, die aus der Fortbildungsveranstaltung und vor allem aus der Diskussion mit den Mitarbeitenden in unserer Einrichtung kamen, nachdem das Projekt in einer Mitarbeiterversammlung vorgestellt wurde.

Eine wesentliche Erkenntnis war, dass „altersgerecht" nicht nur etwas mit den älteren Mitarbeitenden im Betrieb zu tun hat, sondern mit allen. Jüngere Mitarbeitende brauchen andere Unterstützung und Förderung als die der mittleren Generation und die wiederum andere als die Älteren.

Die Zielsetzungen wurden umformuliert und erweitert wie folgt: Es sollen Möglichkeiten für alle Mitarbeitenden geschaffen werden, dass sie neben den speziellen Aufgaben, die sie in ihrer jeweiligen Lebensphase bewältigen müssen, zumindest eine Teilzeitarbeit aufnehmen können.

Dies sollte erfolgen durch:

1. Veränderung der Dienstzeiten, die familienfreundlicher gestaltet werden,
2. Suche nach Verbündeten im Gemeinwesen und Schaffung eines Netzwerkes von Betreuungsmöglichkeiten für Kinder, Jugendliche und pflegebedürftige Angehörige,
3. Gestaltung und Einführung bedarfsgerechter einrichtungsinterner Kinderbetreuungsangebote und unterstützender Angebote für pflegende Angehörige.

Wir wollen uns dadurch als attraktiver Arbeitgeber auf dem Markt platzieren, der unter den Bewerbern noch auswählen und damit das Niveau der angebotenen Dienstleistung trotz Fachkräftemangel am Markt halten kann.

Die verbesserten Arbeitsbedingungen sollen zur Senkung von Fehlzeiten und Fluktuation und den damit verbundenen Folgekosten führen.

1 Recherche im Internet zum Thema familienfreundlicher Arbeitsplatz in der stationären Pflege

Die Recherche hat ergeben, dass sich viele (große) Firmen mit dem Prädikat „familienfreundliche Arbeitsplätze" schmücken. Bei genauerem Hinsehen findet man den Dienstleistungsbereich Pflege so gut wie nicht darunter, höchstens große Krankenhäuser mit sehr vielen Mitarbeitern. Für den stationären Pflegebereich habe ich nur zwei Beispiele gefunden, die in meinen Augen teilweise Mogelpackungen sind, z. B. helfen zwei Tage Zusatzurlaub im Jahr für Kinderbetreuung oder Pflege eines Angehörigen in der Situation der Betroffenen nicht wirklich weiter. Außerdem werden (für mich) Selbstverständlichkeiten aufgelistet, die ich nicht großartig als familienfreundlich angepriesen hätte.

Zumindest haben mich diese Nachforschungen veranlasst, einmal aufzulisten, welche Unterstützungsmaßnahmen für die Mitarbeitenden in unserer Einrichtung schon praktiziert wurden.

- Belegungsvorrecht für die pflegebedürftigen Angehörigen von Mitarbeitenden in der stationären Pflege, Tagespflege, Betreutem Wohnen
- falls gewünscht, wird Familienpflegezeit unterstützt (neue gesetzl. Möglichkeit = Kann-Bestimmung)
- bereits bei geringer Wochenstundenzahl ein Arbeitsvertrag mit allen Sozialversicherungen
- Mahlzeiten zu günstigen Preisen für die Angehörigen unserer Mitarbeitenden
- Dienstplanverantwortliche gestalten Dienstpläne schon oft nach Bedürfnissen der Mitarbeitenden
- Wahlmöglichkeit ausschließlich im Nachtdienst zu arbeiten, bzw. nur während des Tages
- Ferienzeiten der Kinder werden bei Urlaubsplanung berücksichtigt
- Kontaktpflege zu Mitarbeitenden in der Elternzeit und bei längerer Krankheit
- Einladung von Mitarbeitenden in der Elternzeit zu Inhouse-Fortbildungen
- Möglichkeit der Teilzeit-Beschäftigung während der Elternzeit
- Möglichkeiten, dass sich Kinder (nach Schule oder Kindergarten) im Haus aufhalten können, bis der Elternteil seinen Dienst beendet hat (allerdings unbeaufsichtigt). Einen Platz zum Spielen oder Hausaufgaben machen gibt es immer

2 Analyse der Altersverteilung in der Einrichtung

Die Analyse zeigt, dass 46 von 148 Mitarbeitenden in den nächsten Jahren die Einrichtung aus Altersgründen verlassen werden. Dazu kommt noch die Fluktuation durch Arbeitsplatzwechsel, Elternzeit, Familienpflegezeit usw. Am dramatischsten ist die Situation nicht im Bereich der Pflegefachkräfte (6 MA) und der Pflegehilfskräfte (15 MA), sondern im hauswirtschaftlichen Bereich (25 MA). Aufgrund dieser Analyse erfolgte eine Änderung der Personalbeschaffungsstrategie. Dem hauswirtschaftlichen Bereich muss hierbei die größere Aufmerksamkeit gewidmet werden. Die Hauswirtschaft ist verantwortlich für die Qualität in der Einrichtung, die zuerst vom Kunden wahrgenommen wird (Sauberkeit, Essen schmeckt …).

Im Pflegebereich ist die Quote von 50 Prozent Fachkräften und 50 Prozent Hilfskräften vorgeschrieben. Bei der Neubesetzung von Stellen der Pflegehilfskräfte mit jüngeren Fachkräften könnte kostenneutral die Fachkraftquote etwas angehoben werden. Dies trüge vielleicht etwas zur Entspannung in dem umfangreichen Aufgaben- und Verantwortungsfeld der Fachkräfte bei.

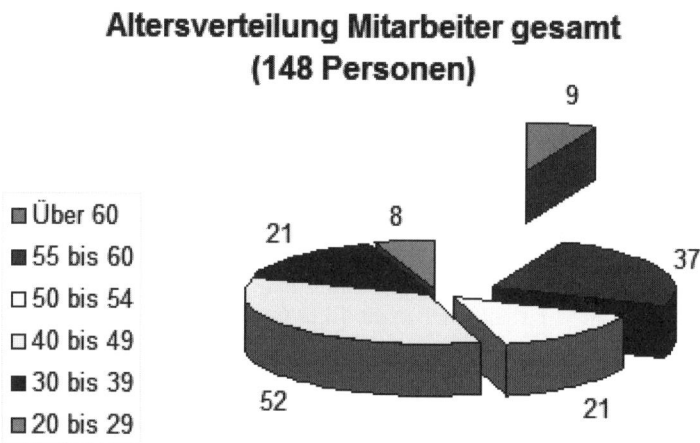

Die Zahlen an den Kreissegmenten stellen jeweils die Anzahl der Mitarbeiter dar.

Altersverteilung Pflegepersonal gesamt (98 Personen)

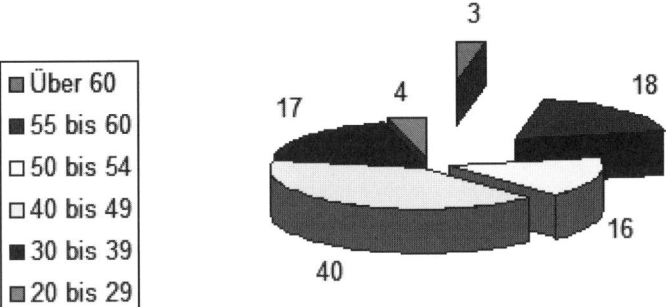

Die Zahlen an den Kreissegmenten stellen jeweils die Anzahl der Mitarbeiter dar.

21 Personen scheiden in den nächsten Jahren aus dem Pflegedienst aus. Tendenziell arbeiten wenige dieser Zielgruppe bis zum vollendeten 65. Lebensjahr.

Altersverteilung Sonstige Mitarbeiter (Hauswirtschaft, Verwaltung, Betreuung, Technik) (50 Personen)

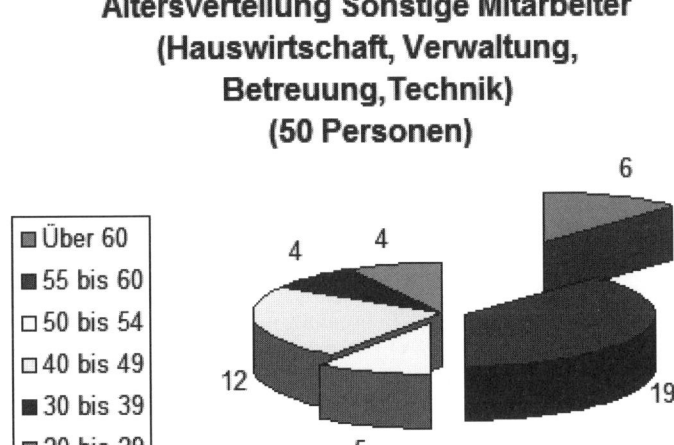

Die Zahlen an den Kreissegmenten stellen jeweils die Anzahl der Mitarbeiter dar.

133

Die dramatischste Entwicklung zeichnet sich im Bereich „Sonstige Mitarbeiter" (das sind 50 von 148 MA gesamt), der zum größten Teil aus Mitarbeitenden in der Hauswirtschaft (Küche, Hausreinigung, Wäscherei) besteht. Gute und verantwortungsvolle Mitarbeiter sind für diesen Bereich nicht sehr leicht zu finden. Mit diesen steht und fällt die Qualität eines Hauses, die dem Kunden als erstes auffällt: Sauberkeit, gutes Essen...

Allein aus diesem Bereich sind in den nächsten Jahren 25 Stellen neu zu besetzen.

3 Befragung der Mitarbeitenden

Von den ausgegebenen 150 Fragebögen kamen lediglich 18 ausgefüllt zurück. Die Auswertung ergab dass der Schwerpunkt des Unterstützungsbedarfs in der Kinderbetreuung liegt, die Pflege von Angehörigen aber ebenso von Bedeutung ist. Als Wünsche wurden vor allem genannt: Späterer Dienstbeginn für Mütter mit Kindergarten- und jüngeren Schulkindern, Dienstplanabstimmung mit dem Schichtplan des Partners, Betreuung in den Ferienzeiten.

Um das Ergebnis wegen des geringen Rücklaufs noch einmal zu prüfen, wurden die direkten Vorgesetzten befragt, wie sie den potentiellen Bedarf an Unterstützung ihrer Mitarbeitenden einschätzten. Sie vermuteten dass 44 Personen früher oder später sich mit Kinder- bzw. Enkelbetreuung auseinandersetzen müssten, 28 sind oder werden als pflegende Angehörige betroffen sein.

4 Teilung des Projektes

An dieser Stelle der Projektarbeit wurde klar, dass bei der Fülle der zu bearbeitenden Aufgaben eine Teilung sinnvoll ist.

Das Thema Veränderung der Dienstzeiten ist in sich so komplex und musste sehr differenziert unter Beteiligung von Dienstplangestaltern, Mitarbeitenden verschiedenster Interessengruppen und der Mitarbeitervertretung ausgearbeitet werden. Die Pflegedienstleitung beschäftigte sich mit der Umgestaltung von Arbeitsschichten und Dienstplangestaltung in einer eigenen Projektgruppe. Vorgabe war, dass es für alle Beteiligten möglichst eine Win-win-Situation geben sollte. Einerseits war die optimale Versorgung der Bewohner zu sichern und andererseits sollten Mitarbeitende mit familiären Betreuungsaufgabensollen die Möglichkeit haben, Berufstätigkeit und familiäre Betreuungsaufgaben zu koordinieren.

Als Ergebnis wurden weitere Angebote für unsere Mitarbeiter ermöglicht:

* Die möglichen Arbeitszeiten werden mit den Mitarbeitenden mit familiären Verpflichtungen individuell verhandelt.
* Die äußerst umfangreichen Möglichkeiten von Schichtzeiten wurden nochmals erweitert (allein im Tagesdienst gibt es 73 verschiedene Schichtzeiten).
* Es werden sehr kurze Früh- oder Spätschichtzeiten angeboten und die Wahlmöglichkeit zwischen Früh- und Spätschicht.
* Für Mütter mit kleinen Kindern gibt es einen Dienstbeginn am Morgen erst ab 7:30 Uhr (Krippenöffnungszeit 7:00 Uhr).

Als weitere Möglichkeiten, bieten wir noch

* Wahlmöglichkeit zwischen festen oder flexiblen Arbeitstagen innerhalb der Wochentage
* eine verkürzte Nachtschicht
* geteilte Dienste mit langer Mittagspause
* Rücksichtnahme auf die Arbeitszeit des Ehepartners (oft Schichtarbeit in der Industrie oder selbst im Pflegeberuf)
* Beurlaubung bei Betreuung von Kindern und Pflege von Angehörigen über den Jahresurlaub hinaus mit Rückkehrgarantie

Vernetzungen innerhalb und außerhalb der Organisation

Netzwerk Kinderbetreuung

Für den Wunsch nach Ferienbetreuung gibt es einen guten Kooperationspartner, das Jugendzentrum, das in unmittelbarer Nähe angesiedelt ist. Dort können die Kinder bei einem abwechslungsreichen Freizeitangebot am Programm teilnehmen. Die Tageszeiten, die nicht durch die pädagogische Begleitung im Jugendzentrum abgedeckt sind, können die Kinder im Seniorenzentrum verbringen. Die Mahlzeiten können je nach Bedarf in der Küche unserer Einrichtung bestellt werden.

Seit dem neuen Kindergartenjahr werden in drei städtischen Kindergärten Anfangszeiten ab 7:00 Uhr angeboten. Dies verdanken wir dem größten Industriebetrieb der Stadt, der dies nachdrücklich eingefordert hatte.

Über einen Hol- und Bringdienst für Kinder unserer Mitarbeitenden, die die Tagesstätten besuchen, haben wir schon nachgedacht. Im Moment ist kein Bedarf für dieses Angebot vorhanden, es wurde aber schon die Überlegung angestellt, diejenigen anzusprechen, die unser Haus als Mitarbeitende verlassen und sich gerne ehrenamtlich betätigen würden.

Ein ehrenamtliches Engagement in der Altenpflege ist kurz nach der Verrentung wahrscheinlich nicht so verlockend und in der Einrichtung, in der man gearbeitet hat, sicher auch nicht sinnvoll. Aber in einer vertrauten Umgebung sich mit einer anderen Zielgruppe – nämlich Kindern – zu beschäftigen, könnte attraktiv sein.

Netzwerk für pflegende Angehörige

Das Belegungsvorrecht für die pflegebedürftigen engen Angehörigen unserer Mitarbeitenden in unserer Einrichtung wird in Zukunft nicht einfach nur gehandhabt, sondern auch öffentlich kommuniziert. Die Vorteile, die Mitarbeitende haben, wenn sie bei uns arbeiten, dürfen auch selbstbewusst nach außen getragen werden. Eine Pflegefach- oder -hilfskraft kann ihre Kompetenz mehr Pflegebedürftigen zugutekommen lassen, wenn sie ihre Angehörigen in der eigenen Einrichtung gut aufgehoben weiß und nicht die Berufstätigkeit wegen eines Pflegefalls zuhause aufgeben muss.

Die Kooperation mit der Sozialstation ist bereits sehr gut. Die Sozialstation ist ebenfalls eine Caritas-Einrichtung und in der Nachbarschaft stationiert. Eine wichtige Unterstützung für pflegende Angehörige sind die „Pflegepartner", die ebenfalls über die Sozialstation organisiert werden. Diese Ehrenamtlichen betreuen für eine Aufwandspauschale Pflegebedürftige stundenweise zuhause. Auf deren Kooperation können sich auch unsere Mitarbeitenden verlassen.

Das Mahlzeitenangebot unserer Küche gilt nicht nur für die Kinder, sondern auch für die anderen Familienangehörigen. Für die Pflegebedürftigen kann das Essen auch mit nach Hause genommen werden, damit sich niemand mehr nach einem anstrengenden Dienst mit dem Zubereiten von Mahlzeiten beschäftigen muss.

Reflexion

Zusammenfassend kann ich sagen, dass die Projektziele weitgehend erreicht wurden, wobei wir es für erforderlich halten, die Ziele den Veränderungen immer wieder anzupassen, neue Maßnahmen zu planen und einzuführen, nicht mehr zeitgemäße zu verwerfen und zu verändern.

Der Erfolg des Projektes hat sich schon darin gezeigt, dass zwei examinierte Pflegekräfte vorzeitig aus der Elternzeit an den Arbeitsplatz zurückgekehrt sind, eine weitere aus dem hauswirtschaftlichen Bereich wird folgen. Eine Alleinerziehende konnte ihre Arbeitszeit um 8 Wochenstunden erhöhen. Außerdem hat sich eine Fachkraft mit Zusatzausbildung, die bisher zwei kleinere Kinder zuhause betreut, aufgrund der Empfehlung einer bei uns arbeitenden Mutter beworben.

Die Dienstzeiten konnten familienfreundlicher gestaltet werden. Wobei nicht verschwiegen werden darf, dass dies eine beträchtliche Herausforderung für unsere Dienstplangestalter bedeutet. Sie müssen mit allen ihren Mitarbeitenden intensiv kommunizieren und ein hohes Maß an diplomatischem Geschick aufbringen. Die zusätzliche Arbeitszeit, die in die komplexen Dienstpläne investiert werden muss, bedeutet natürlich auch einen zusätzlichen finanziellen Aufwand für den Arbeitgeber.

Die Mitarbeitenden, die den täglichen Spagat zwischen familiären und beruflichen Verpflichtungen leisten müssen, äußern sich weitgehend zufrieden. Das Wissen um ein stärkeres soziales Netz lässt sie beruhigter zur Arbeit gehen. Der Großteil der nicht von einer familiären Belastung Betroffenen zeigt dadurch, dass sie in die Umstrukturierung der täglichen, auch für sie vorteilhafteren Arbeitsabläufe mit einbezogen wurden, viel Akzeptanz und Kooperationsbereitschaft. Dieses „Stimmungsbild" müssen wir natürlich nach spätestens einem Jahr durch eine neue Mitarbeiterbefragung überprüfen.

Ebenfalls zu überprüfen wäre dann, ob Ausfälle durch Krankheit und Betreuungszeiten für Angehörige vermindert werden konnten.

Stolpersteine, Umwege, Fallen, Sprungbretter

Nachdem das Projekt in der Mitarbeiterversammlung angekündigt wurde, war die Erwartungshaltung sehr hoch, sie ging so weit, dass man sich einen „Betriebskindergarten" gewünscht hätte, der bei der Größe unserer Einrichtung absolut nicht finanzierbar wäre.

Manche langjährige Mitarbeiter waren schwer davon zu überzeugen, dass kommende Generationen anders leben als sie selbst, andere Schwerpunkte in ihrem Leben setzen und auch ihr Arbeitsleben anders gestalten wollen. Es gehörte zu den mühevolleren Aufgaben der leitenden Mitarbeiter, diejenigen dahingehend zur Einsicht zu bringen, dass dies nicht unbedingt negativ ist, und Impulse und Bewegung in die Einrichtung zu bringen, dass Unterschiedlichkeit durchaus befruchtend wirken kann.

Veränderungen machen Angst, verunsichern, und sie in einem größeren sozialen Gefüge einzuführen erfordert viel Überzeugungsarbeit, die bei manchen mehr, bei anderen weniger gut gelang.

Lernerfolg für Mitarbeiter und Organisation

Neben dem geschärften Blick für die verschiedenen Mitarbeitergenerationen in der jeweiligen Lebensphase mit jeweils unterschiedlichen Bedürfnissen hat die Beschäftigung mit der Fortbildung und dem Projekt auch mehr Aufmerksamkeit für unsere jüngeren Mitarbeiter und ihre Entwicklungsmöglichkeiten gebracht.

Sie brauchen gezielte Förderung, Herausforderungen und jemanden, der ihnen etwas zutraut, damit sie sich weiterentwickeln können. Zwei unserer jungen Mitarbeiterinnen wurde die Verantwortung für die Pflege unserer computergestützten Pflegedokumentation übertragen. Sie haben sich zu „Spezialisten" entwickelt, an die sich die anderen Mitarbeitenden mit ihren Fragen bezüglich des Computersystems wenden können; sie besuchen die Fortbildungen der Softwarefirma und geben ihr Wissen mit Begeisterung weiter.

Eine unserer jüngsten Mitarbeiterinnen ist inzwischen stellvertretende Wohnbereichsleitung. Natürlich ist es notwendig, diesen jungen Menschen auch das Handwerkszeug zur Verfügung zu stellen, das zur Entwicklung ihrer Kompetenzen gebraucht wird. Die angebotenen Fortbildungen dazu werden von den jüngeren Mitarbeitenden gerne an- und als besondere Wertschätzung wahrgenommen.

Das Projekt war auch der Anlass, sich über die Besonderheiten von altersgemischten Teams Gedanken zu machen. Jüngere, Beschäftigte mittleren Alters und Ältere verfügen tendenziell über unterschiedliche Arbeitsvermögen. Junge bereichern mit ihrem Innovationswissen, die reife Generation hat oft eine ausgeprägtes Fach- und Steuerungswissen und die Älteren vermitteln ihr betriebsspezifisches Wissen und ihren Erfahrungsschatz, ihr Know-how an die nächste Berufsgeneration weiter. In der Kombination dieser altersspezifischen Fähigkeiten und Talente kann der Einrichtung ein hoher Mehrwert und Mitarbeitenden verschiedenster Generationen eine Bereicherung seiner Perspektiven entstehen.

Eine sehr anspruchsvolle Führungsaufgabe ist, die Potentiale der Altersmischung zu kommunizieren und zu nutzen, dies in Wertschätzung vorzuleben, altersgerechte Arbeitsgestaltung zu fördern und somit eine demografisch und den Bedürfnissen der Menschen angemessene Unternehmenskultur mit zu entwickeln.

Erfolgskritische Faktoren von Fortbildung als Hintergrund des Projektes und damit Veränderungsprozess in der eigenen Organisation

Die vage Kenntnis um die gravierenden Veränderungen, die in unserer Einrichtung durch das Ausscheiden von langjährigen bewährten Mitarbeitenden vonstattengehen würden, wurde durch die genaue Datenerhebung präzise und greifbar. So manche Annahme wurde auch nicht bestätigt und wurde durch die Statistik korrigiert (z. B. Bedarf an Pflegefachkräften). Dieses Wissen um die wahrscheinliche personelle Entwicklung in unserem Betrieb hilft dabei, längerfristige Personalmarketingstrategien zu entwickeln und sie gegenüber dem Einrichtungsträger zu vertreten.

Die bereits vorhandenen mitarbeiter- und familienfreundlichen Angebote werden seitens der Leitung besser und selbstbewusster dargestellt. Diese Leistungen sind keine Selbstverständlichkeiten, sondern resultieren aus einer Wertschätzung und der ehrlichen Sorge für die Mitarbeitenden.

Die Sicht auch auf die Bedürfnisse der Mitarbeitenden rückte in den letzten Jahren, in denen es um die Wettbewerbsfähigkeit unserer Einrichtungen am Markt ging, in den Hintergrund. Heute, da der Pool der Mitarbeitenden schrumpft, schaut man wieder genauer darauf, wie es denen geht, die für unsere kirchlichen Häuser arbeiten, warum es ihnen körperlich und psychisch schlecht geht, wie menschengerecht die Arbeitsbedingungen sind.

Aus unserem christlichen Verständnis müsste es selbstverständlich sein, dass jeder Mensch, mit dem wir es zu tun haben, sei er Kunde oder Mitarbeitender, die gleiche Aufmerksamkeit und Zuwendung verdient, die er braucht, ganz gleich wie die „Marktlage" ist.

Hier in Balance zu bleiben, die Bedürfnisse aller Seiten zu sehen und zu guten Kompromissen zu gelangen, ist die große Herausforderung für die Führungskräfte. In dem ehrlichen Bemühen, hiermit einigermaßen im Gleichgewicht zu bleiben und sich nicht nur von Angebot und Nachfrage steuern zu lassen, wird und bleibt nach außen der „Mehrwert Caritas" in unseren Einrichtungen sichtbar.

Mehr als nur Worte – Bedeutung von Kommunikationsstrukturen im Pflegeheim Prälat-Stiefvater-Haus

Anne Gibson

Beschreibung Projekt

Ausgangssituation und Handlungsbedarf/Motivation für das Projekt

Ausgangslage zu Beginn des Projekts „Kommunikation" waren Störungen und Probleme in den Kommunikationsabläufen sowie in den Arbeitsbeziehungen der Mitarbeitenden auf allen Ebenen. Zuständigkeiten und Verantwortlichkeiten im Zusammenhang mit der Weiterleitung von Informationen waren in verschiedenen Bereichen teilweise ungeklärt. Sofern Strukturen vorhanden waren, wurden sie teilweise nicht im erforderlichen Maße umgesetzt. Dies führte zu häufigen Beschwerden und zur Unzufriedenheit bei Mitarbeitenden, Angehörigen, Bewohnerinnen und Bewohnern, externen Dienstleistern und Ehrenamtlichen gleichermaßen. Missverständnisse, Fehlinterpretationen, Ärger, Vorurteile, Schuldzuweisungen und verstärktes „Hintenrumgerede" waren Folgen, die sich negativ auf das Betriebsklima auswirkten.

Die Störungen nahmen Einfluss auf den Krankenstand sowie einer erhöhten Fluktuation und Fluktuationsbereitschaft und wirkten sich insgesamt negativ auf das betriebswirtschaftliche Ergebnis aus.

Die internen Problemlagen wurden aus der Einrichtung heraus in die Öffentlichkeit getragen, sodass sich der anfänglich gute Ruf des Hauses stark verschlechterte.

Ziel(e) des Projekts

Ziel des Projekts war es, praktikable, verbindliche und transparente Kommunikationsstrukturen zu schaffen, um die Störungen im organisatorischen und zwischenmenschlichen Bereich zu beseitigen.

Die Verbesserung der Regelkommunikation und der Dienstwege sollte dazu dienen

- Abläufe neu zu gestalten oder ggf. zu optimieren,
- Zuständigkeiten und Verantwortlichkeiten zu klären und verbindlich festzulegen,

141

- eine entspannte, offene und konstruktive Zusammenarbeit zu ermöglichen,
- das Wohlbefinden am Arbeitsplatz zu steigern,
- die Arbeitszufriedenheit erhöhen,
- Bewohnerinnen und Bewohnern, Mitarbeitenden, Angehörigen, externen Dienstleistenden, Ehrenamtlichen und allen, die ins Haus kommen, eine freundliche, offene und entspannte Atmosphäre im Hause zu bieten,
- die Arbeitsqualität zu sichern und zu steigern,
- Beschwerden zu minimieren,
- eine positive Innen- und Außenwirkung zu erzielen – am guten Ruf des Hauses zu arbeiten,
- die Einrichtung für potentielle Mitarbeitende attraktiv zu machen,
- die Belegung zu sichern,
- den Krankenstand zu senken,
- die Fluktuation zu verringern,
- das betriebswirtschaftliche Ergebnis zu verbessern.

Die Mitarbeitenden sollten aktiv in den Verbesserungsprozess mit einbezogen werden: im Projektverlauf bearbeitete Inhalte, gesetzte Strukturen, durchgeführte Maßnahmen, erreichte Meilensteine/Zwischenergebnisse. Zur Verbesserung der Kommunikationsstrukturen wurden verschiedene Maßnahmen umgesetzt.

Ermittlung der bestehenden Kommunikationsstrukturen

Die bestehenden Kommunikationsstrukturen aller Leistungsbereiche (Pflege, sozialer Dienst, Hauswirtschaft, Küche, Haustechnik, Verwaltung) wurden mithilfe eines Fragebogens vorwiegend durch die Bereichsverantwortlichen schriftlich ermittelt und bewertet.

Neustrukturierung der Kommunikationsabläufe

Es erfolgte eine Festlegung darüber, wer mit wem in welchem Rhythmus, in welcher Weise und zu welchen Inhalten informiert wird. Die Moderation, Protokollführung, Zeiten und Entscheidungsbefugnisse der jeweiligen Besprechungstypen waren weitere Inhalte zur Gestaltung einer neuen Regelkommunikation:

- Die Weiterleitung von Informationen erfolgt zeitnah, je nach Thema mündlich und in jedem Fall per E-Mail oder als schriftliche Mitteilung in die jeweiligen Postfächer an der Pforte, die für alle Bereiche eingerichtet wurden.
- Alle Personen, die mit der gleichen Angelegenheit befasst sind, erhalten relevante Informationen zeitnah und zeitgleich.

- Mitarbeitende aller Leistungsbereiche werden über Besonderheiten im Hause schriftlich informiert z. B. ein Dienstbeginn einer neuen Kolleginnen oder eines neuen Kollegen, Veranstaltungstermine des Hauses, Stellenausschreibungen, Abwesenheiten der Leitung oder leitungsverantwortlichen Mitarbeitenden etc. Je nach Thema erfolgt die Weiterleitung der Informationen durch Aushänge an Infowänden in den jeweiligen Arbeitsbereichen bzw. Dienstzimmern, Anhängen zu Besprechungsprotokollen, schriftlichen Mitteilungen in die Postfächer, per E-Mail usw. Je nach Bedeutsamkeit eines Themas werden Mitarbeitende im Rahmen von Dienstübergaben, Teambesprechungen oder Mitarbeiterversammlungen persönlich über Sachverhalte informiert.
- Verschiedene Kalender geben Mitarbeitenden eine Übersicht über betriebliche Abläufe und Besonderheiten. Ein Kalender im Pfortenbereich ermöglicht eine langfristige Übersicht über die Abwesenheitszeiten der Einrichtungsleitung und Pflegedienstleitung sowie der Veranstaltungstermine des Hauses. In einem weiteren Kalender ist die Belegung der Einrichtungsräume durch externe Personen, Gruppen oder Mitarbeitende des Hauses vermerkt.
- Die Abwesenheit der Bereichsleitungen ist in einem gemeinsamen und für alle Mitarbeitenden einsehbaren Urlaubskalender vermerkt.
- Besprechungen werden schriftlich dokumentiert. Alle Teilnehmenden erhalten eine Kopie des Protokolls.
- Jeder Leistungsbereich verfügt über einen für das ganze Haus einheitlich gestalteten Informationsordner, in dem schriftliche Informationen systematisch abgelegt werden können.
- Die Dienstzimmer der drei Wohnbereiche wurden/werden neu und einheitlich geordnet. Dies beinhaltet außer den Informationsstrukturen weiterhin die räumliche Gestaltung und Ordnung in den Schränken und Ablagesystemen.
- Für eines der drei Pflegeteams erfolgte eine extern begleitete Supervision zur Konfliktprävention und zur Erarbeitung von Regeln für einen kollegialen Umgang im Team.

- Montagskaffee:

Beim Montagskaffee in der Zeit von 10.00 – ca. 10.20 Uhr starten die Leitung und die Bereichsleitungen gemeinsam in die neue Arbeitswoche. Gesprächsthemen ergeben sich nach Situation aus dem aktuellem Geschehen oder dem Privatbereich. Der Montagskaffee ist ein lockeres Zusammensein, eine Begegnungsmöglichkeit und Gelegenheit, außerhalb der Arbeitsabläufe ins Gespräch zu kommen. Die „Montagsrunde" wird weiterhin gerne für das Feiern eines Geburtstages oder eines besonderen Anlasses in der Bereichsleitungsrunde genutzt.

- Gratiskaffee für Mitarbeitende:

Mitarbeitende sind in der Cafeteria des Hauses zu einer Tasse Kaffee eingeladen. Das Angebot am Vor- und Nachmittag dient als Anreiz für eine kurze Unterbrechung der Arbeit und als Begegnungs- und Kontaktmöglichkeit mit Kolleginnen oder Kollegen aus allen Leistungsbereichen.

- Begrüßungs-und Abschiedskultur:

Im monatlichen Bereichsleitungsprotokoll erhalten Mitarbeitende eine schriftliche Information über den Zeitpunkt eines Dienstbeginns oder einer Beendigung eines Dienstverhältnisses.
Neue Mitarbeitende werden bei einem Rundgang durchs Haus Kolleginnen und Kollegen persönlich vorgestellt. Für Mitarbeitende, die die Einrichtung verlassen, wird die Möglichkeit einer offiziellen Abschiedsrunde/eines Abschiedskaffees in der Cafeteria angeboten, bei der/dem sich Kolleginnen und Kollegen und Leitungsmitarbeitende persönlich verabschieden können.

- Feste und Feiern:

Besondere Anlässe werden zum Anlass für Feiern genutzt, z. B. das erfolgreiche Prüfungsergebnis einer MDK-Begehung, der Abschluss einer Weiterbildung, das erste Betriebsjubiläum, die Verabschiedung einer Mitarbeiterin/ eines Mitarbeiters etc.
Für alle Mitarbeitenden werden außer der jährlichen Betriebsfeier weitere intern stattfindende Gemeinschaftsveranstaltungen angeboten z. B. ein Mitarbeiterfrühstück oder Gartenfest.

- Tür- und Angelgespräche:

Kurze „Tür – und Angelgespräche" sind erwünscht und zwischenzeitlich selbstverständlicher Bestandteil des Arbeitsalltags im Hause.

- Quartalsgespräche:

Ca. alle drei Monate finden mit den Wohnbereichsleitungen und der Pflegedienstleitung extern stattfindende Einzelgespräche statt. Ziel ist ein ungestörter Austausch über die Themen, die das Arbeitsfeld der Wohnbereichsleitung betreffen. Entwicklungen, Probleme und andere Themen werden in räumlicher Distanz zum Arbeitsplatz besprochen.

- Teilnahme an Dienstübergaben oder Teambesprechungen:

Gelegentliche Teilnahmen der Einrichtungsleitung an Besprechungen auf den Wohnbereichen bieten die Möglichkeit, Informationen zu geben oder zu erhalten und für Fragen persönlich zur Verfügung zu stehen.

- Gemeinsame Aktivitäten außerhalb der Dienstzeit:

Einrichtungsleitung und Mitglieder der „Montagsrunde" treffen sich bei Gelegenheit außerhalb der Arbeitszeit zu gemeinsamen Aktivitäten wie Kegelabenden, Pizzaessen, Besichtigungen anderer Einrichtungen, Weihnachtsmarktbesuche etc.

- Konflikt- und Krisengespräche:

Problematische Situationen im Team werden von den leitungsverantwortlichen Mitarbeitenden möglichst zeitnah angesprochen und unter Einbeziehung aller Beteiligten bearbeitet. Mitarbeitende werden immer wieder angehalten und ermutigt, Konflikte offen, zeitnah und konstruktiv anzugehen. Ergänzend hierzu werden gelegentlich geeignete Artikel zum Umgang mit Konflikten kopiert und beispielsweise als Anhang einem Bereichsleitungsprotokoll beigefügt oder als Kopie in die Postfächer verteilt.

- Dienstvereinbarung „Partnerschaftlicher Umgang am Arbeitsplatz – Mobbingprävention":

Eine Dienstvereinbarung mit der Mitarbeitervertretung beschreibt den erwünschten Umgang mit Konflikten am Arbeitsplatz. Alle Mitarbeitenden wurden in einer Mitarbeiterversammlung sowie schriftlich über die Ziele und Vorgehensweise im Konfliktfall informiert.

- Anlaufstelle zur Unterstützung bei Alltagskonflikten:

Eine interne Anlaufstelle zur Konfliktberatung und Konfliktprävention bietet Mitarbeitenden die Möglichkeit, im Konfliktfall oder zur Konfliktprävention Unterstützung zu erhalten.

Das Gesprächsangebot dient dazu, Problemsituationen im Kollegenkreis angemessen und konstruktiv aufzuarbeiten, „Hintenrumgerede" zu vermeiden und Konflikten präventiv entgegen zu wirken.

Zwei Mitarbeiterinnen des Hauses, die über eine hohe Akzeptanz in der Mitarbeiterschaft verfügen, wurden hierfür qualifiziert.

Mit ihrer fachlichen und persönlichen Kompetenz bieten sie ein ergänzendes und niederschwelliges Angebot zu den bestehenden Gesprächsangeboten der MAV, der AGG-Stelle und den leitungsverantwortlichen Mitarbeitenden.

- Wohnbereichsleitungsbesprechung:

Für die drei Wohnbereichsleitungen findet 14-tägig eine Wohnbereichsleitungsbesprechung mit der Pflegedienstleitung statt. Bei diesen Treffen werden u. a. auch die jeweils nächsten Schritte für eine Vereinheitlichung von

Kommunikationsstrukturen auf den Wohnbereichen gemeinsam abgesprochen. Die Vereinheitlichung der Diensträume beinhaltet u. a. die Ordnerablage, Infowände, Formularwesen, Materiallagerung. Eine vollständige Angleichung der Strukturen ist bis Ende 2012 vorgesehen.

• Klausur für Bereichsleitungen:

Im Januar 2012 fand erstmalig ein externer Klausurtag für die Bereichsleitungsrunde statt. Die Zusammenkunft erfolgte im angemieteten Dachgeschoss eines alten Bauernhauses. Das externe Treffen ermöglichte ein konzentriertes Arbeiten in angenehmer und anregender Umgebung und einen ungestörten Austausch. Der Klausurtag wirkte sich in positiver Weise auf das Gemeinschaftsgefühl in der Bereichsleitungsrunde aus. Zum Ende des Klausurtages wurden Wünsche und Vorstellungen für eine gute Zusammenarbeit formuliert und schriftlich festgehalten. Die niedergeschriebenen Stichworte und Sätze wurden in einem Bilderrahmen arrangiert, der gut sichtbar in der Einrichtung ausgehängt und damit im Alltag immer präsent ist.

Aufgrund der positiven Resonanz wird ein jährlicher Klausurtag zu Beginn eines neuen Jahres künftig fester Bestandteil der Jahresplanung sein:

Die Bereichsleitungen erhalten einen Einblick in die Zahlen/Daten/Fakten des zurückliegenden Jahres und werden über den aktuellen Stand sowie über die Planungen und Besonderheiten des laufenden Jahres informiert. Termine, Gemeinschaftsveranstaltungen im Hause und Jahresurlaube werden gemeinsam abgesprochen und in einem Kalender eingetragen.

Reflexion

In welchem Umfang wurden die Projektziele erreicht? Welche nicht?

Die Veränderung und kontinuierliche Weiterentwicklung der Kommunikationsstrukturen und die damit verbundenen Maßnahmen zeigen in vielfältiger Weise und unterschiedlicher Ausprägung eine positive Wirkung in den Organisationsabläufen und auf zwischenmenschlicher Ebene und bewirkten eine Steigerung der Qualität in allen Bereichen.

Praktikable, verbindliche und transparente Kommunikationsstrukturen schaffen

Bedarfsorientierte, transparente und verbindliche Kommunikationsformen trugen dazu bei, grundlegende Probleme im organisatorischen und zwischenmenschlichen Zusammenwirken zu beseitigen.

Die Regelkommunikation wurde den Anforderungen des Arbeitsalltages angepasst und stetig optimiert. Die Zuständigkeiten und Verantwortlichkeiten wurden kommuniziert und verbindlich festgelegt. Gelegentlich zeigt sich der Bedarf an erforderlichen Anpassungsmaßnahmen, die nach Möglichkeit zeitnah mit allen Beteiligten besprochen und umgesetzt werden.

Eine entspannte, offene und konstruktive Zusammenarbeit ermöglichen

Durch eine kontinuierliche Betrachtung und Reflexion bestehender Strukturen insbesondere durch Mitarbeitende mit Leitungsverantwortung werden Maßnahmen zur Optimierung zeitnah besprochen und umgesetzt. Konstruktive Kritik an bestehenden Strukturen ist erwünscht, Verbesserungsvorschläge werden auf Sachebene thematisiert. Im Vordergrund steht ein sachlicher und lösungsorientierter Austausch zur Beseitigung eines Problems.

Die konstruktive Klärung auf Sachebene schafft bei allen Beteiligten Vertrauen und trägt zu einer offenen, entspannten und konstruktiven Zusammenarbeit bei.

Von Angehörigen geschätzt werden Fallbesprechungen, an denen nach Möglichkeit alle Beteiligten am Lösungsprozess mitwirken. Angehörige erleben sich als Teil eines multiprofessionellen Teams. Lösungsmöglichkeiten werden gemeinsam diskutiert und vereinbart. Die Verbesserung der Kommunikationsstrukturen wird zwischenzeitlich als prozesshaftes Geschehen in der Einrichtung wahrgenommen.

Für Mitarbeitende mit Bereichsleitungsverantwortung besteht aktuell noch Bedarf an einer Abstimmung eines einheitlichen Kommunikationsverhaltens im Konfliktfall.

Zur Sicherstellung eines gemeinsamen Verständnisses und zur Erarbeitung konkreter Schritte ist hierzu eine extern begleitete Veranstaltung geplant.

Das Wohlbefinden am Arbeitsplatz steigern

Viele Mitarbeitende bringen immer wieder ihre Zufriedenheit, ihre Verbundenheit mit der Einrichtung und ihr Wohlbefinden zum Ausdruck: durch positive Rückmeldungen in persönlichen Gesprächen oder in schriftlicher Form, die freiwillige Übernahme von Sonderaufgaben im Hause, die hohe persönliche Bereitschaft zur Fort-und Weiterbildung, die Weiterempfehlung des eigenen Arbeitsplatzes an interessierte potentielle Mitarbeitende, die Teilnahme von Mitarbeitenden an Gemeinschaftsveranstaltungen.

Die Zusammenarbeit in den Teams wird von vielen Mitarbeitenden als positiv bewertet. Das persönliche Wohlbefinden erweiterte das gegenseitige Verständnis und die Akzeptanz insbesondere für Kolleginnen und Kollegen, bei deren Dienst- und Arbeitseinsatzplanung die aktuelle berufliche und persönliche Lebenslage berücksichtigt worden war. Hierzu zählen Mitarbeitende, die Kinder oder Eltern zu versorgen haben, ausländische Mitarbeitende mit sprachlichen Defiziten oder Mitarbeitende, die sich in einer schwierigen persönlichen Lebenslage befinden.

Auf der Steigerung des Wohlbefindens am Arbeitsplatz liegt weiterhin ein Hauptaugenmerk. Künftige Supervisionsangebote oder Fallbesprechungen für die Pflegeteams sollen eine strukturierte Möglichkeit bieten, Stellung zu beziehen, Kritik zu äußern und Lösungen für Problemlagen zu finden.

Mit einem Supervisionsangebot für die drei Wohnbereichsleitungen soll mittelfristig die Möglichkeit eines Austauschs und der Klärung von Problemlagen geschaffen werden, sodass auch das Wohlbefinden leitender Mitarbeitenden gezielt gefördert werden kann.

Trotz aller Verbesserungsmaßnahmen in den Kommunikationsstrukturen führt die enge Zusammenarbeit zwischen sehr unterschiedlichen Menschen im Arbeitsalltag immer wieder zu Problemen. Im Konfliktfall wird bei Mitarbeitenden immer wieder die eigene persönliche Bewertung von Konflikten deutlich. Die persönliche Prägung und das individuelle Konfliktverhalten führen im Einzelfall nach wie vor an die Grenzen des organisatorisch Machbaren. Die weitere Verbesserung der Kommunikation auf zwischenmenschlicher Ebene wird daher davon abhängen, inwieweit es jedem einzelnen Mitarbeitenden möglich ist, sich in diesem Bereich persönlich weiter zu entwickeln.

Die Arbeitszufriedenheit erhöhen

Die Anpassung der Kommunikationsstrukturen sicherte in allen Leistungsbereichen zeitliche Ressourcen, die zu einer Weiterentwicklung und Verbesserung von Organisationsstrukturen, Arbeitsabläufen und Teambildungsprozessen führten.

Insbesondere im Pflegebereich führte die Verbesserung der Arbeitsqualität zu einer Steigerung der Zufriedenheit der Mitarbeitenden. Vielschichtige Schnittstellenprobleme wurden reduziert. Die Arbeitszufriedenheit in allen Bereichen konnte gesteigert werden.

Der strukturierte und persönliche Austausch zwischen Leitung, Pflegedienstleitung und Mitarbeitenden ermöglicht eine Verbesserung in den Arbeitsabläufen insbesondere auf den Wohnbereichen: In Teamgesprächen oder im Rahmen von Dienstübergaben erhalten Mitarbeitende die Möglichkeit, Probleme anzusprechen, Kritik zu äußern, Verbesserungsvorschläge zu machen und Fragen zu stellen. Rückmeldungen und Problemanzeigen aus den Pflegeteams führten zur Implementierung von kurzen Zwischendiensten, die zur Entlastung insbesondere der Fachkräfte dienen. Zur Unterstützung der hauptamtlichen Mitarbeitenden während der Arbeitsspitzen wurden gezielt neue Mitarbeitende für kurze Dienste (2-3 Stunden) gesucht. Angesprochen wurden (und sind) Mitarbeitende, die Kinder oder Angehörige zu versorgen haben, oder Rentner(innen), die auf 400-Euro-Basis zur Rente hinzuverdienen möchten. Eine für diesen Dienst gewonnene Fachkraft kann sich aktuell vorstellen, nach der Familienphase mit größerem Stellenumfang in der Einrichtung zu arbeiten. Eine weitere Fachkraft war in der Überlegung, ihren externen Hauptarbeitsplatz aufzugeben, um in die Einrichtung zu wechseln.

Bei Mitarbeitenden, bei denen aus unterschiedlichen Gründen ein innerbetrieblicher Arbeitsplatzwechsel erfolgreich umgesetzt werden konnte, steigerte sich die Arbeitszufriedenheit in erheblichem Maße.

Die Rückkehr von Mitarbeitenden, die zuvor den Arbeitsplatz gekündigt hatten und nach einiger Zeit wieder in die Einrichtung zurückkehrten, hatte eine nachhaltige Wirkung. Viele Mitarbeitende nahmen die Neuanfänge in der Einrichtung und den offenen Umgang mit vergangenen Krisen bewusst und positiv wahr.

Ziel war es, Bewohnerinnen und Bewohnern, Mitarbeitenden, Angehörigen, externen Dienstleistern, Ehrenamtlichen und allen, die ins Haus kommen, eine freundliche, offene und konstruktive Atmosphäre im Hause bieten.

Von Mitarbeitenden, potentiellen Mitarbeitenden, Angehörigen, Bewohnerinnen und Bewohner, Interessentinnen und Interessenten, externen Dienstleistern, Bürgerinnen und Bürgern aus der Gemeinde und den Umlandgemeinden, Ehrenamtlichen, vernetzten Institutionen, Behörden und Vorgesetzten wurden die Veränderungen im Hause gleichermaßen wahrgenommen.

Vielfach bestätigt werden eine angenehme Atmosphäre im Hause, eine Verbesserung der organisatorischen Abläufe und Strukturen sowie eine gute Zusammenarbeit mit Kolleginnen und Kollegen.

Die Eindrücke wurden/werden weitergegeben in persönlichen Gesprächen, schriftlich, in Angehörigenabenden, Teambesprechungen, usw.

Rückmeldungen erfolgen weiterhin in Form von Dankesbriefen, durch Erwähnung des Hauses/des Wohnbereichs in Sterbeanzeigen, finanzielle Zuwendungen, ehrenamtlicher Unterstützung, Empfehlungen des Hauses durch Angehörige oder ehemalige Angehörige.

Im Projektverlauf gab es insbesondere von Bewohnerinnen und Bewohnern und deren Angehörigen zunehmend Lob und Anerkennung für die Arbeit im Hause und auf den Wohnbereichen.

Beschwerden minimieren:

Die Häufigkeit von Beschwerden nahm rapide ab und die Qualität der Beschwerden veränderte sich. Beschwerden werden offener und meist sachlich vorgebracht. Im Beschwerdeverfahren liegt der Schwerpunkt zwischenzeitlich darin, eine konstruktive Problemlösung anzustreben. Der Rückgang der Beschwerden wurde/wird insbesondere von Mitarbeitenden mit Bereichsverantwortung wahrgenommen, da diese meist Erstansprechpersonen sind.

Das Kommunikationsverhalten von Mitarbeitenden gegenüber Angehörigen und Externen wurde deutlich professioneller. Zwischenzeitlich werden hausinterne Angelegenheiten oder Probleme mit mehr Diskretion behandelt. Sofern Beschwerden oder interne Angelegenheiten von Mitarbeitenden nach außen getragen werden und dies bekannt wird, wird dies umgehend thematisiert. In diesem Zusammenhang wurde für alle Mitarbeitenden ein Informationsschreiben zum Thema „Schweigepflicht" erstellt. Bei Neueinstellungen ist das Informationsschreiben ergänzender Bestandteil des Dienstvertrages.

Mitarbeitende, Bewohnerinnen und Bewohner und alle, die ins Haus kommen, werden immer wieder persönlich und auch schriftlich dazu ermutigt, Beschwerden zu äußern. Beschwerden werden von allen Mitarbeitenden schriftlich erfasst, weitergeleitet und möglichst zeitnah bearbeitet. Je nach Beschwerde werden auch Angehörige oder andere beteiligte Personen persönlich oder telefonisch über den Sachverhalt informiert und über den weiteren Verlauf in Kenntnis gesetzt. Bei unklarem Sachverhalt erfolgt eine Kontaktaufnahme mit Angehörigen oder dem/der Beschwerdeführer/in durch die Einrichtungsleitung oder ggf. der jeweiligen Bereichsleitung, um missverständlichen Situation oder Interpretationen präventiv entgegen zu wirken.

Eine positive Innen- und Außenwirkung erzielen – am guten Ruf des Hauses arbeiten:

Die Einrichtung hat zwischenzeitlich einen guten Ruf in der Öffentlichkeit. Viele Bürgerinnen und Bürger erleben die Einrichtung als Teil der Gemeinde und fühlen sich mit ihr verbunden. Dies zeigt sich in Form von ehrenamtlicher Mitarbeit, der finanziellen und persönlichen Unterstützung des Fördervereins, der Teilnahme an Veranstaltungen im Hause, zu denen auch Externe eingeladen sind. Bürgerinnen und Bürger aus der Gemeinde bemerkten im persönlichen Gespräch immer wieder eine positive Wahrnehmung der Einrichtung. Beim Frühstück mit den ehrenamtlichen Mitarbeitenden zum Jahresbeginn wurden die positive Entwicklung der Einrichtung, das Wohlbefinden und die als angenehm empfundene Atmosphäre im Hause wiederholt bestätigt. Die meisten Mitarbeitenden, Angehörigen und Ehrenamtlichen leben im Ort oder in den Umlandgemeinden, tragen ihre positiven

Wahrnehmungen nach außen und bestätigen wiederum eine positive Veränderung in der öffentlichen Wahrnehmung. Vergleichbare Rückmeldungen erfolgten durch Schulen, Behörden, Institutionen und vernetzte Einrichtungen. Durch eine offensive Kommunikation und durch Transparenz konnten mit verschiedenen Institutionen neue Kontakte geknüpft werden. Dadurch konnten bestehende Vorurteile abgebaut, Arbeitsbeziehungen neu gestaltet und eine konstruktive Zusammenarbeit aufgebaut werden. Durch die Veröffentlichung von Artikeln in den Gemeindeblättern des Umlandes und anderen Medien wurde eine positive Öffentlichkeitsarbeit betrieben. Veröffentlicht wurden Mitteilungen über Veranstaltungen, erfolgreich abgeschlossene Weiterbildungen von Mitarbeitenden, gute Bewertungen durch Prüfbehörden etc.

Die Einrichtung für potentielle Mitarbeitende attraktiv machen:

Zwischenzeitlich finden interessierte potentielle Mitarbeitende auch wieder durch Initiativbewerbungen den Weg in die Einrichtung. Durch die offensichtliche Verbesserung der innerbetrieblichen Strukturen und des Betriebsklimas konnten Mitarbeitende, welche zuvor aufgrund ihrer Unzufriedenheit die Einrichtung verlassen hatten, erneut für den Betrieb gewonnen werden. Im Hause wurde diese Rückkehr positiv und als Ausdruck einer „lernenden und sich entwickelnden Organisation" wahrgenommen. Weiterhin war es durch die Neuanfänge möglich, dem kirchlichen Profil der Einrichtung Konturen zu verleihen und ein christliches Grundverständnis erlebbar zu machen.

Auf Initiative eigener Mitarbeitenden wurden weitere neue Mitarbeitende für die Einrichtung gewonnen. Anzeigengebühren konnten somit reduziert werden. Der Gesamtaufwand für ein Bewerbungsverfahren verringerte sich für diese Mitarbeitenden auf ein Minimum. Die aktuelle Ausschreibung von Stellen erfolgt seit geraumer Zeit zunächst intern. Alle Mitarbeitende erhalten schriftliche Informationen über freie Stellen, haben die Möglichkeit, im persönlichen Umfeld zu werben und erhalten bei erfolgreicher Vermittlung eine Prämie. Bemerkenswert in diesem Zusammenhang ist das gute Gespür und die meist zutreffende Einschätzung der Mitarbeitenden, welcher neue Mitarbeiter/welche neue Mitarbeiterin ins Team und ins Haus passen könnte.

Die Belegung sichern:

Die positive Innen- und Außenwirkung der Einrichtung trägt zur guten Positionierung auf dem Markt und zur stabilen Auslastung bei. Die Empfehlungen von Angehörigen, Mitarbeitenden und anderen Personen, die ins Haus kommen, wirken sich förderlich auf eine gute Belegung aus und nehmen zudem positiven Einfluss auf die Gewinnung neuer Mitarbeitenden, Ehrenamtlicher oder Fördervereinsmitglieder.

Den Krankenstand senken:

Die persönliche Belastung von Mitarbeitenden durch fehlende, mangelnde oder falsche Informationen, durch Beschwerden aller Art, „Hintenrumgerede", eine angespannte Atmosphäre und allgemeine Unzufriedenheit wurde deutlich verringert. Dies ermöglicht eine verstärkte Konzentration auf den eigentlichen Arbeitsbereich und auf konstruktive Struktur- und Teambildungsprozesse. Die Zusammenarbeit im Kollegenteam verbesserte sich. Die verbesserte Zusammenarbeit zwischen Mitarbeitenden des Pflegeteams bewirkte eine Reduzierung von orthopädischen Erkrankungen. Mitarbeitende helfen sich gegenseitig deutlich häufiger bei körperlich belastenden Arbeiten wie einem Bewohnertransfer oder einer Lagerung im Bett. Der zuvor hohe Krankenstand innerhalb des Pflegeteams verringerte sich und ermöglicht eine größere Verbindlichkeit der Dienstpläne. Es wird immer wieder gelacht am Arbeitsplatz, was sich auf das allgemeine Wohlbefinden aller auswirkt. Für Mitarbeitende mit gesundheitlichen Einschränkungen konnten teilweise individuelle Lösungen gefunden werden, die eine Weiterbeschäftigung in anderen Arbeitsbereichen der Einrichtung möglich machen.

Das betriebswirtschaftliche Ergebnis verbessern:

Eine kontinuierlich gute Belegung, die Verringerung der Mitarbeiterfluktuation, der Reduzierung der krankheitsbedingten Fehltage sowie die finanzielle Unterstützung durch Spenden verbesserte das betriebswirtschaftliche Jahresergebnis bis dato.

Die Mitarbeitenden aktiv in den Verbesserungsprozess mit einbeziehen:

Viele Mitarbeitende brachten/bringen sich immer wieder mit Ideen ein und wirkten an der Gestaltung von Verbesserungsmaßnahmen mit. Mitarbeitende werden in bestimmten Problem- und Lösungsprozessen aktiv mit eingebunden und nach ihrer Meinung befragt. Dies erfolgt im Rahmen von Dienstübergaben, Team-, Wohnbereichsleitungs- und Bereichsleitungsbesprechungen, über schriftliche Rückmeldungs- und Vorschlagsmöglichkeiten oder persönlichen Austausch.

Mitarbeitende verfügen meist über ein großes Praxiswissen. Sie können Informationen darüber geben, welche Kommunikationsformen sinnvoll, praktikabel und ausreichend sind.

Künftiges Ziel ist es, Verbesserungsvorschläge – auch in Bezug zu Kommunikationsstrukturen – in ein „Vorschlagswesen" einzubinden, um strukturelle Voraussetzungen dafür zu schaffen, dass auch alle Vorschläge Gehör finden. Inwieweit und in welcher Qualität Vorschläge aufgegriffen und ggf. umgesetzt werden, ist derzeit noch stark personenabhängig. Für die

Bereichsleitungsrunde sind daher mittelfristig ein thematischer Austausch und eine Festlegung der Vorgehensweise zum Thema „Vorschlagswesen" geplant.

Was waren Stolpersteine, Umwege und Fallen?
Welche Sprungbretter konnten wir nutzen?

Der Aufbau neuer Kommunikationsstrukturen wurde zu Beginn erschwert durch unrealistische Erwartungen und das persönliche negative Kommunikationsverhalten bei einigen Mitarbeitenden. „Hintenrumgerede" oder Verweigerung führten zu einem verstärkten Energie- und Zeitaufwand mit der Folge, dass Entwicklungsprozesse teilweise erst nach personellen Veränderungen in Gang kamen.

Der kontinuierliche, offene und konstruktive Austausch zwischen Einrichtungsleitung und Pflegedienstleitung wirkte sich positiv auf die Sicherung des Informationsflusses aus. Für Mitarbeitende bietet dies nach wie vor eine (Werte-)Orientierung, die mit Verlässlichkeit und Sicherheit verbunden ist.

Die neuen Kommunikationsstrukturen förderten eine konstruktive Zusammenarbeit zwischen Einrichtungsleitung und der Mitarbeitervertretung (MAV). Der Abschluss einer Dienstvereinbarung zur Verbesserung der Zusammenarbeit am Arbeitsplatz oder die Einrichtung des Konfliktberatungsangebotes wurden im Projektverlauf aktiv von der MAV unterstützt.

Als hilfreich und tragfähig erwies sich ein persönliches berufliches Netzwerk der Einrichtungsleitung. Durch den kollegialen Austausch bestand jederzeit die Möglichkeit für Anregungen und zur persönlichen Reflexion.

Der Lernerfolg für Mitarbeiter/-innen und Organisation im Zusammenhang mit dem Projekt – Empfehlungen für „Nachahmer"

Der positive Verlauf und die Ergebnisse zeigen, in welcher Weise sich strukturierte und transparente Kommunikationsabläufe auf den Informationsfluss, die Zusammenarbeit und die Arbeitsergebnisse auswirken können. Es liegt im Verantwortungsbereich der Leitung, Informationswege festzulegen, Zugang zu wichtigen Informationsquellen zu sichern und für einen regelmäßigen Informationsaustausch zu sorgen. Die aktive Miteinbeziehung der Mitarbeitenden ist elementarer Bestandteil für eine erfolgreiche Umsetzung. Mitarbeitende sind Fachleute in ihrem Arbeitsgebiet und i.d.R. bereit, sich mit ihrem Fachwissen, ihren Ideen und Verbesserungsvorschlägen einzubringen. Einen maßgeblichen Anteil bei der Ausdifferenzierung von Strukturen tragen insbesondere Bereichsleitungen bei, da diese ihren Verantwortungsbereich weitgehend eigenständig organisieren und als Multiplikatoren in der Einrichtung wirken. Schulungsangebote zum Thema

Kommunikation sind für Bereichsleitungen daher in besonderem Maße notwendig. Kommunikation beinhaltet mehr als nur die Übermittlung von Mitteilungen und Informationen. Kommunikationsstrukturen sind vielschichtig und es gibt bei aller formalen Regelung Störfaktoren, die dazu führen können, dass Informationen verfälscht oder gar nicht ankommen. Mitarbeitende betten Informationen in ihre eigene Gefühls-und Erfahrungswelt ein. Sachinhalten wird durch subjektive Erfahrungen, Assoziationen, eigenen Absichten und Fragen eine eigene Bedeutung gegeben.

Die Art und Weise des Kommunikationsverhaltens, der zwischenmenschlichen Begegnung und des persönlichen Austauschs sind daher von großer Bedeutung.

Förderlich hierfür ist ein offener und wertschätzender Umgang im Team, in der Mitarbeiterschaft und mit Vorgesetzten sowie ein zeitnahes Aufgreifen und Bearbeiten von problematischen Themen. Des Weiteren kann ein gelegentlicher Perspektivenwechsel hilfreich sein, „vom anderen her" zu kommunizieren und die Wirkung aus der Sicht des Gegenübers in Erfahrung zu bringen.

Die Gestaltung von Kommunikationsstrukturen ist ein kontinuierlicher Prozess auf unterschiedlichen Ebenen. Es ist daher erforderlich, Abläufe, Strukturen und Verhaltensweisen immer wieder neu zu betrachten und den Bedarfen gegebenenfalls anzupassen.

Der Aufwand für die Gestaltung von angemessenen Kommunikationsstrukturen ist vergleichsweise gering. Viele Maßnahmen zur Verbesserung können in bestehende Strukturen integriert und zeitnah umgesetzt werden.

Allen organisatorischen Bestrebungen und Strukturen sind jedoch Grenzen gesetzt. Voraussetzung für eine gelingende Kommunikation ist die persönliche Bereitschaft jedes Einzelnen, einen eigenen Beitrag dazu zu leisten.

Optimierung von Dienstzeiten am Beispiel eines Altenpflegeheims

Michael Hartwich

Beschreibung Projekt

Ausgangssituation und Handlungsbedarf/Motivation für das Projekt

Fehlzeiten sind bei Mitarbeitern in Pflegeberufen im Vergleich zu anderen Branchen deutlich höher. Unterschiedliche Dienstzeiten, Wechselschichten, Dienstfolgen von oft mehr als 10–12 Tagen in Folge etc. führen zu einer großen Mehrbelastung der Mitarbeiter/-innen.

Einen bedeutenden Beitrag zur Reduzierung der Belastung und zur Steigerung der Arbeitszufriedenheit der Mitarbeiter in der Altenpflege kann ein attraktives und flexibles Arbeitszeitmodell liefern. Hinzu kommt, dass die Arbeitszeit ein sensibles Thema ist, bei dem Emotionen sehr schnell aufkochen können. Es betrifft die Mitarbeiterinteressen ganz unmittelbar und es betrifft gleichermaßen auch die Betriebsinteressen sehr direkt.

Eine hohe Fehlzeitenquote, unzufriedene Mitarbeiter/-innen in Bezug auf ihre Belastung und die Häufigkeit von ungeplanten Einsätzen gab den Ausschlag, die Dienstzeiten im Bereich der Pflege im Altenpflegeheim genauer zu analysieren.

Im Altenpflegeheim ist derzeit folgende Situation anzutreffen:

• Jeder Wohnbereich hat seinen eigenen Dienstplan pro Monat.
• Die Dienstplanung erfolgt mittels EDV-Programm.
• Erfasst sind alle Mitarbeiter/-innen des Wohnbereiches mit Beschäftigungsumfang, Qualifikation, Stunden-Soll, Stunden-Ist, Urlaubsanspruch und den Fehlzeiten wie Krankheit, Fortbildungen etc.
• Derzeit existieren über 300 unterschiedliche Dienstzeiten im gesamten Altenpflegeheim (angelegt sind über 600 unterschiedliche Dienstzeiten im System).
• Teilweise sind die Dienste sogar personenbezogen angelegt worden.

Aus dieser Situation heraus benötigt die Wohnbereichsleitung mindestens zwei volle Arbeitstage, um einen Dienstplan für einen Monat zu erstellen. Dies liegt u. a. an der Vielzahl der unterschiedlichen Dienstarten oder daran, dass sich die täglichen Dienstzeiten oder Tätigkeiten am Stunden-Soll eines einzelnen Mitarbeiters orientieren.

Um die Dienstsituation genauer zu untersuchen, wurde für das Projekt ein einzelner Wohnbereich ausgewählt und genauer analysiert. Das Ergebnis:

- Pro Tag bestehen 11 unterschiedliche Dienstzeiten im Tagdienst der Pflege, aufgeteilt in mehrere Früh- und Spätdienste.
- Der Nachtdienst ist nicht von Relevanz, da im Altenpflegeheim Dauernachtwachen zum Einsatz kommen.
- Insgesamt hat der Wohnbereich 16 Mitarbeiter/-innen und 3 Altenpflegeschüler/-innen.
- Dies entspricht 10,37 VK Pflegekräfte und 0,6 VK Altenpflegeschüler.

Fazit: 11 unterschiedliche Dienstzeiten pro Tag, d. h. ca. 334 Dienste pro Monat müssen auf maximal 19 Personen verteilt werden.

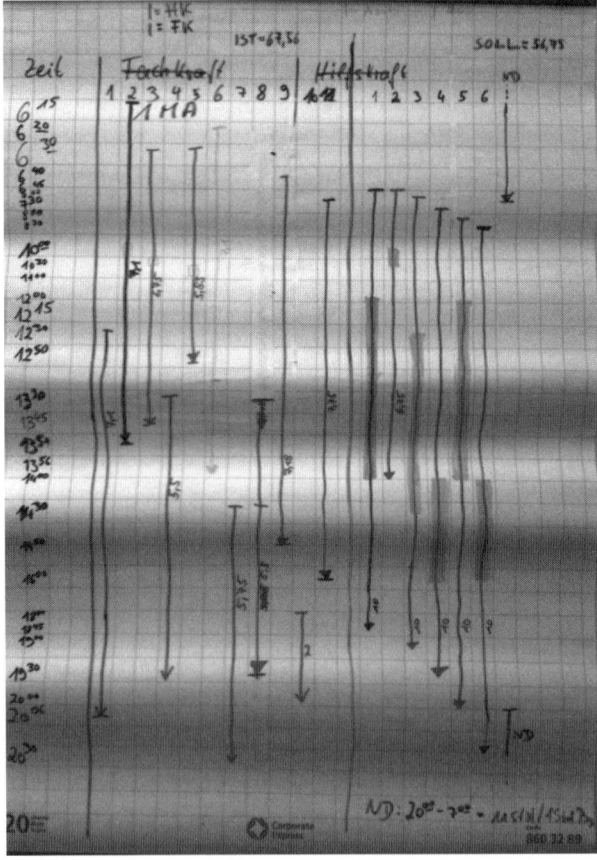

Abb.: Flipchart der Analyse der Dienstzeiten auf dem Wohnbereich

Die daraus resultierenden Folgen sind eine große Unübersichtlichkeit des Dienstplanes und ein enormer Zeitaufwand für Dienstplanung seitens der Wohnbereichsleitung.

- Für Außenstehende ist ein so komplexer Dienstplan nicht nachvollzieh- und lesbar (z. B. durch die Heimaufsicht).
- Die unterschiedlichen Dienstbezeichnungen beinhalten gleichzeitig auch noch unterschiedliche Aufgaben im Dienst.
- Pro Tag gibt es jeweils ca. 10 unterschiedliche Zeiten des Dienstbeginns und des Dienstendes, d. h. es herrscht ein ständiges Kommen und Gehen durch Mitarbeiter/-innen in der Pflege.
- Die Dienste wurden zum großen Teil nach entstandenen Problemen neu besetzt, z. B. weil 2 Stunden pro Tag fehlten, wurde auch nur eine Kraft für 2 Stunden pro Tag eingestellt. Die dadurch entstandenen zum Teil sehr kurzen Dienste, führen zu einem enormen Zeitdruck und Unzufriedenheit der Mitarbeiter/-innen, da dauernd das Gefühl aufgekommen ist, dass die gesamte Pflegeleistung innerhalb auch einer sehr kurzen Zeitspanne ge- leistet werden muss.
- Das Bezugspflegesystem ist aufgrund der ständigen Mitarbeiterwechsel schwer umzusetzen. Eine Kontinuität für den Bewohner fehlt. Es herrscht ein erhöhter Kommunikationsbedarf zwischen den Mitarbeiter/-innen, da ein täglicher, häufiger Wechsel stattfindet.
- Die am Beschäftigungsumfang angepassten Dienstzeiten führen zu vielen Diensten und wenig Freizeit der Mitarbeiter/-innen.
- Sowohl geplante Ausfallzeiten als auch ungeplante Fehlzeiten (z. B. Krankheit von Mitarbeiter/-innen) sind schwer zu kompensieren.

Ziel(e) des Projekts

Exkurs: Konzept des 10-Stunden-Arbeitstages in der Pflege

- Die Dienste umfassen 12 Stunden pro Tag inklusive 2 Stunden Pause.
- Um eine optimale Dienstabdeckung zu gewährleisten, werden in einem Wohnbereich pro Tag (Tagdienst) 5 Dienste à 10 Stunden und 1 Dienst à ca. 7 Stunden benötigt.
- Es bestehen maximal 6 unterschiedliche Zeiten des Dienstbeginns und des Dienstendes.
- Die Mitarbeiter/-innen sind den ganzen Tag durchgehend anwesend.
- Pausenzeiten werden fest eingeplant und können konsequent eingehalten werden.
- Der Urlaubsanspruch und die Planung orientieren sich weiterhin an der 5-Tage-Woche.

Folgende Punkte wurden als Ziele für ein erfolgreiches Projekt angestrebt:

- Als eines der wichtigsten Ziele wird die Kontinuität innerhalb der Pflege und die Betreuung der Bewohner/-innen angestrebt. Dabei soll die Umsetzung des Bezugspflegesystems im Mittelpunkt stehen.
- Erhöhung der Mitarbeiter-Zufriedenheit,
- Umsetzung des Qualitätsmanagements,
- mehr Flexibilität innerhalb der Schichten, der Pflege und in der Planung,
- verlässlichere Zeiten und Einsätze für die Mitarbeitenden,
- mehr Freizeit – mindestens zwei Wochenenden frei und damit auch weniger Anwesenheitstage,
- einheitliche Dienstzeiten unabhängig von Beschäftigungsumfang,
- bessere und weniger zeitintensive Dienstplanung,
- höhere Dienstplansicherheit,
- mehr Zeit der Mentoren für Auszubildende,
- mehr Zeit für Einarbeitung neuer Mitarbeiter/-innen.

Daneben fließen folgende weitere Überlegungen mit ein:

- Familienfreundlichkeit
- Arbeitsablauforganisation
- Gestaltung der Pausen und Pausenzeiten
- Rufbereitschaft bei Ausfällen
- Feiertagskalender
- verlässliche Urlaubsplanung

Eine Veränderung der derzeitigen Arbeitszeiten wird als Chance gesehen für:

- eine höhere Mitarbeiterzufriedenheit
- eine bessere Mitarbeitergewinnung
- eine gezieltere Mitarbeiterförderung
- Optimierung des Knowledge Management (Wissenstransfer)
- Optimierung der Pflegeprozesse
- Steigerung der Kunden-/ Bewohnerzufriedenheit
- Reduktion der Fluktuation im Tagesgeschehen
- Reduzierung der Ausfallzeiten um bis zu 80 Prozent

Im Projektverlauf bearbeitete Inhalte, gesetzte Strukturen, durchgeführte Maßnahmen, erreichte Meilensteine/Zwischenergebnisse

Rahmenbedingungen:

- Einsetzung einer Arbeitsgruppe zur intensiven und aktuellen Begleitung des Projekts. Die Arbeitsgruppe bestand aus der Wohnbereichsleitung, Vertretern der Mitarbeiter des Wohnbereichs, je einem Mitarbeitervertreter aus den anderen Wohnbereichen, der Pflegedienstleitung, der Heimleitung und der Mitarbeitervertretung (MAV).
- Genaue Dienstplananalyse,
- Erstellung eines Rahmendienstplan und Probedienstplan über die drei Monate der Probephase,
- Vorstellung der Ergebnisse gegenüber den Mitarbeiter/-innen innerhalb der Teamsitzungen,
- Prüfung der Vorbehalte der Mitarbeiter und Erarbeitung von Alternativen.
- Keine Einführung gegen die Mitarbeiter/-innen. Es bestand jederzeit die Möglichkeit, dass das Projekt gelingt oder scheitert.

Ergebnis

- Bei der Betrachtung und Analyse des Ist-Zustandes wurde festgestellt, dass die jetzige Situation für Bewohner/-innen, Mitarbeiter/-innen und die Einrichtung insgesamt nicht weiter fortgeführt werden kann.
- Die Veränderungen der letzten Jahre in der Altenpflege können ohne Anpassung der Strukturen und Arbeitszeiten nicht adäquat umgesetzt werden. Folgen für Bewohner/-innen, Mitarbeiter/-innen und Einrichtung können ansonsten nicht ausgeglichen werden.
- Die Strukturänderungen der Altenpflege im Gesamten müssen zu Veränderungen der Strukturen in der Einrichtung führen.

Weiteres Vorgehen

- Vorstellung des Modells allen Mitarbeiter/-innen im Jan./ Feb. 2011
- Planung: ab 01.04.2011 Erprobung der Dienstzeiten im Test-Wohnbereich
- vor Beginn der Probephase erfolgt Zusammenarbeit und Abstimmung des Modells mit Mitarbeiter/-innen des Test-Wohnbereichs
- nach dreimonatiger Probephase: Reflexion und Resümee mit den Mitarbeiter/-innen des Wohnbereichs
- Planung der Umsetzung im Haupthaus und Start einer Probephase
- nach Erprobung und Reflexion evtl. Umstellung in der gesamten Einrichtung zum Januar 2012

Beispiel einer Muster-Dienstplanung im 10 Std.-Modell

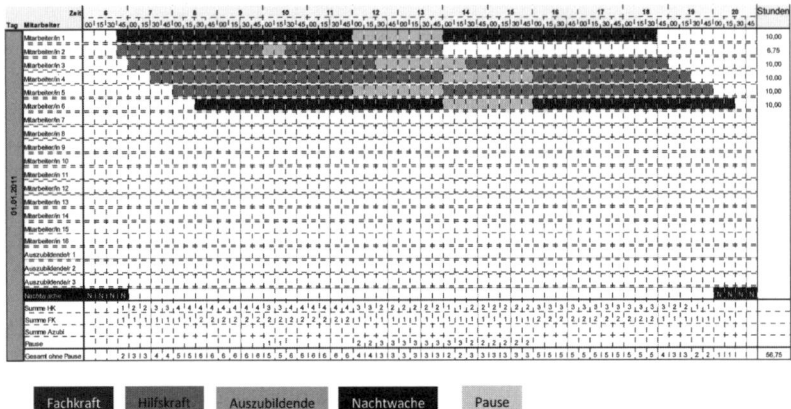

Im Rahmen der Optimierung der Dienstzeiten ergaben sich u. a. folgende Vorteile:

- Durch eine gute Schichtbesetzung musste bei Mitarbeiterausfall nicht zwangsläufig umgeplant werden, da eine immer noch ausreichende Schichtbesetzung gewährleistet war.
- Die ständige Anwesenheit einer Pflegefachperson konnte einfacher gewährleistet werden.
- Dienstübergaben verkürzten sich, da die Mitarbeiter den ganzen Tag über anwesend sind.
- Die Fahrtkosten der Mitarbeiter/-innen müssten sich durch die geringere Anzahl an Arbeitstagen von und zur Arbeitsstätte reduzieren.
- Es entsteht ein zusätzlicher Zeitrahmen für Fort- und Weiterbildungen, ohne dass Pflegekräfte in der direkten Pflege fehlen.
- Ein mögliches Einspringen ist weniger belastend, da genug Zeit für Erholungsphasen vorhanden ist.
- Die Pausenzeiten sind ausreichend lang, um die Belastung des Zehn-Stunden-Schicht zu kompensieren.
- Es gibt längere Erholungsphasen durch mehr zusammenhängende freie Tage.
- Die Arbeitsbelastung sinkt, weil mehr Pflegekräfte in der direkten Pflege während der Schicht tätig sind und dadurch mehr Zeit für die Bewohner zur Verfügung steht.
- Eine gleiche Besetzung der Schichten in der Woche und am Wochenende ist gewährleistet. Es entsteht eine gleichmäßige Arbeitsbelastung.
- Es gibt eine kontinuierlichere Betreuung der Bewohner.
- Der Bewohner hat eine feste Bezugsperson während des gesamten Tages.

- Eine aktivierende Pflege ist besser möglich.
- Die Pflege erfährt nicht so viele Versorgungs- und Informationsbrüche wie im Sieben- oder Achtstundentag.
- Eine ganzheitliche Pflege (Bezugspflege) kann besser verwirklicht werden.

In welchen Handlungsfeldern altersgerechter Personalentwicklung werden/ wurden durch das Projekt in der Einrichtung/dem Dienst wichtige Impulse gesetzt? (Personalmarketing, Arbeits(zeit)organisation, Gesundheitsmanagement, Diversity Management, Kultur des Lernens)

In Einrichtungen der stationären Altenhilfe spielen neben der großen körperlichen Belastung, die teilweise knappe personelle Besetzung (Fachkräftemangel), die Arbeitsverteilung mit auffälligen Arbeitsspitzen und eine starke Ausprägung des Bezugspflegekonzeptes eine wesentliche Rolle bei der Neugestaltung von Arbeitsabläufen und der Entwicklung angepasster Arbeitszeitmodelle. Durch die neue Schichtform wird auch die Arbeitszeitorganisation bzw. Arbeitszeitgestaltung als Chance gesehen.

Das neue Dienstplanmodell wird als Abhebung von anderen Altenpflegeheimen aktiv beworben. Das heißt, es wird gezielt darauf hingewiesen, dass 2–3 sehr unterschiedliche Dienstplanmodelle für den Mitarbeiter/in zur Auswahl stehen: Das klassische 2-Schicht-Modell, das 10-Stunden-Schichtmodell und die Dauernachtwache. Erste Rückmeldungen von Bewerber/-innen haben gezeigt, dass sie sich gerade aufgrund dieser Flexibilität und vor allem aufgrund des 10- Stunden-Schichtmodells für unser Altenpflegeheim entschieden haben.

Nachdem lange Zeit verstärkt auch um erfahrene „ältere" Arbeitnehmer geworben wurde, wird nun zusätzlich auch der Fokus auf die Generation unter 30 gerichtet. Es wird aktiv nach neuen Wegen gesucht, junge Menschen unter 30 für die Ausbildung zur Pflegefachkraft zu begeistern, aber auch junge Frauen, welche nach der Familienphase wieder den Einstieg in ihren Beruf suchen, sowie alleinerziehende Mütter.

Der bisher sehr gleichbleibende Arbeitszeitbedarf pro Tag hat die Mitarbeiter zum Teil vor große Probleme bezüglich ihrer gesamten Tagesorganisation gestellt. Zum einen muss ein großes tägliches Pensum an Arbeit erledigt werden und im privaten Umfeld muss die Familie und Freizeit entsprechend darum organisiert werden. Aber auch die Einrichtung steht vor großen Problemen, wenn es zu längeren Ausfallzeiten kam. Die sehr individuelle Schichtgestaltung gab keinen Spielraum für Ausfälle jeglicher Art. Durch die Schichtform haben die Mitarbeiter nun die Möglichkeit, mit weniger Diensten mehr zu leisten und dies auch unter entspannteren (Rahmen-)Bedingungen. Die Leitungskräfte können besser auf Ausfallzeiten reagieren, da über den Tag sowieso eine gleichbleibende anwesende Mitarbeiterzahl vorhanden ist.

Wer länger bei der Arbeit ist, wird auch stärker beansprucht. Auch wenn nun die Arbeitssituation sich entspannt, muss im Rahmen des Gesundheitsmanagements darauf geachtet werden, dass die Mitarbeiter auch in der Zukunft den stetig steigenden Anforderungen gerecht werden. Hierzu werden neue Formen im Bereich des Gesundheitsmanagements noch gesucht.

Kontakte, Rückmeldungen, Vernetzungen und Abhängigkeiten innerhalb und außerhalb der Organisation

Von Anfang an wurde zu allen wesentlichen Beteiligten innerhalb des Projekts intensiv Kontakt gehalten und immer zeitnah informiert. Als Stakeholder wurden folgende Personengruppen identifiziert:

- Ordensschwestern
- Mitarbeiter/-innen der Pflege
- MAV
- Bewohner

Das Projekt wurde von der Heimleitung, Pflegedienstleitung und vom Leiter des Personals initiiert. Nachdem die erste Analyse erfolgte, wurden der Träger des Altenpflegeheims, der Verwaltungsdirektor und die Mitarbeitervertretung umfassend informiert. In einem ersten Schritt sollte auch das Projekt nicht sofort im ganzen Altenpflegeheim umgesetzt werden, sondern erst in einer Projektphase von drei Monaten auf einem Wohnbereich erprobt werden. Nach dieser Information wurden auch alle Mitarbeiter des entsprechenden Wohnbereichs umfassend informiert.

Damit der Informationsfluss zu jeder Zeit gewährleistet wurde, wurde neben den regelmäßigen Teamsitzungen auch ein Arbeitskreis ins Leben gerufen, welcher alle Beteiligten des Projekts informiert. Dieser Arbeitskreis setzte sich aus folgenden Personen zusammen:

- Vertretung der Mitarbeiter/-innen des Wohnbereichs
- Wohnbereichsleitung
- Pflegedienstleitung
- Heimleitung
- Vertreter der Mitarbeitervertretung
- je ein Mitarbeiter/in aus den übrigen Wohnbereichen

Der Arbeitskreis hat sich 14-tägig getroffen und wurde über die neuesten Entwicklungen informiert.

Das gesamte Team hat sich regelmäßig zu seinen Teamsitzungen getroffen. Ein fester Tagesordnungspunkt war das neue Schichtmodell. Jede/r Mitarbeiter/in hatte hier die Gelegenheit sich zu äußern, Fragen zu stellen und Anregungen zu geben.

Zu der Teamsitzung wurde während der Testphase auch zweimal die Pflegedienstleitung, Heimleitung und der Personalleiter eingeladen, um allfällige Fragen zu beantworten oder neue Informationen mitzuteilen.

Zum Ende der Projektphase wurden als Erstes in einer Teamsitzung des Wohnbereichs alle Mitarbeiter/-innen gehört und entschieden, ob das Projekt ein Erfolg war oder eben auch nicht. Die Entscheidung fiel mit über 90 Prozent eindeutig für das neue Dienstsystem.

Danach wurden diese Information und der Projektverlauf und die Erkenntnisse daraus dem Träger (Provinzleitung), dem Verwaltungsdirektor und der Mitarbeitervertretung mitgeteilt.

Die gesamte Probephase begleitete Stefan Schöbel, Diplom-Pflegewirt (FH) und Autor des Buches „Der 10-Stunden-Arbeitstag in der Altenpflege". Er nahm an den Arbeitsschichten der Mitarbeiter beobachtend teil, gab Hilfestellungen, beantwortete in Einzelgesprächen Fragen der Mitarbeiter sowie der Angehörigen und wurde so ein fester Bestandteil des Projekts. Herr Schöbel, der selbst in seiner Einrichtung „Pflegehaus am Schloss" in Wellendingen den 10-Stunden-Tag in der Altenpflege erfolgreich umsetzt, nahm aktiv an den Teamsitzungen sowie an der Abschlusspräsentation zum Projekt teil. Untermauert wurden die gewonnenen, subjektiven Erkenntnisse aller Projektbeteiligten durch eine anonyme Mitarbeiterbefragung.

Nur falls sinnvoll und adäquat beschreibbar: Rolle der Dimension „Gender Mainstreaming" als Querschnittsthema.

Reflexion

Aus heutiger Sicht kann das Projekt als erfolgreich bezeichnet werden. Entgegen den ersten Befürchtungen und entgegen ersten Annahmen wurden folgende Punkte verbessert:

- bessere Vereinbarkeit von Familie und Beruf
- weniger Belastung für ältere Mitarbeiter/-innen
- Entlastung in der Pflege durch Umstellung bzw. Anpassungen der Pflege
- eine größere Ausgeglichenheit der (dementen) Bewohner/-innen wurde sowohl von den Mitarbeiter/-innen als auch von den Angehörigen der Bewohner/-innen festgestellt
- die meisten Mitarbeiter/-innen sind zufrieden
- es wurde eine Verbesserung im Pflege-Prozess erreicht

Das Konzept des 10-Stunden-Arbeitstags wurde im Test-Wohnbereich von der Testphase nun in den Echtbetrieb übernommen.

Auf einem zweiten Wohnbereich läuft schon die nächste Probe- und Umstellungsphase. Aufgrund der frühen Einbindung der anderen Wohnbereiche in den Arbeitskreis wurden schon im Vorfeld viele Fragen und Probleme erkannt und behoben.

Aus Personalmarketingsicht konnte die Attraktivität des Altenpflegeheims gesteigert werden, da drei ganz unterschiedliche Schichtmodelle im Haus angeboten werden. Mitarbeiter haben sich mittlerweile schon aufgrund des neuen Schichtmodells bewusst für unser Haus entschieden.

Was waren Stolpersteine, Umwege und Fallen?
Welche Sprungbretter konnten wir nutzen?

Ein großer Stolperstein ist die rechtzeitige und umfassende Information aller beteiligten Gruppen und insbesondere der betroffenen Mitarbeiter/-innen. Wird bereits nicht schon im Vorfeld stark aufklärend gearbeitet und werden nicht alle Mitarbeiter/-innen rechtzeitig mit ins Boot genommen, so kann dieser Stolperstein das Projekt sogar auch zum Scheitern verurteilen.

Die Perspektive ist zugleich die Chance, welche in dem neuen Schichtmodell steckt. Es ist ein verbessertes und entspannteres Arbeitsklima für die Mitarbeiter/-innen und u. a. ein daraus resultierendes besseres Klima für die anvertrauten Bewohner/-innen. Dies lässt sich zwar nicht messen oder greifen, aber die derzeitige Situation und Rückmeldungen von unterschiedlicher Seite reflektieren dies. Es drückt sich auch darin aus, dass die anfänglichen Widerstände gegen das Schichtmodell oder angenommene daraus resultierende Nachteile sich mittlerweile in Vorteile umgewandelt haben. Die praktische Umsetzung hat sowohl den Mitarbeiter/-innen als auch den Bewohnern gezeigt, dass es keinen Anlass zur Sorge gab.

Mit der Optimierung der Dienstzeiten und mit der Einführung des neuen Schichtmodells ist es gelungen, die gleichmäßige Berücksichtigung der Arbeitnehmer- und Arbeitgeberinteressen zu wahren. Ermutigende Erfahrungen sind, dass nach anfänglicher Ablehnung nun doch eine große Akzeptanz vorhanden ist. Die Akzeptanz durch alle Altersgruppen, Nationalitäten, Berufsgruppen (Fach- oder Hilfskräfte) ist vorhanden. Die subjektive Wahrnehmung der Erkrankungshäufigkeit ist nicht gestiegen, eher rückläufig. Die Krankheiten, welche derzeit das Bild verzerren, sind unabhängig von der Arbeitszeitbelastung, sondern resultieren aus schwerwiegenderen Krankheitsbildern, unabhängig vom Beruf.

Es fand auch keine Erhöhung von Arbeitsunfällen statt. Aus den Äußerungen der Mitarbeiter/-innen geht auch hervor, dass es zwar starke Veränderungen im privaten Umfeld gibt, diese aber organisatorisch bedingt und nicht unbedingt nachteilig sind.

Der Lernerfolg für Mitarbeiter/-innen und für die Organisation durch das Projekt – Empfehlungen für „Nachahmer"

Der größte Lernerfolg ist für beide Seiten, dass man sich auf neue Sichtweisen einlassen muss, um sie zu bewerten und beurteilen zu können. Jede/r Mitarbeiter/in, aber auch jede/r Vorgesetzte/r hat eine für sich passende Sichtweise im Zusammenhang mit dem Projekt. Eine offene und ehrliche Kommunikation von beiden Seiten fördert nicht nur die Zusammenarbeit innerhalb des Projekts, sondern strahlt in nicht unerheblichem Maß auch auf die „normale" tägliche Arbeit ab. Dieses sich aufeinander Einlassen muss von beiden Seiten, vor allem aber von der Leitung, laufend überprüft werden. Die Kommunikation und das Einbeziehen aller relevanten Stellen (vom Mitarbeiter bis zur Leitung) ist einer der Schlüsselerfolge des Projekts.

Aus Personalmarketingsicht konnte die Attraktivität des Altenpflegeheims gesteigert werden, da drei ganz unterschiedliche Schichtmodelle im Haus angeboten werden. Mitarbeiter haben sich mittlerweile schon aufgrund des neuen Schichtmodells bewusst für unser Haus entschieden.

Erfolgskritische Faktoren der Fortbildung als Hintergrund des Projektes

Eine Projektarbeit basiert auf dem Konzept des handlungsorientierten Lernens. Die theoretischen Inhalte, welche in den einzelnen Theorieblöcken vermittelt wurden, konnten gut in der Praxis umgesetzt werden.

Die Lernsituationen in den Theorieblöcken stellten die tatsächliche Arbeitspraxis dar und keine reinen Konstruktionen. Es gab gute Anknüpfungsmöglichkeiten an die tatsächliche Arbeitswelt. Durch die gute Vernetzung innerhalb der Lerngruppe und die Unterstützung durch externe Spezialisten konnten neue Sichtweisen aufgenommen werden, gewohnte Verhaltensweisen überdacht und verändert werden und somit die Grundlage für Veränderungsprozesse dargestellt.

E-Learning – neue Wege der Fortbildung in der Altenpflege

Ilse Schmitz

Beschreibung Projekt

Im Altenheimbereich besteht schon seit Jahren die Verpflichtung, Fortbildungen in den verschiedensten pflegerischen, hygienischen und technischen Bereichen durchzuführen, um eine qualifizierte Pflege zu gewährleisten.

Seit dem 20. Juli 2000 besteht auf europäischer Ebene das Gesetz zur Verhütung und Bekämpfung von Infektionskrankheiten beim Menschen (Infektionsschutzgesetz – IfSG). Dieses Gesetzt beinhaltet die Verpflichtung, alle Mitarbeiter/-innen, die mit Nahrungsmitteln in Berührung kommen, bezüglich Hygiene, Umgang mit Nahrungsmitteln und mit bzw. durch Lebensmittel verursachte Infektionskrankheiten zu schulen (IfSG § 42, § 43, www.Juris. de; BGBl I 2000,1045).

Das bedeutete für unsere zehn Altenheime und die damit verbundenen Küchen in der Marienborn gGmbH die jährliche Schulung von ca. 800 Mitarbeiter/-innen. Seit dem Jahr 2001 werden daher Schulungen mit dem gleichen, immer wiederkehrenden Unterrichtsstoff durchgeführt. Diese Schulungen dauerten ca. 30–45 Minuten und fanden meistens nach dem Frühdienst statt. Häufig nahmen an den Schulungen bis zu 40 Personen teil, sodass ein Wissenstransfer nicht immer beobachtet werden konnte.

Bei der Fülle von Fortbildungsveranstaltungen und weiteren Pflichtveranstaltungen wurde schon seit längerem über eine neue Form der Vermittlung einzelner Inhalte nachgedacht. Am Beispiel der Infektionsschutzfolgebelehrung (IfSG) sollte der Einstieg in eine neue Methode der Wissensvermittlung – das E-Learning – erprobt werden.

Unter E-Learning versteht man alle Formen des Lernens, „bei denen elektronische oder digitale Medien für die Präsentation und Distribution von Lernmaterialien und/oder zur Unterstützung zwischenmenschlicher Kommunikation zum Einsatz kommen".[31] Das bedeutete einen bisher noch nicht vollzogenen Wechsel der Lernkultur im Unternehmen von einem fremdgesteuerten Lernprozess hin zu einem selbstgesteuerten Lernprozess.

---

31 Michael Kerres: Multimediale und telemediale Lernumgebungen, Konzeption und Entwicklung. München 2001

Durch ein gemeinsames Intranet können die Einrichtungen und Mitarbeiter/-innen miteinander kommunizieren. Die Pflege arbeitet mit einem EDV-gestützten Pflegedokumentationssystem. Daher sind die meisten Mitarbeiter/-innen im Umgang mit elektronischen Medien geschult. Diese Voraussetzungen waren als Einstieg ins E-Learning notwendig und sollten damit einen komplexen, mehrdimensionalen Prozess erleichtern.

Ziel(e) des Projekts

Durch das E-Learning sollte es den Mitarbeiter/-innen ermöglicht werden, zeitlich und räumlich flexibel die Pflichtschulung durchzuführen. Die Vermittlung des Lernstoffs konnte dabei unabhängig von der persönlichen Anwesenheit geschehen. Die Mitarbeiter/-innen müssen nicht länger an für sie ungünstigen Schulungsterminen teilnehmen.

Darüber hinaus sollen folgende mit dem E-Learning in Zusammenhang gebrachte und beschriebene Ziele erreicht werden:

• optimales Lernen durch mediale Vermittlungsform
• Ökonomisierung von Fortbildungsstunden bei Pflichtfortbildungen
• Aufbrechung der traditionellen Lern- und Denkprozesse
• individualisierte Lernkontrolle
• Zeit- und ortsunabhängiges Lernen
• Arbeitsprozessorientiertes Lernen
• Wiederholung und Dokumentation
• ressourcenorientiertes Arbeiten

Im Projektverlauf bearbeitete Inhalte, gesetzte Strukturen, durchgeführte Maßnahmen, erreichte Meilensteine/Zwischenergebnisse

Zunächst informierten sich die Projektleiterin und der Qualitätsmanagement-Verantwortliche über die bereits am Markt vorhandenen E-Learning Programme. Schnell stellte sich heraus, dass diese angebotenen Programme zum Blended-Learning (einer interaktiven Form des E-Learnings) als Einstieg ins E-Learning für unsere Zwecke wenig praktikabel sein würden, da bei diesen Programmen jeder Schulungsteilnehmer Zugang zu einem eigenen Computer benötigt. Daher entschlossen sich die Projektleiter zur Erstellung einer eigenen Schulung. Vorab wurde von den zuständigen Gesundheitsämtern die Einwilligung eingeholt, die Schulung im E-Learning durchzuführen.

Es wurde eine aus zwei Teilen bestehende computerbasierende Schulung entwickelt. Zunächst wurde eine PowerPoint-Präsentation mit den Lerninhalten des IfSG entwickelt. Es entstand eine neunzehnseitige Präsentation, die didaktisch sowohl die Lerninhalte abdeckte als auch durch eingefügte Bilder und Grafiken Interesse am Unterrichtsstoff wecken sollte. Hier schloss sich die Entwicklung eines Fragebogens zu den Inhalten des IfSG an. Weiterhin wurde ein Handlungsleitfaden zum Gebrauch der Präsentation und zum Ausfüllen des Fragebogens entwickelt.

Es entstand somit eine zweigeteilte Schulung. Zum einen war es möglich, die Information per PowerPoint-Präsentation anzusehen und durchzuarbeiten. Ein nachfolgender Fragebogen prüfte die Inhalte ab. Dieser Fragebogen musste ausgefüllt werden und wurde von der jeweiligen Qualitätsmanagementbeauftragten der Einrichtung auf Richtigkeit überprüft. Wurde die vorgegebene Punktzahl erreicht, galt der Fragebogen als Nachweis der Durchführung und gleichzeitig als Nachweis für die bestandene IfSG-Belehrung.

Der Fragebogen konnte direkt am Computer ausgefüllt werden. Nicht so geübte Nutzer wie etwa das Küchenpersonal konnten sich den Fragebogen ausdrucken und per Hand ausfüllen.

Kontakte, Rückmeldungen, Vernetzungen und Abhängigkeiten innerhalb und außerhalb der Organisation

Nach Entwicklung dieser E-Learning Schulung durchlief das neu erstellte Lernprogramm bis zur Freigabe mehrere Stadien. Zunächst wurde das Programm der übergeordneten Steuerungsgruppe der Marienborn gGmbH vorgestellt. Im Anschluss hieran wurde es den Ressortleitern, den Qualitätsmanagementbeauftragten sowie den Pflegedienstleitungen der Einrichtungen vorgestellt. Zuletzt gab die Mitarbeitervertretung ihr Einverständnis zur Durchführung der ausgearbeiteten Schulung. Aus diesem Kreis kam noch der wichtige Hinweis, die Mitarbeiter/-innen direkt auf dem Fragebogen zum Feedback zur so durchgeführten Schulung aufzufordern.

Nach dem Durchlauf dieser Stationen wurde die Schulung ins Intranet gestellt und zur Durchführung frei gegeben. Zunächst war vorgesehen, die Schulung nur in zwei ausgesuchten Häusern in der neuen Form durchzuführen. Die Mitarbeiter/-innen sollten die Schulung während ihrer Arbeitszeit in der jeweiligen Einrichtung und an den dort vorhandenen Arbeitscomputern durchführen.

Von dem Erfolg der Schulung waren die Projektleiter und die Einrichtungen überrascht. Die Schulung in der neuen Form stellte sich als absoluter Selbstläufer heraus und wurde bereits nach drei Monaten von allen Einrichtungen übernommen bzw. in allen Einrichtungen durchgeführt.

Reflexion

Durch die E-Learning-Schulung wurden besonders im Bereich der Arbeitszeitorganisation große Erfolge erzielt und für die Organisation bzw. Einrichtung durch die Verkürzung der Lernzeit eine ökonomische Ersparnis bei der

Bereitstellung von Fortbildungsstunden erzielt. Es entstand in Ansätzen eine neue Lernkultur, da die Mitarbeiter/-innen nun selbstorganisiert bestimmte Inhalte durcharbeiten mussten. Damit wurden erstmalig traditionelle Denkmuster durchbrochen, weg vom Frontalunterricht hin zum selbstgesteuerten Lernen. In Bezug zur altersgerechten Personalentwicklung wurde hier insbesondere der Fokus auf die Bedürfnisse und Fähigkeiten jüngerer Mitarbeiter/-innen gesetzt. Diese haben keine Berührungsängste im Umgang mit dem Computer. Sie haben vielmehr Spaß daran, ihre Kommunikation übers Web zu gestalten (über Soziale Netzwerke wie Facebook) und empfinden den Computer als selbstverständliches Medium. Ältere Mitarbeiter kommen nicht umhin – auch in Bezug auf lebenslanges Lernen – den Umgang mit dem Computer zu erlernen und zu vertiefen. Der Gebrauch des Internets ist eine der kostengünstigsten und schnellsten Methoden, aktuelles Wissen aufzufrischen und vielfältige Information abzurufen.

Es fand eine Ökonomisierung einer Pflichtfortbildung statt und insbesondere die jüngeren Mitarbeiter/-innen waren von dem neuen Programm begeistert, da es schnell und effektiv ist. Im Bereich der Küchen bietet es die Möglichkeit, die 400-Euro-Kräfte schnell und kostensparend zu schulen, da diese nicht zu festgelegten Schulungsterminen erscheinen müssen.

Aus diesem Initialprogramm entwickelte sich in unseren Altenhilfeeinrichtungen die weitere Anwendung von E-Learning-Programmen. So haben wir uns dazu entschlossen, drei E-Learning-Programme zu erwerben, die auf einer Lernplattform hinterlegt sind. Nun hat jeder Mitarbeiter die Möglichkeit, auch von zu Hause aus, Pflichtschulungen im Bereich Datenschutz, Brandschutz und Hygiene durchzuführen.

Mit dem Einstieg ins E-Learning wurde der Einstieg in eine neue Lernkultur gestartet.

Beispiel aus der PowerPoint Präsentation

Arbeitsverbot wann?

- Durchfall
- Übelkeit
- Erbrechen
- Fieber
- Gelbfärbung der Haut und der Augäpfel
- Wunden oder offene Stellen von Hauterkrankungen

Frau Ilse Schmitz
Abteilung Fort- und Weiterbildung

Gesunde Dienstplangestaltung

Mitarbeiterentlastende Ablaufoptimierung in der vollstationären Pflege

Klaus Vering

Warum wir aktiv geworden sind

Wer im Pflegeberuf arbeitet, der weiß: Altenpflege ist körperliche und psychische Schwerstarbeit. Die von den Kostenträgern zugestandenen Personalressourcen sind im Blick auf die zu erbringende Qualität knapp bemessen. Im HAUS ELISABETH klagten Mitarbeitende über die hohe Belastung. Krankheitszeiten waren teilweise auf Überlastung zurückzuführen. Frustrierend war für uns, dass die Anzahl der Überstunden relativ stabil von Monat zu Monat übertragen werden musste. Stunden, die bei der einen Mitarbeiterin abgebaut wurden, mussten an anderer Stelle wieder aufgebaut werden, um die Dienste abzudecken. Hinter jeder Vollzeitstelle standen im Durchschnitt 76 Überstunden in den Dienstplänen. Dies war der Stand in der Vorprojektphase im Dezember 2010. Abgeschlossen haben wir das Projekt Ende Januar 2012.

Die über 50-jährigen Mitarbeitenden klagten zunehmend über gesundheitliche Probleme, die sie nicht mehr ausreichend in ihrer Freizeit kompensieren konnten. Da es sich vor allem um die Pflegefachkräfte handelte, bei denen Überlastungssymptome festgestellt wurden, sollte deren Arbeitssituation evaluiert und möglichst verbessert werden. Da ein Wohnbereich ein System aus vielen Menschen ist, war uns klar, dass wir auch das gesamte System betrachten müssen, um wirksame Maßnahmen einleiten zu können.

Folgende Annahmen wurden zugrunde gelegt:

- Die Arbeitsabläufe für die Pflegefachkräfte sind falsch organisiert und fördern Überlastung.

- Wenn die Arbeitsbelastung für die Pflegefachkräfte unrealistisch hoch ist, resultiert aus dieser Belastung eine unnötig hohe Krankheitsrate.

- Ein hoher Überstundenstand ist ein demotivierender Faktor für die Mitarbeitenden.

- Starre Dienstzeiten und -abläufe lassen zu wenig Spielraum, den Mitarbeitende in Eigenregie gestalten können.

- Individuelle Gestaltungsmöglichkeiten sind jedoch ein wichtiger Motivationsfaktor.

Unsere ersten Gespräche haben bewusst die Bedürfnisse der Mitarbeitenden aufgenommen. Das schaffte eine gute Motivation, sich auf das Projekt einzulassen. Auch aus einem zweiten Grund war diese Vorprojektphase wichtig: In diesen ersten Gesprächen weitete sich unser Horizont. Ich hatte zunächst ein anderes Vorgehen geplant. Dass wir ein berufsgruppenübergreifendes Projekt initiieren, ist uns ebenfalls in den Sondierungsgesprächen klargeworden. Damit hat sich auch das zunächst angestrebte Ergebnis verändert. Es ging nun um die richtige Verteilung der anstehenden Aufgaben auf alle Schultern und nicht mehr ausschließlich um eine Entlastung der Pflegefachkräfte.

Ziele des Projekts

Um zu einer konkreten Projektplanung zu gelangen, haben wir folgende Ziele formuliert:

- Die Arbeitsabläufe aller im Wohnbereich Tätigen sind analysiert.
- Die Arbeitsinhalte aller im Wohnbereich tätigen Mitarbeitenden sind unter Berücksichtigung ihrer Qualifikation und der anfallenden Arbeitsmenge strukturiert.
- Die Mitarbeitenden erhalten Unterstützung durch das HAUS ELISABETH zur Erhaltung ihrer Gesundheit.
- Der Gestaltungsspielraum der Mitarbeiterinnen und Mitarbeiter an ihren Arbeitsplätzen steigt.
- Die hohe Motivation unserer Mitarbeitenden bleibt erhalten.
- Überstunden sind nachhaltig abgebaut.
- Neu entstehende Überstunden können zeitnah abgebaut werden.
- Insbesondere ältere Arbeitnehmer sollen erfolgreich bis zur Berentung im Beruf bleiben können.

Ausdrückliche Nicht-Ziele des Projekts

- Personalreduzierung
- höhere Mitarbeiterbelastung
- ungünstigere Dienstzeiten
- größere Unzufriedenheit der Mitarbeitenden

Neben der Definition der Ziele fanden wir es auch hilfreich zu sagen, was nicht Ziel des Projektes ist. Dadurch wurden Missverständnisse vermieden und Ängsten begegnet.

Wie unser Projekt abgelaufen ist

Das HAUS ELISABETH verfügt über zwei gleichartig aufgebaute Wohnbereiche. Das zweite Obergeschoss wurde zum Projektbereich erklärt. Die Mitarbeitenden dieses Wohnbereichs hatten mehrheitlich ihre Bereitschaft zu einer Mitarbeit im Projekt bekundet. Das Projektteam bestand aus der Pflegedienstleitung, der Hauswirtschaftsleitung und der Wohnbereichsleitung des Projektbereichs. Damit waren alle im Bereich tätigen Berufsgruppen durch ihre Leitungen vertreten. Wie für Projekte üblich, haben wir das gesamte Projekt in kleinere Abschnitte mit Zwischenzielen gegliedert und Termine definiert, bis wann wir diese „Meilensteine" erreicht haben wollen.

Meilenstein 1: Ablaufanalyse

Entscheidungsgrundlage für alle Veränderungen war eine Analyse aller Tätigkeiten im Wohnbereich. Mit Hilfe standardisierter Protokolle wurden die Mitarbeitenden gebeten zu notieren, was sie zu bestimmten Uhrzeiten erledigten. Aus den Einzelprotokollen konnten wichtige Erkenntnisse gewonnen werden. So entstand ein mehrschichtiges Tagesprofil, aus dem abgelesen werden konnte, wer wann was macht. Belastungsspitzen und Belastungstäler wurden genauso sichtbar, wie die Verteilung der Aufgabenmenge bezogen auf den einzelnen Mitarbeitenden. Es stellte sich heraus, dass die Fachkräfte zunächst klassische Pflegeaufgaben durchführten (Unterstützung bei der Körperpflege, der Nahrungsaufnahme usw.). Die an die Fachkräfte gebundenen Aufgaben kamen dann noch hinzu. Damit fand sich die Annahme der strukturellen Mehrbelastung der Fachkräfte bestätigt.

Nun wurden Lösungen gesucht, die den Fachkräften in der Pflege mehr Zeit zur Verfügung stellt, um die fachspezifischen Aufgaben zu erledigen (Richten und Verteilen der Medikamente, Wundversorgung, Pflegeplanung, Kommunikation mit Ärzten, Organisation des Dienstablaufs).

Um dies zu ermöglichen, mussten die Pflegehelfer von den anstehenden täglichen Pflegeaufgaben größere Anteile übernehmen. Dies bedeutete in der Folge, dass auch die Aufgabenverteilung der hauswirtschaftlichen Mitarbeitenden neu geregelt werden musste. Wie gut, dass wir alle Berufsgruppen im Projektteam hatten!

Auch externe Partner wurden im Projektverlauf einbezogen. Seit Januar 2012 wird das HAUS ELISABETH von einer Apotheke beliefert, die die Medikamente verblistern kann. Dadurch entfällt seit April 2012 das Richten der Medikamente für eine Woche. Diese Maßnahme erspart ca. 14 Stunden Fachkrafteinsatz. Der Abschied von unseren bisherigen Partnern war nicht nur leicht. In dieser Projektphase wären die Pflegehelfer leicht zu den Verlierern im System geworden. Das hätte die Stimmung nachhaltig verhagelt! Durch die Bereitschaft der hauswirtschaftlichen Mitarbeitenden, auch zur Entlastung beizutragen, entstand eine sehr konstruktive Gesprächsatmosphäre. Die Pflegehelfer waren nicht die Verlierer, sondern der Wohnbereich insgesamt erlebte sich als gestaltend und fortschrittlich.

Alle Erkenntnisse und alle Rückschlüsse aus den Analyseprotokollen wurden in Teamsitzungen mit den beteiligten Mitarbeitenden besprochen. Die Informationen sollten stets aus erster Hand bezogen werden! Das hielten wir für wichtig für den Projektverlauf und sind davon auch rückblickend überzeugt.

Meilenstein 2: Bewerten und Veränderungen planen

In diesem Projektabschnitt haben wir die Daten aus der Ablaufanalyse ausgewertet. Aufgrund dieser Interpretation sind wir dann zu neuen Verabredungen gekommen, die auch umgesetzt werden sollten.

Die Bewertung der Ablaufanalyse wurde zu einem großen Teil im Team vorgenommen. Weil uns klargeworden war, dass die Veränderungen berufsgruppenübergreifend stattfinden müssen, haben wir die Mitarbeitenden der Hauswirtschaft und der Pflege miteinander ins Gespräch gebracht. Das hat die Kooperation der Berufsgruppen enorm gestärkt. Der Teamgedanke hat seitdem eine neue Dimension und endet nicht mehr an der Nahtstelle zwischen Pflege und Hauswirtschaft. In dieser Atmosphäre wuchsen kreative Lösungen.

Beispiel 1: Das Verteilen des Nachmittagskaffees an den Wochenenden wurde neu organisiert und wird jetzt komplett von der Hauswirtschaft übernommen. Dies war vorher aufgrund der Dienstzeiten nicht möglich. Die Mitarbeitenden der Hauswirtschaft arbeiten jetzt am Wochenende länger. Das hätten wir Leitungen mal vorschlagen sollen!

Beispiel 2: Sind Bewohner aus pflegerischen Gründen zu isolieren, muss vor dem Betreten des Zimmers geeignete Schutzkleidung angelegt werden. Der Zeitaufwand lässt sich reduzieren, wenn die im Zimmer befindliche Pflegeperson (!) auch die Reinigung des Bodens durchführt und auf diese Weise das Umkleiden für die Mitarbeiterin der Hauswirtschaft entfällt. Die gewonnene Zeit steht an anderer Stelle zur Entlastung der Pflege zur Verfügung.

Natürlich ging es auch um die Neuverteilung der Aufgaben zwischen Pflegefachkräften und Helfern. Dazu war es wichtig, den Umfang der Fachkraftaufgaben neben den Helferaufgaben einmal visuell darzustellen.

Zu unseren Projektzielen gehörte unbedingt die Beibehaltung der Motivation. Die Akzeptanz bei den Mitarbeitenden war für den Projekterfolg außerordentlich wichtig. Darum wurde von Anfang an auf eine möglichst breite Kommunikation gesetzt. Die einzelnen Sitzungen wurden durch einen Moderator begleitet, auch um sicherzustellen, dass sich alle richtig verstanden haben.

Zu Beginn des Projektes bestanden handfeste Ängste seitens des hauswirtschaftlichen Mitarbeiterteams inklusive der Leiterin. Diese Bedenken verflogen im Gesprächsverlauf, weil sich herausstellte, dass alle am Kooperationsprojekt Teilnehmenden mit großem Verständnis für die jeweils andere Rolle und Position herangingen. Insbesondere die Auswertung der Tätigkeitsprotokolle machte die Veränderungsspielräume „objektiv" sichtbar. Eine wichtige Voraussetzung war auch, dass die Prozesse im hauswirtschaftlichen Bereich bereits gut geregelt waren. Dadurch konnten neue Aufgaben leichter integriert werden. Kritisch war die Wahrnehmung der Pflegehelferinnen und Pflegehelfer, die sich zunächst mit mehr Arbeit konfrontiert sahen. Bei ihnen musste die Erkenntnis reifen, dass eine Umschichtung der Aufgaben nicht automatisch Mehrbelastung bedeuten würde. In dieser Projektphase haben wir sehr darauf geachtet, dass die ausgebildeten Mitarbeitenden die Gruppe der Pflegehelfer in ihrer Rolle anerkennen und wertschätzen, um erst gar keine schlechte Stimmung aufkommen zu lassen.

Eine Verabredung war auch, dass es unbedingt eine für die jeweilige Schicht verantwortliche Fachkraft geben soll, bei der „die Fäden zusammen laufen". Dass diese Maßnahme nicht nur Zeit kostet, sondern auch Zeit spart, konnten die Mitarbeitenden erst in der Praxisphase erkennen.

Meilenstein 3: Entscheiden, Umsetzen, Nachbessern

Nach der Gesprächsphase war es nun die Aufgabe des Projektteams, die gewonnenen Erkenntnisse umsetzbar zu machen. Ein neues Dienstplanmodell wurde entwickelt und testweise eingeführt. Die Tätigkeitsanalyse und die daraus gewonnenen Erkenntnisse bildeten die Grundlage zur Modifizierung der bestehenden Dienstzeiten. Dabei lag das Augenmerk auf einer realistischen Grundplanung, bei der die Ausfallzeiten der Mitarbeitenden ebenso berücksichtigt wurden, wie die sich verändernde Belegung des Wohnbereichs. Den Vorzug haben eher kürzere Dienste vor langen Einsatzzeiten bekommen. Dies dient zum einen der leichteren Abdeckung des Dienstplanes, trägt aber auch zur besseren Vereinbarkeit von Privatleben und Beruf bei. Seit November 2011 bilden die erprobten und nochmals angepassten Dienstzeiten den normalen Dienstplan der Einrichtung. Was hier in einen Satz passt, war in der Praxis viel Arbeit. Der nachhaltige Transfer der gewonnenen Erkenntnisse in die Praxis ist ein aufwendiger Schritt. Die Einführung der neuen Abläufe und der neuen Dienstzeiten brachte auch paradoxe Reaktionen mit sich:

Über einhundert Überstunden auf dem Arbeitszeitkonto zu haben, ist frustrierend, vor allem wenn man schon wieder zu einem zusätzlichen Dienst aufgefordert wird. Beim Abschmelzen der Mehrstunden standen die Mitarbeitenden dann vor dem Dienstplan und hatten Angst, in die Minusstunden zu rutschen. Auf diese Reaktion waren wir zum Glück vorbereitet! Insbesondere der Angst, künftig mit weniger Personal arbeiten zu müssen, musste während dieser Projektphase wirksam begegnet werden. „Was machen wir denn, wenn meine Überstunden ganz weg sind?" Antwort: „Wir sparen ein paar Stunden an für schlechte Zeiten und dann haben wir mehr Zeit für den Alltag."

Die ausgebildeten Mitarbeiterinnen und Mitarbeiter freuten sich über die verbesserte, realistischere Aufgabenverteilung im Wohnbereich. Dass es gar nicht so leicht ist, eine Schicht zu leiten, stellte sich erst in der Praxis heraus. Auch mit der größeren Verantwortung mussten einige Pflegefachkräfte erst umgehen lernen. Die zuerst festgelegten neuen Zeiten mussten in den ersten Wochen auch nochmal angepasst werden, weil unsere Planung nicht ganz gepasst hat.

Was uns das Projekt gebracht hat

Am ehesten messbar ist die Reduktion der Überstunden. Sie sind von 76 Stunden je Vollzeitstelle bei Projektbeginn auf 38 Stunden gesunken. Wichtiger als dieser Wert ist die Tatsache, dass wir den Stundeneinsatz deutlich besser managen können. Wenn die Stunden ansteigen müssen, besteht auch die Möglichkeit, sie wieder abzubauen. Ob die verbesserten Abläufe auch zu niedrigeren Krankheitszeiten führen, kann erst in einiger Zeit gesagt werden.

Der größte Zugewinn für das HAUS ELISABETH liegt ganz gewiss in der verbesserten Kooperation unter den Berufsgruppen. Das spart Zeit und Kraft. Weil uns die Gesundheit der Mitarbeitenden am Herzen liegt, haben wir ein Gymnastikangebot organisiert, das die Mitarbeiter in Anspruch nehmen können. Ein markantes Projektergebnis ist die Schaffung einer Stabsstelle in der Pflege. Eine ältere Mitarbeiterin hat dadurch die Möglichkeit, weniger in der direkten Pflege eingesetzt zu sein. Sie übernimmt im Rahmen der Heimaufnahme das Erstgespräch, erstellt die erste Pflegeplanung und überwacht die Aktualität der Dokumentationen. Das ist zwar keine Lösung für alle älteren Mitarbeitenden, aber immerhin ein Anfang.

Eine weitere Veränderung ist, dass nicht mehr alle Pflegefachkräfte Pflegeplanungen erstellen oder evaluieren. Das machen nur noch unsere „Pflegeprozesskoordinatoren". Diese Veränderung hat mehrere Auswirkungen: Manche Mitarbeitende fühlen sich entlastet, weil sie das Instrument der Pflegeplanung zu wenig beherrschen. Andere freuen sich, dass ihre Fähigkeiten abgerufen werden. Der Zeitaufwand für die Pflegeplanungen ist gesunken, weil weniger Nachbesserungen erforderlich sind. Unvorhergesehen ist die Tatsache, dass manche Pflegefachkräfte einen „Karriereschritt" darin sehen, in die Reihen der Pflegeprozesskoordinatoren aufgenommen zu werden. Wer sich nach einer eingehenden Anleitung in der Lage zeigt, Pflegeplanungen zu evaluieren, ergänzt diesen Mitarbeiterpool.

Stolpersteine auf dem Weg zum Ziel

Es sollen ein paar sensible Punkte angesprochen werden, die nach meiner Überzeugung für den Projektverlauf entscheidend waren.

Ich bin davon überzeugt, dass der Projekterfolg wesentlich in dem Vertrauen der Mitarbeiterinnen und Mitarbeiter in ihre Leitungen begründet ist. Ohne dieses Vertrauen wären manche Diskussionen wesentlich schwieriger verlaufen. Die Mitarbeiter „verdienen" es, dass ihre Leitungskräfte Wort halten und insgesamt eine Leitungskultur etablieren, die für Mitarbeitende nachvollziehbar ist. Christof Becker, Geschäftsleiter des Caritasverbands Olpe, hat es so gesagt: „Das Vertrauen der Mitarbeitenden verspielt man nur einmal." Wir wären komplett gescheitert, wenn wir die Bedeutung der Pflegehelfer nicht ausreichend gewürdigt hätten. Insbesondere haben wir in den Gesprächsmoderationen darauf geachtet, dass die Pflegefachkräfte nicht auf die Helfer „herabsehen". Überhaupt ist die Fähigkeit zur Moderation essentiell, damit die Diskussionen fruchtbar sind und Missverständnisse möglichst vermieden werden. In diesem Projekt war zusätzlich systemisches Denken gefragt. Die unterschiedlichen Berufs- und Fachschwerpunkte mussten miteinander in Beziehung gebracht werden. Bei allem Ideenreichtum sollte die Pflegekraft ja Pflegekraft bleiben und nicht zur hauswirtschaftlichen Kraft werden. Umgekehrt galt dies mindestens genauso.

Systemisch sind auch die unterschiedlichen Themen miteinander verbunden, die während der Weiterbildung behandelt wurden. Erst das Wissen um die Handlungsfelder altersgerechter Personalentwicklung schafft die Voraussetzung für die Integration dieser Themen in die eigene Arbeit. Umgekehrt gilt dies auch: Das Bearbeiten der Themen im Projekt machte oftmals erst ihre Bedeutung deutlich.

Wie es weitergehen könnte

Aus der Analyse der Arbeitsabläufe ist ein veränderter Arbeitsalltag im Wohnbereich hervorgegangen. Das Zusammenrücken der Berufsgruppen und die organisatorische Verschränkung haben Spielräume eröffnet, die den Arbeitsalltag der Mitarbeitenden erweitern und bereichern.

So soll der nächste Schritt aussehen: Die Abläufe können weiter optimiert werden, indem organisatorischen Fehlerquellen nachgegangen wird. Das soll Zeit sparen, die jetzt sinnlos vergeht.

In diesem Zusammenhang rückt dann die Frage nach dem Workflow in der Altenpflege in den Mittelpunkt des Interesses. Wie sieht ein „gesunder" Schichtablauf für die Mitarbeiter aus? Wie viele Demenzkranke oder palliativ zu versorgende Menschen kann ein Mensch hintereinander versorgen? Benötigen unterschiedlich alte Mitarbeitende unterschiedliche Pausenzeiten?

Kann die Belastung der Mitarbeitenden bewusst gesteuert werden? Auch wenn die Frage der Wirtschaftlichkeit hier nicht bewusst benannt wurde, steckt sie im System: Die zu erbringenden Einzelleistungen sollten so dokumentiert sein, dass die Pflegestufe stimmt und damit auch die vorhandene Personalmenge. Denn wir wünschen uns nicht nur gesunde und einsatzbereite Mitarbeitende, sondern auch einen „gesunden" Kontostand.

Fit im Job bis zur Rente

Angelika Hasenknopf

Beschreibung Projekt

Ausgangssituation und Handlungsbedarf/Motivation für das Projekt

Der demographische Wandel macht sich vor allem im Bereich der Pflege bemerkbar. In unserer Organisation ist der Altersdurchschnitt der Pflegekräfte in den letzten Jahren drastisch gestiegen.

In unserem ambulanten Pflegedienst sind 32 Mitarbeiterinnen auf 19,5 Planstellen beschäftigt. Die meisten dieser Pflegekräfte sind bereits langjährig bei uns tätig. Wir versuchen natürlich, ausscheidende Fachkräfte durch junge Kolleginnen zu ersetzen, was beim derzeitigen Fachkraftmangel nicht immer gelingt.

Immer mehr hochaltrige, multimorbide und demente Kunden müssen von zunehmend älteren Pfleger/-innen versorgt und gepflegt werden.

Immer mehr Mitarbeiter/-innen müssen immer länger im Beruf bleiben, um die Versorgung dieser Menschen sicherzustellen.

Nicht nur aus humanen, sondern auch aus wirtschaftlichen Gründen sind Arbeitgeber darauf angewiesen, die Arbeitskraft ihrer Mitarbeiter dauerhaft zu erhalten. Die Arbeitsplätze müssen den Bedürfnissen der älter werdenden Pflegekräfte angepasst werden.

Gerade die über 50-Jährigen haben jedoch auch Zukunftsängste:

Wird die langjährige Betriebszugehörigkeit und die daraus resultierende Erfahrung noch wertgeschätzt?

Wird es akzeptiert, dass sie teilweise die anfallende Arbeit nicht mehr in der gleichen Zeit erbringen können wie jüngere Kolleginnen?

Wird es möglich sein, neue Arbeitsfelder und Angebote zu installieren, in denen diese Mitarbeiterinnen ihre Erfahrung einbringen können, ohne den immer höher werdenden Zeitdruck und die verstärkte körperliche Belastung aushalten zu müssen?

Oder gibt es auch hier die Meinung:

* Ältere Mitarbeiter sind nicht mehr so leistungsfähig wie jüngere Kollegen/-innen.
* Sie sind nicht flexibel.
* Sie sind häufiger krank.

Diese Punkte können wir in unserer Organisation nicht bestätigen.

In unserer Statistik der Fehltage haben sie im Durchschnitt die wenigsten Krankheitstage.

Sie sind im Einsatz durch die veränderte familiäre Situation flexibler.

Sie sind durch ihre Erfahrung ruhiger in Stresssituationen und leisten das gleiche Arbeitspensum wie Jüngere.

Sie haben oftmals durch langjährige Betriebszugehörigkeit eine hohe Identifikation mit ihrem Arbeitgeber, agieren ruhiger und umsichtiger und zeichnen sich durch eine besondere Kundenorientierung aus.

Die meist hochbetagten Kunden haben zu älteren Mitarbeiter/-innen oftmals mehr Vertrauen als zu jungen Pflegekräften.

Meine Frage ist nun: Wie können wir den großen Erfahrungsschatz bewahren und die hohe Kompetenz dieser Mitarbeiter der Organisation erhalten?

Natürlich wird es körperliche Einschränkungen geben – wie können wir diese so weit wie möglich hinausziehen, oder welche Möglichkeiten haben wir als Arbeitgeber, diese zu verhindern?

Welche Voraussetzungen müssen wir schaffen, um für diese Mitarbeiter den Arbeitsplatz bis zum Rentenalter attraktiv zu machen?

Ziel(e) des Projekts

Durch gezielte Gefährdungsermittlung sollen Belastungen und Risiken vorzeitig erkannt und entsprechender Handlungsbedarf soll eingeleitet werden. Ein bereits in der Anfangsphase des Projektes durchgeführtes Brainstorming mit allen Mitarbeitern über 50 zeigte die Wünsche und Bedürfnisse dieser Personengruppe.

* Alle möchten gerne in ihrem Beruf weiterarbeiten.
* Als Hauptbelastung sehen diese Mitarbeiterinnen den zunehmenden Zeitdruck, der zum Teil durch die Organisation entsteht, die auf Wirtschaftlichkeit achten muss, aber auch durch die immer höhere Anspruchshaltung der Kunden.
* Der Wunsch, mehr Zeit für den Kunden zu haben, ist an erster Stelle.
* Eine optimale Ausstattung an Hilfsmitteln bei den Kunden, um die körperlichen Belastungen so gering wie möglich zu halten.
* Arbeiten mit Auszubildenden, zum einen um den Erfahrungsschatz weiterzugeben, andererseits um von deren neuen Ausbildungsinhalten zu profitieren und auch um schwere körperliche Arbeit zu zweit zu erledigen.
* Regelmäßige Fortbildungen, um immer auf dem aktuellen Stand zu bleiben.
* Keine Mehrarbeitsstunden und keine geteilten Dienste machen.

• Ausstieg aus der Rufbereitschaft.

Durch regelmäßig stattfindende Teamtalks zu unterschiedlichen Themen, an denen jeder Mitarbeiter teilnehmen kann, sowie durch die direkten Mitarbeitergespräche, die einmal jährlich stattfinden, können Risiken und Gefährdungen entdeckt, aber auch besondere Potentiale für jeden Mitarbeiter ermittelt werden.

Folgende Ziele sollen daraus resultieren:

• Gesundheit und Motivation dauerhaft fördern
• ausgeglichene Personalstruktur sicherstellen
• hohe Pflegequalität durch gesunde und zufriedene Mitarbeiter erhalten
• Mitarbeiterressourcen erkennen und effektiv umsetzen
• motivierte und qualifizierte Mitarbeiter an das Unternehmen binden

Die Botschaft an unsere Mitarbeiter lautet:

Wir schätzen ihre hohe Kompetenz und ihre Arbeitskraft. Wir brauchen sie, mit ihrem reichen Erfahrungsschatz. Wir möchten gemeinsam mit ihnen daran arbeiten, weiterhin in gesunden Arbeitsbedingungen und im offenen Umgang miteinander ein motiviertes Arbeiten in unserer Organisation zu ermöglichen.

Dazu sehen wir als unsere Aufgaben:

• Wir wollen ihnen, nach unseren Möglichkeiten, die an ihre Lebenssituationen angepassten Arbeitszeiten und Aufgaben ermöglichen,
• altersspezifische Belastungen reduzieren und Fähigkeiten und Kompetenzen besser nutzen,
• jüngere Mitarbeiter rechtzeitig vor gesundheitlichen Spätfolgen schützen und diese präventiven Maßnahmen langfristig einplanen.

Im Projektverlauf bearbeitete Inhalte, gesetzte Strukturen, durchgeführte Maßnahmen, erreichte Meilensteine/Zwischenergebnisse

1. Fort- und Weiterbildung

Ganz gezielt wurden zwei Mitarbeiterinnen, die bereits auf langjährige Pflegeerfahrung zurückblicken können, im Bereich Beratung und Schulungen in der Häuslichkeit weitergebildet. Am Ende dieser Zusatzqualifikation konnten wir ein neues Angebot für unsere Kunden installieren: die Schulungen in der Häuslichkeit. Abgerundet wird dieser Kurs durch eine zusätzliche Schulung als Wohnraumberaterin. Dies bietet vielseitige Vorteile:

• Die Mitarbeiterinnen können ihre reiche Erfahrung in diesem Angebot an die Kunden weitergeben und dabei teilweise aus der körperlich schweren Arbeit befreit werden.

- Kollegen/-innen sparen Zeit bei der Pflege, da oft langwierige Anleitungen und Beratungen für Angehörige an diese Mitarbeiter umgeleitet werden.
- Die Pflegekassen bezahlen für ihre Kunden dieses Angebot.
- Die pflegenden Angehörigen erkennen, dass auch sie bei uns ernst genommen werden, dass wir uns bemühen, ihnen die schwierige Aufgabe zu erleichtern und ihnen mit Rat und Tat zur Seite stehen.

Eine Pflegefachkraft konnte eine Weiterbildung als Aromatherapeutin absolvieren. Da der Bereich Wellness auch in der Pflege immer mehr nachgefragt wird, ist dies bestimmt auch eine zukunftsträchtige Aufgabe.

Unsere Organisation ist Mitglied im Palliativnetz des Landkreises. Wir haben eine Krankenschwester als Fachkraft für Palliativpflege ausbilden lassen. Sie ist nun auch mit einem Anteil aus der Pflege freigestellt, um diesen Aufgaben nachkommen zu können. Dies bedeutet vor allem Beratung für Schwerstkranke und Sterbende und deren Angehörige. Sie ist in diesem Bereich auch direkt eingesetzt, aber vorwiegend im Bereich Behandlungspflege.

Um rechtzeitig für Nachhaltigkeit auf diesem Fachgebiet zu sorgen, ist bereits eine junge Mitarbeiterin zur Weiterbildung Fachkraft für Palliativpflege angemeldet.

Altersgerechte Personalentwicklung soll ja nicht erst bei Mitarbeitern über 50 beginnen. Dies war eine der wichtigsten Erkenntnisse aus dem Kurs.

Wir haben uns schon im vergangenen Jahr daran gehalten und eine sehr junge Altenpflegerin, die hochgradig motiviert ist, zur medizinischen Fußpflegerin ausbilden lassen. Bisher war dieses Fachgebiet an einen Kooperationspartner vergeben. Seit Januar 2012 bieten wir Fußpflege in Eigenregie an.

Im Jahr 2011 konnten alle Mitarbeiter über 50 Jahre an einem Kinästhetikkurs teilnehmen. Bei dieser Maßnahme wird rückenschonendes Arbeiten gelehrt und trainiert. In 40 Stunden konnten 10 Teilnehmer neue Kenntnisse erwerben. Der Kurs hatte einen sehr positiven Nebeneffekt: Die Teilnehmer treffen sich seither regelmäßig, um das Erlernte weiter zu üben.

Der Kurs hatte so gute Resonanz, dass das Angebot in diesem Jahr wiederholt wird, und zwar für die nächste Altersgruppe, unsere Mitarbeiterinnen zwischen 40 und 50 Jahren.

2. Arbeitszeitgestaltung

Es wird bei der Dienstplangestaltung besondere Rücksicht auf die Bedürfnisse der Mitarbeiter genommen. Im Abenddienst ist oft die körperliche Belastung nicht so hoch, da meist Behandlungspflege zu erbringen ist. So können Mitarbeiter, die darauf Wert legen, vermehrt in Abenddienste eingeplant werden. Für andere ist es aus familiären Gründen nur möglich, morgens die Dienste zu erbringen.

3. Gesundheits- und Wohlfühlangebote

Die Arbeit in der ambulanten Pflege ist nicht nur physisch, sondern oft auch psychisch sehr belastend. Die Pflegekräfte stehen in einem Spannungsfeld zwischen den Erwartungen der Patienten, der Angehörigen und des Arbeitgebers. Die Pflegebedürftigen haben oftmals Schmerzen, sind dement, oder aggressiv. Die Angehörigen sind selbst häufig mit der Situation überfordert, oder können/möchten aus finanziellen Gründen nur die absolut nötigste Hilfe annehmen, erwarten ständig zusätzliche Leistungen von den Pflegekräften, die nicht vertraglich vereinbart und somit nicht bezahlt werden. Für die Mitarbeiter heißt dies, täglich einen Spagat zu erbringen zwischen Kundenzufriedenheit und dem vorgegebenen Zeitrahmen. Sie müssen häufig Äußerungen hören wie: Ihr seid ja Halsabschneider, ihr verlangt für jeden Handgriff Geld, oder was habt ihr eigentlich noch mit Caritas zu tun. Diese und ähnliche Situationen führen bei vielen Pflegekräften zu einer psychischen Erschöpfung. Um diese Symptome zu verringern, haben wir 2011 für alle Mitarbeiter Entspannungstraining angeboten. Obwohl diese Nachmittage zwar vom Arbeitgeber finanziert wurden, aber in der Freizeit gemacht werden mussten, war die Resonanz sehr gut und es besteht der Wunsch, diese Übungen zu wiederholen.

Ein zusätzliches Angebot für die Mitarbeiter gibt es seit Anfang 2012. Jeder Mitarbeiter kann vierteljährlich entweder eine Rückenmassage, eine Fußreflexzonenmassage oder eine Fußpflege auf Kosten des Arbeitgebers in Anspruch nehmen.

Welche Kontakte, Rückmeldungen, Vernetzungen und Abhängigkeiten gab es innerhalb und außerhalb der Organisation Arbeitszeitorganisation, Gesundheitsmanagement, Diversity Management, Kultur des Lernens?

Arbeitszeitorganisation

Durch die ständige Expansion unseres Unternehmens benötigen wir immer wieder neue Mitarbeiter, obwohl die Fluktuation sehr gering ist. Auch die Wünsche und Anforderungen unserer Kunden haben sich in den letzten 10 Jahren sehr verändert. War es damals noch üblich, dass der früheste Dienstbeginn bei 6:30 Uhr lag und die letzte Mitarbeiterin um 18:30 Uhr die Sozialstation verlassen konnte, so beginnt aktuell die erste Mitarbeiterin um 5:30 Uhr ihren Dienst und die letzte Pflegerin kehrt um 23:30 Uhr auf die Station zurück. War früher von 12:00 bis 15:30 Uhr keine Pflegekraft im Dienst, so ist jetzt keine „pflegefreie" Zeit mehr gegeben.

Andererseits entstehen somit sehr viele Möglichkeiten der Arbeitszeitgestaltung. Vom sehr frühen Dienstbeginn um 5:30 Uhr, der dann natürlich am späten Vormittag endet, bis zum Dienstbeginn um 8:00 Uhr, der vor allem für Mütter mit schulpflichtigen Kindern oder Kindergartenkindern geeignet ist, bis hin zu den Abenddiensten, die auch sehr unterschiedlich beginnen (zwischen 14:30 bis 18:00 Uhr) gibt es viele Möglichkeiten der Arbeitszeitgestaltung.
Um eine hohe Mitarbeiterorientierung zu sichern, sind auch sehr unterschiedliche Arbeitszeitanteile möglich. Bei uns sind neben Vollzeitbeschäftigung alle möglichen Teilzeitmodelle angeboten, d. h. von 100 Prozent Beschäftigung bis zu 20 Prozent und auch geringfügige Beschäftigungsverhältnisse.
Ein sogenanntes „Wunschbuch" für Freizeitwünsche, eine bereits am Jahresanfang erstellte Feiertags- und eine verlässliche Urlaubsplanung sind bei uns seit Jahren selbstverständlich.

Gesundheitsmanagement

Als erster Schritt zur Gesunderhaltung der Mitarbeiter wurde bereits im Frühling 2011 für alle Mitarbeiter über 50 ein Kinästhetikkurs durchgeführt. Für die Altersgruppe zwischen 40 und 50 Jahre ist für 2012 bereits ein neuer Kurs organisiert. Dies soll auch in Zukunft so weitergeführt werden, bis alle Pflegekräfte in rückenschonendem Arbeiten geschult sind. Leider kam die geplante Zusammenarbeit mit dem ambulanten Rehabilitationszentrum aus Kostengründen nicht zustande. Es ist jedoch für das Jahr 2013 die Einführung eines betrieblichen Gesundheitsmanagements geplant.

Diversity Management

In unserer Organisation gibt es sehr viele unterschiedliche Mitarbeiter. Diese Vielfalt sichert uns auch einen breiten Markt, da wir fast allen Nationalitäten in der Stadt eine Pflegekraft anbieten können, mit der sich der Kunde in seiner Muttersprache verständigen kann.
Eine Herausforderung ist der zunehmende Einsatz osteuropäischer Kräfte bei Pflegebedürftigen. Diese Frauen kommen oft mit sehr mangelhaften Sprachkenntnissen in die Familien. Sie haben auch keine Kontakte untereinander, da sie nichts voneinander wissen. Wir beschäftigen einige Mitarbeiterinnen aus osteuropäischen Ländern, die sich dieser Frauen annehmen und ihnen helfen, die sprachlichen Barrieren zu überwinden und auch Kontakte zu knüpfen.
Die Unterschiede gibt es jedoch auch in der Altersstruktur. Angefangen von den Altersgruppen (zwischen 18 und 59 Jahren) sind Fachkräfte aus fünf verschieden Nationen bei uns tätig.Hieraus ergeben sich sehr positive Effekte. Wir bilden aus und haben dadurch auch sehr junge Mitarbeiter. Die Auszubildenden lernen die praktische Arbeit, jedoch können die Fachkräfte

durch sie immer wieder auf den neuesten theoretischen Stand gebracht werden. Es wäre unsinnig, wenn eine praktisch erfahrene Pflegekraft sich dies nicht zunutze machen würde. Unterschiedliches Lebensalter bedeutet meist auch unterschiedliche private Anforderungen. So sind meist junge Mitarbeiter/-innen an einer Vollzeitbeschäftigung interessiert. Sie sind entweder ungebunden oder noch kinderlos und haben ihren Schwerpunkt im Beruf. So sind sie flexibel einzusetzen und sind dafür aber daran interessiert, auch entsprechend Geld zu verdienen.

Mitarbeiterinnen, die in die Familienphase eingetreten sind, möchten vor allem in Teilzeit arbeiten, und das zu Zeiten, in denen sie ihre Kinder versorgt wissen. Das ist oftmals am Abend oder auch an Wochenenden, sowie zu Zeiten in denen die Kinder in der Schule oder im Kindergarten sind. Ältere Mitarbeiter/-innen sind dagegen in der Arbeitszeitgestaltung meistens wieder flexibler, sodass ein gesunder Mix an Generationen für den Arbeitgeber und das Team sehr gut ist.

Lebenslanges Lernen

Mitarbeitern, vor allem denjenigen, die nun bereits über 50 sind, wird oftmals ganz plötzlich klar, dass sie es versäumt haben, sich rechtzeitig durch Fort- und Weiterbildung für Arbeiten zu qualifizieren, die nun ihre körperlichen Einschränkungen ausgleichen könnten. Wenn ich ein Angebot machte, habe ich immer wieder erfahren, dass die Antwort kam, aus familiären Gründen sei dies nicht möglich. Zum einen war die Versorgung der Kinder in längerer Abwesenheit nicht gesichert, zum anderen war der Partner nicht damit einverstanden. Während der Weiterbildungsmaßnahme wurde mir klar, dass jede Pflegekraft, egal ob 20 oder 55 Jahre, angehalten werden muss, sich immer weiterzuentwickeln, um im ständigen Lernprozess zu bleiben.

Rückmeldungen

Die Mitarbeiter fühlen sich ernst genommen in ihren Sorgen. Die anfänglichen Bedenken der jüngeren Mitarbeiter, dass in Zukunft die schwere Arbeit nur bei ihnen bleiben würde, konnten ausgeräumt werden, da sie nun sehen, dass auf die Sorgen und Ängste aller Rücksicht genommen wird. Die Angebote zur Gesundheitsförderung, der Fort- und Weiterbildungen und die verschiedenen Wünsche zur Arbeitszeitgestaltung gelten für jeden, nicht nur für die älteren Kolleginnen. Vor allem die Vereinbarkeit von Familie und Beruf ist ein ganz wichtiger Punkt in unserer Organisation. Die älteren Mitarbeiter waren von Anfang an natürlich von dem Projekt begeistert. Es gab zwar zum Teil zu hohe Erwartungen, da natürlich nicht jeder Wunsch, der bei Projektstart geäußert wurde, erfüllt werden konnte. Im Verlauf der Weiterbildung wurde mir vor allem bewusst, dass nicht nur die Mitarbeiter über 50 auf die restliche Arbeitszeit vor der Rente vorbereitet werden müssen. Dieser Prozess muss viel früher beginnen. Diejenigen, die es versäumt haben, in jüngeren Jahren durch Fort- und Weiterbildung, durch körperliches Training und gesunde Lebensweise sich auf diesen Lebensabschnitt vorzubereiten, haben es dann besonders schwer.

Als Arbeitgeber kann ich Angebote machen, um all dies zu ermöglichen, wenn der Mitarbeiter jedoch alles ablehnt, kann ich ihn nicht dazu verpflichten. Jeder hat auch einen gewissen Grad Eigenverantwortung zu tragen.

Reflexion

Die Fluktuation ist bei uns bereits sehr gering, trotzdem sollte dieser Bereich nicht aus den Augen gelassen werden. Die Steigerung der Arbeitszufriedenheit der Mitarbeiter und somit eine hohe Identifikation mit dem Unternehmen sind mit diesem Projekt gelungen. Unsere Organisation ist im letzten Jahr, sicher auch bedingt durch den demographischen Wandel, aber auch durch hohe Kundenzufriedenheit, sehr gewachsen. Ich denke, nur zufriedene Mitarbeiter schaffen zufriedene Kunden und nur zufriedene Kunden vermitteln uns weiter. Durch den hohen Zuwachs an Pflegebedürftigen ist natürlich auch der Personalbedarf gestiegen. Trotz der schwierigen Situation im Pflegebereich konnten wir alle benötigten Stellen besetzen und dies nicht durch teure Anzeigen, sondern zum großen Teil durch Vermittlung unserer Mitarbeiter. Somit haben wir in Zeiten des Fachkräftemangels immer genügend neues Personal gewinnen können.

Durch das Projekt wurde die Sicht auf verschiedene Bereiche geschärft. Dinge, die schon lange integriert waren, wurden bewusster wahrgenommen. Bereiche, die bisher vernachlässigt wurden, rückten mehr in den Vordergrund. Vor allem den Bereich Diversity sehen wir nun viel bewusster, obwohl dazu schon sehr gute Strukturen gegeben waren. Der Bereich Gesundheit der Mitarbeiter wurde in Vergangenheit oftmals zu wenig berücksichtigt und oftmals als Eigenverantwortung abgetan.

Was waren Stolpersteine, Umwege und Fallen? Welche Sprungbretter konnten wir nutzen?

Als einzigen Stolperstein des Projektes sehe ich den engen finanziellen Rahmen einer Sozialstation. Einige Maßnahmen im Bereich Gesundheitsmanagement sind vorerst daran gescheitert. Es wird jedoch durch eine strukturierte Finanzplanung in diesem Jahr daran gearbeitet, dass für das folgende Jahr Mittel bereitstehen, um diesen wichtigen Bereich zu stärken.

Als Sprungbrett sehe ich die gute Zusammenarbeit mit der Geschäftsführung und den Rückhalt im gesamten Team. Jeder hat inzwischen verstanden, dass altersgerechte Personalentwicklung jeden betrifft und auf viele Bereiche Einfluss hat. Ich hoffe, dass diese entwickelte Strategie so weitergeführt wird. So kann man auch in Zeiten des Fachkräftemangels auf eine gute Qualität der Arbeit durch zufriedene Mitarbeiter setzen. Zufriedene Mitarbeiter sind das größte Gut einer Organisation. Es ist wichtig, Potentiale zu erkennen zu fördern. Anerkennung von Leistung und Wertschätzung der Arbeit sollen stets im Vordergrund stehen.

Ich bin mir sicher, dass auch in Zukunft dem Leitungsteam bewusst ist, dass die Personalentwicklung, die wir in der Vergangenheit instinktiv betrieben haben, sich bewährt hat, was vor allem an der geringen Fluktuation zu messen ist. Die Rahmenbedingungen in unserer Organisation waren auch bisher sehr gut. Durch das Projekt wurde vieles, was bereits vorhanden war, bestätigt, aber auch nochmals der Blick für Dinge geschärft, die noch verbesserungswürdig sind. Vor allem ist mir klar geworden, wie wichtig es ist, altersgerechte Personalentwicklung bei jedem Mitarbeiter bereits mit dem Eintritt in unseren Dienst zu beginnen. Nur so kann dauerhaft jeder davon profitieren.

Diversity Management war mir vor dem Besuch des Kurses kein Begriff. Erst bei der Kurseinheit wurde mir klar, dass wir das seit Jahren schon leben. Es sind viele Mitarbeiter aus verschiedenen Nationen bei uns beschäftigt. In einem intakten Team wird jeder in seiner Verschiedenartigkeit anerkannt und als Bereicherung empfunden. Mitarbeiter lernen einfache Begriffe aus anderen Sprachen von ihren Kolleginnen und freuen sich, wenn sie den Kunden aus anderen Kulturkreisen mit einigen Worten ihrer Heimatsprache Freude bereiten können.

Jedoch nicht nur in der Fachlichkeit sind die verschiedenen Nationalitäten eine Bereicherung. Bei unseren Dienstbesprechungen bringen immer wieder Mitarbeiter Köstlichkeiten aus ihren Heimatländern mit und eröffnen damit einen Einblick in die kulinarische Vielfalt der verschiedenen Länder bzw. Gegenden.

Die Unterschiedlichkeit der Mitarbeiter hatte sicher auch auf unsere Kundengewinnung großen Einfluss. Es spricht sich natürlich herum, wenn man gerade in so einer schwierigen Alltagssituation eine Pflegerin hat, die die Muttersprache versteht und spricht.

Ich habe es z.B. einmal als ein sehr großes Kompliment empfunden, als eine Mitarbeiterin, die aus familiären Gründen zu einem anderen Arbeitgeber wechseln musste Folgendes sagte:

> Bei euch hatte ich das Gefühl, als ob wir alle gemeinsam ein schönes großes Mosaik wären. Jeder Stein passt zum anderen und gemeinsam sind wir ein buntes Bild. Wir haben uns in unserer Verschiedenartigkeit ergänzt, jeder hatte einzigartige besondere Fähigkeiten, die er in die Gemeinschaft

einbrachte, und sich mit den anderen Begabungen ergänzte, so entstand etwas Wunderbares. Wo ich jetzt bin, sind wir alle Steine, die nicht zueinander passen, jeder will sich nur selbst in den Mittelpunkt stellen, so kann nichts Schönes entstehen.

Ich kann nur jedem Arbeitgeber empfehlen, auf ein multikulturelles Team mit sehr unterschiedlicher Altersstruktur zu setzen. Gerade diese Zusammensetzung bietet sehr viele Chancen und Möglichkeiten. Diese sehr verschiedenen Mitarbeiter brauchen jedoch eine sehr sorgfältige und behutsame Führung. Es ist wichtig, dass sich jeder als vollwertiges Teammitglied fühlt, egal wie alt oder welcher Nationalität er ist. Es kostet oftmals große Mühe, doch die lohnt sich auf jeden Fall.

Erfolgskritische Faktoren von Fortbildung als Hintergrund des Projektes und damit Veränderungsprozesses in der eigenen Organisation

Ich sehe die Projektziele zum großen Teil erreicht. Durch die Weiterbildung von zwei Mitarbeitern, die während der Projektzeit stattgefunden hat, konnte ein neues Angebot „Schulung in der Häuslichkeit" integriert werden. Diese Mitarbeiter können nun ihre langjährige Erfahrung qualifiziert zum Nutzen von Kunden und der Organisation einsetzen und haben für sich selbst den Nutzen, zumindest teilweise von schwerer körperlicher Arbeit entlastet zu sein.

Die Umorganisation der Arbeitszeit ist sehr gut angekommen. Sie wird von allen Mitarbeitern sehr positiv empfunden, da fast jeder nach seinen persönlichen Wünschen und Möglichkeiten ein Arbeitszeitmodell gefunden hat.

Es konnten leider nicht alle Erwartungen und Wünsche der Mitarbeiter erfüllt werden. Natürlich kann nicht jede Pflegekraft in den neuen Modellen arbeiten, nicht alle Wünsche können berücksichtigt werden.

Wir sind jedoch eine Organisation, die sich ständig weiterentwickelt, und es wird sicher in der Zukunft noch andere Möglichkeiten geben. Die größte Fundgrube sind die Ideen der Mitarbeiter, die aus ihrer täglichen praktischen Arbeit neue Impulse geben. Diese zu beachten und nach Möglichkeit umzusetzen bringt den größten Gewinn. Die Integration eines betrieblichen Gesundheitsmanagements ist vorerst noch nicht gelungen. Einzelne Maßnahmen wurden durchgeführt, doch der Rest scheiterte an personellen und finanziellen Ressourcen. Ein professionelles betriebliches Gesundheitsmanagement soll ab 2013 durch einen externen Berater eingeführt werden. Jedem sollte klar sein, dass altersgerechte Personalentwicklung nicht bei Personen über 50 beginnen kann, sondern dass der Grundstein bereits in jungen Jahren zu legen ist.

Es wurde vor allem im Bereich Diversity Management das Bewusstsein geschärft. Es ist wichtig, Verschiedenartigkeiten zu akzeptieren. So kann daraus eine sehr positive Organisationsentwicklung entstehen. Es ist erstaunlich, wie sich die Auftragslage verbessern kann und neue Geschäftsfelder dadurch erschlossen werden können sowie das Zusammengehörigkeitsgefühl aller Mitarbeiter auch dadurch gestärkt wird. Wie ebenfalls bereits erwähnt, sind nicht nur die Kursinhalte und die Beispiele aus der Praxis sehr lehrreich gewesen, sondern vor allem das Miteinander und der gegenseitige Austausch sowie die unterschiedlichen Ansichten zu einem Thema aus Sicht der verschiedenen Professionen.

Fortbildung ist in jedem Lebensabschnitt unabdingbar. Nicht erst wenn die 50 überschritten sind, sollten sich vor allem Mitarbeiter aus dem Pflegebereich darüber Gedanken machen. Lebenslanges Lernen endet nicht nach der Ausbildung und fängt erst wieder an, wenn mein erlernter Beruf aus verschiedenen Gründen immer beschwerlicher wird. Oft wird es nötig sein, Mitarbeiter/-innen auch mit sanftem Druck zu Fort- und Weiterbildungsmaßnahmen zu schicken. Dies ist für die persönliche Situation und für den Bestand der Organisation unerlässlich.

„Gesund bleiben trotz harter Arbeit"

Die Einführung eines betrieblichen Gesundheitsmanagements

Waltraud Kannen

Beschreibung des Projektes

Ausgangssituation und Handlungsbedarf

Die Sozialstation Südlicher Breisgau e. V. ist ein ambulanter Pflegedienst, gegründet 1975. Die Angebotspalette reicht von der Grund- und Behandlungspflege über spezielle Kurs- und Beratungsangebote hinweg bis zu diversen innovativen Angeboten für Menschen mit Demenz und ihren Familien. Die tägliche Arbeit am Menschen ist für die Mitarbeitenden fachlich, physisch und psychisch höchst anspruchsvoll und dadurch für einige auch belastend. Dieses führte dazu, dass eine hohe Anzahl von Mitarbeitenden langzeitkrank waren, zum Teil schon seit mehreren Jahren, und die Krankheitsquote in der Einrichtung zwischen 5 und 6 Prozent lag. Die Organisation befand sich unter anderem auch dadurch in einer wirtschaftlich belasteten Situation. Eine ergriffene Maßnahme war die Vereinbarung einer 42-Stunden-Woche für die Dauer eines Jahres. Dazu kam der sich abzeichnende Mangel von geeigneten Pflegefachkräften. Bis dahin war ein konzeptionelles Gesundheitsmanagement nicht im Blick, die Führung hatte sich weder mit betrieblichem Eingliederungsmanagement (BEM) beschäftigt, noch wurden die gesetzlichen Vorgaben für betriebsärztliche Untersuchungen und die der Arbeitssicherheit durchgängig umgesetzt.

Ziele des Projektes

Das Ziel meines Projektes im Rahmen des Kurses „Altersgerechte Personalentwicklung" war es, ein betriebliches Gesundheitsmanagement aufzubauen. Ich gehe aus von der These, dass gesunde Mitarbeitende, neben dem ethischen Anspruch als kirchlicher Arbeitgeber, die Basis für den Erfolg und die wirtschaftliche Stabilität einer Sozialstation sind. Aus oben genannten Gründen (hohe Krankheitsquote, Fachkraftmangel, Wirtschaftlichkeit) gab es einen dringenden Handlungsbedarf für die Erarbeitung und Implementierung eines Konzeptes zur betrieblichen Eingliederung (BEM) als ersten wichtigen Schwerpunkt. Eine weitere Notwendigkeit war die Umsetzung der gesetzlichen Vorgaben zur Arbeitssicherheit. Das Leitungsteam der Sozialstation Südlicher

Breisgau formulierte darüber hinaus gemeinsam mit der Mitarbeiterschaft für sich ein handlungsleitendes Ziel. Man wollte als Einrichtung des Gesundheitswesens selbst Vorbild im „gesunden Arbeiten" sein. Die einzelnen bislang erfolgten Schritte werden nachfolgend beschrieben und direkt reflektiert.

Die Basis eines betrieblichen Gesundheitsmanagements

Es gibt für den Dienstgeber viele Gesetzesvorgaben im Rahmen der Arbeitssicherheit zu berücksichtigen, seien dieses nun Unfallverhütungsvorschriften, Brandschutz, Gefährdungsbeurteilungen und vieles mehr. Die Erfüllung der gesetzlichen Vorgaben war unser erster Schritt, um eine solide Basis zu erhalten. Unverzichtbar dafür waren uns Berater, wie sie der Betriebsarzt und die Fachkraft für Arbeitssicherheit sind. Das Bestreben war es, dafür als Partner Menschen zu gewinnen, die eine hohe Motivation und Interesse an der Thematik mitbringen und innovativ nach vorne gerichtet arbeiten. Mit ihnen sowie mit der Pflegedienstleitung, der MAV-Vertreterin und mir als Geschäftsführerin gründeten wir unseren Arbeitssicherheitsausschuss (ASA). Nach nunmehr eineinhalb Jahren können wir feststellen, dass die gesetzlichen Vorgaben 1:1 erfüllt sind bzw. laut Planung bis Ende des Jahres umgesetzt werden. Es fehlt noch die letzte Überarbeitung der Gefährdungsanalyse, die Schulung zur Sicherheitsbeauftragten und zum Aufzugwärter. Die Veröffentlichungen der Berufsgenossenschaft für Wohlfahrtspflege waren hilfreich.

Arbeitsärztliche Untersuchungen werden regelmäßig angeboten und die medizinische Beratung wird von allen Beteiligten genutzt. Unterweisungen über den Infektionsschutz, Hygienerichtlinien, Unfallverhütung und Brandschutz finden turnusgemäß statt. Die Nachhaltigkeit ist durch eine Jahresplanung mit regelmäßig verteilten Verantwortlichkeiten und geplanter Evaluation gesichert.

Das Projekt des betrieblichen Eingliederungsmanagements (BEM)

Das Sozialgesetzbuch (§ 84 Abs. 2 SGB IX) verpflichtet Arbeitgeber seit 2004, ein so genanntes betriebliches Eingliederungsmanagement durchzuführen. Es gilt für Arbeitnehmerinnen und Arbeitnehmer, die innerhalb eines Jahres länger als sechs Wochen arbeitsunfähig sind. In diesem Verfahren soll geklärt werden, wie die Arbeitsunfähigkeit möglichst überwunden und der Arbeitsplatz erhalten werden kann. Ebenso wird geklärt, welche Leistungen oder Hilfen gegebenenfalls notwendig sind, um einer erneuten Arbeitsunfähigkeit vorzubeugen. Ziel des Gesprächs ist nicht bloß die Überwindung von unerwünschten Folgen aus der Vergangenheit, sondern auch im Rahmen der Prävention die Verhinderung negativer Folgen für die Zukunft. In der Zusammensetzung des Integrationsteams, das verantwortlich für die Durchführung ist, sollten sich die Interessensvertretung der Dienstgeber- und Dienstnehmerseite widerspiegeln. In der Umsetzung des Projektes wurde dazu in der Sozialstation eine Arbeitsgruppe installiert. Sie bestand aus der Geschäftsführerin, der Pflegedienstleitung und aus zwei Mitgliedern der Mitarbeitervertretung (Pflege und Hauswirtschaft). Eine andere Einrichtung hatte uns ihr Konzept zum BEM zur Verfügung gestellt, dieses passten wir an und stellten es dem Vorstand und der Mitarbeiterschaft zur Diskussion vor. Nach drei Monaten intensiver Bearbeitung traf man eine Dienstvereinbarung über die Modalitäten mit der Mitarbeitervertretung.

Zum Projektabschluss lagen die Erkenntnisse aus elf geordneten BEM-Verfahren vor, fünf davon waren bereits abgeschlossen.

Nachfolgend die Ergebnisse:

- Durch die im Vorfeld geführte breite Information und Diskussion mit Mitarbeiterschaft ging man davon aus, dass das Verfahren bekannt und eingeführt war. Trotzdem zeigten sich im Ergebnis die betroffenen Mitarbeiterinnen bei der Einladung zum ersten BEM-Gespräch uninformiert. Sie reagierten unterschiedlich: Zwei verweigerten die Kooperation komplett; so erteilten sie zum Beispiel dem Betriebsarzt nur eingeschränkt die Erlaubnis, mit dem behandelnden Arzt Kontakt aufzunehmen. Drei andere benötigten einige Gespräche, um zu erkennen, dass ihnen das neue transparente Vorgehen des BEM ein positives Forum bietet, in dem man frühzeitig miteinander nach unterstützenden Maßnahmen und Perspektiven Ausschau hält. Sie blieben misstrauisch und erschwerten dadurch ein konstruktives Vorgehen immens. Die anderen Mitarbeiterinnen waren zuerst abwartend, danach aber uneingeschränkt kooperativ. Mit ihnen konnten zufriedenstellende Ergebnisse erzielt werden, die auch heute noch tragen.

- Grundsätzlich erkannten wir, wie wichtig es ist, bei längerer Erkrankung frühzeitig geregelt und transparent im Gespräch zu bleiben. Wir beobachteten, dass sich bei den erkrankten Mitarbeitenden die Verhältnismäßigkeiten verschieben und die eigene Perspektive übermächtig wird. Bei der überwiegenden Mehrheit gerieten die Interessen des Betriebes außerhalb des Blickfeldes und konnten nicht oder nur mehr kaum wahrgenommen werden. Von großer Bedeutung war die Angst um den Arbeitsplatz, aber auch die Auseinandersetzung mit den krankheitsbedingten Einbußen und der eigenen Zukunft. Diese Prozesse, die vom Integrationsteam eine hohe Sensibilität abverlangen, wurden von uns anfangs unterschätzt und sprechen dafür, baldmöglichst das BEM zu eröffnen.

- Eine generelle Beteiligung des Betriebsarztes hat sich bewährt. Er hat mehrere Aufgaben, die wir in der Praxis beobachten konnten. Zum Beispiel konnte er das Niveau der durchgeführten medizinischen

Therapien und deren Erfolg beurteilen, für die Mitarbeitenden war er eine zusätzliche „ärztliche Instanz", die beratend auftrat, den Mitarbeitenden Sicherheit gab, ihnen aber auch noch weitere Optionen für die Behandlung aufzeigte und diese durch ein fachliches Gespräch mit den behandelnden Ärzten direkt kommunizierte. Sehr hilfreich war seine Unterstützung bei der Beschleunigung der oft langwierigen Anträge zur Rehabilitation. In kritischen Situationen hat er, dadurch dass er kein direktes Mitglied der Organisation war, durch seine Außenwahrnehmung generell eine distanzierte, hilfreiche Perspektive ermöglicht.

• Durch die multiprofessionelle Zusammensetzung des BEM-Teams, das jeweils unterschiedliche Perspektiven einnimmt, wurden in einigen Fällen Lösungen gefunden bzw. Entscheidungen getroffen, die von hoher Kreativität und Akzeptanz geprägt waren. Grundsätzlich verhindert die Zusammensetzung eine frühe Engführung und eröffnet individuelles Handeln.

• Die Evaluation der durchgeführten BEM führte bereits nach einem Jahr zu einer Ergänzung des Verfahrens, mit Hilfe eines Nachgesprächs ein halbes bis einem Jahr nach Abschluss der erfolgten Wiedereingliederung. Hier wird die Nachhaltigkeit der getroffenen Maßnahmen überprüft.

• Wir reflektierten in der Arbeitsgruppe Fragen wie: „Wer schafft es, nach Krankheit schnell zurück zu kommen und wer nicht?"; „Was unterscheidet die Einen von den Anderen?"; „Wie gehen wir angesichts prekärer Prognosen mit dem Spannungsfeld zwischen Fürsorge und betrieblich-wirtschaftlichen Interessen um?". Auch wenn es auf diese Fragen keine allgemeingültigen Antworten gibt, sind Austausch und zuweilen das Ringen um verantwortliche Handlungswege nötig, damit alle sie mittragen können und vor der Mitarbeiterschaft auch vertreten können. Die hohe Bedeutung der Kongruenz mit Glaubwürdigkeit und Eindeutigkeit vonseiten der Geschäftsführerin als „oberster" Leitung kam mehr als einmal zum Ausdruck. Die in diesem sensiblen Bereich gelebten Werte und Positionen werden von den Mitarbeitenden wahrgenommen und unweigerlich auch auf andere Handlungsfelder übertragen.

Als Einrichtung des Gesundheitswesens Vorbild sein?!

Das Leitungsteam hatte sich gemeinsam mit der Mitarbeiterschaft vorgenommen, als Einrichtung des Gesundheitswesens (intern und extern) selbst im gesunden Arbeiten Vorbild zu sein. Neben der Verankerung des Gesundheitsaspektes in den Zielvereinbarungsgesprächen und der Pflegevisite vor Ort setzten wir weitere sichtbare Zeichen unseres Schwerpunktes „Betriebliches Gesundheitsmanagement" (BGM) und kommunizierten sie bei der Mitarbeiterschaft als solche. Die Reihenfolge ergibt sich aus der Chronologie.

Das Angebot der Firmenfitness

Die Dienstzeiten in der ambulanten Pflege sind wechselnd und erstrecken sich auch auf das Wochenende, sodass es für die Mitarbeitenden nicht immer möglich ist, regelmäßig zu festen Zeiten an Fitnessangeboten teilzunehmen. Die Sozialstation hatte über viele Jahre hinweg der Belegschaft in Kooperation mit einer Krankengymnastikpraxis das Angebot von Rückenschulung gemacht. Es nutzten einige wenige, die in der Nähe wohnten, die anderen scheuten die zum Teil weite Anfahrt. Da die Mitarbeitenden aus einem großen Einzugsgebiet kommen, war es keine Lösung, einen Vertrag mit nur einem Fitnesscenter zu schließen. Ziel sollte ein Angebot bei wohnortnahen Fitnesscentern sein, die freie Trainingszeiten anbieten. Mit Hansefit fanden wir einen Partner, mit dem wir dieses seit Januar 2011 umsetzen. Unsere Mitarbeitenden erhalten das Angebot, über einen vom Dienstgeber abgeschlossenen Kontingentvertrag gegen einen Unkostenbeitrag von monatlich 15 Euro alle angeschlossenen Fitnesscenter zu besuchen inklusive der hiesigen Therme und dem Sportbad. Die Restkosten trägt die Einrichtung. Je mehr Beteiligung seitens der Belegschaft, umso geringere Restkosten. Das Angebot findet großen Zuspruch. Zwei Drittel der Belegschaft traten direkt vertraglich bei. Die Nutzung kann der Dienstgeber anonymisiert einsehen. Nebeneffekte sind Bekundungen der Mitarbeitenden, dass sie das Angebot als Wertschätzung ihrer Arbeit ansehen und dass sie sich mit Kolleg/-innen verabreden und dadurch die Dienstgemeinschaft pflegen.

Der jährliche Fortbildungsplan

BGM ist Thema, wenn der jährliche Fortbildungsplan erstellt wird. Es gibt klassische Gesundheitsthemen, die regelmäßig auf dem Fortbildungsplan stehen, wie kinästhetisches Arbeiten oder der adäquate Umgang mit demenzerkrankten Personen. Der Fokus auf BGM führte dazu, die Mitarbeitenden zu sensibilisieren, bei sich wahrzunehmen, was ihnen bei der Arbeit Unsicherheit und Stress macht und dieses zu benennen. Das Ziel ist es, eigenverantwortlich frühzeitig Überforderung oder Diskrepanzen von Tun und Wollen zu erkennen und konstruktiv aktiv an der Behebung zu arbeiten. Es kommen viele Vorschläge, die ins Programm einfließen; gleichzeitig wird intern nach möglichen Referent/-innen geschaut, sodass der Aspekt der kollegialen Beratung verstärkt gelebt wird.

Teilnahme am Modellprojekt „Mitarbeiterbefragung"

Die Mitarbeitenden der Sozialstation tragen den Konsolidierungsprozess solidarisch mit. Auch die für ein Jahr gearbeitete 42-Stunden-Woche führte seitens der Mitarbeiterschaft zu keinen Kündigungen. Die wirtschaftliche Situation hat sich seitdem stabilisiert. Die Fragen, die uns im Fokus BGM beschäftigten, waren: Wie geht es unseren Mitarbeitenden? Wie beurteilen sie ihre Arbeitssituation im Vergleich zu den Mitarbeitenden anderer gleich ausgerichteter Einrichtungen?

Durch die Teilnahme an einem diözesanweiten Modellprojekt, das eine quartalsweise Mitarbeiterbefragung und eine halbjährige Klientenbefragung vorsieht, erhofften wir Antworten. Die Umfrageergebnisse unserer Einrichtung waren ernüchternd. Die Einschätzung der Belegschaft zu ihrer gesundheitlichen Situation zeigte eine im Vergleich zu den anderen Einrichtungen deutlich höhere Belastung auf. Es ist schwer einzuschätzen, ob es an der erfolgten organisationalen Sensibilisierung liegt oder was die Gründe sind. Die Krankheitsquote ist im Vergleich zu den anderen Einrichtungen nicht auffällig anders bzw. lag im Jahr 2011 mit 3,1 Prozent unter der diözesanweit erhobenen Zahl von 3,4 Prozent. Wir beobachten jedoch eine Tendenz, die auf andere Erklärungen hindeutet. Wir stellen fest, dass Mitarbeitende sich trotz offensichtlicher Krankheit nicht krankmelden und ihren Kolleginnen kein Einspringen zumuten möchten. Diese Verhaltenskultur wird nun im Kontext von BGM thematisiert, die Intention gewürdigt, wir arbeiten jedoch miteinander an einer sich verändernden Haltung im Krankheitsfall. Insgesamt halten wir fest, dass eine quartalsweise Mitarbeiterbefragung zu engmaschig ist. Es braucht Zeit, die Ergebnisse einer Befragung auszuwerten, sinnvolle Maßnahmen zu ergreifen und deren Wirkung zu beobachten.

Auswertung Unfallstatistik

Eine erhöhte Unfallstatistik mit den Dienstautos in der Einrichtung lenkte unser Augenmerk auf das Fahrverhalten der Mitarbeitenden. Die Auswertung unserer Unfallereignisse zeigte auf, dass vor allem bei den Pflegefachkräften eine erhöhte Unfallrate durch Arbeitsverdichtung und nach Konflikten mit Klienten bzw. deren Angehörigen auftrat. Nach der Analyse war der erste Schritt, gezielte Fahrtrainings anzubieten. Im weiteren Verlauf beschäftigten wir uns mit unserer Arbeitsorganisation und den Umgang mit Konflikten und Stress. Das lernende Herangehen in der Auswertung der Unfallstatistik erlebten die Mitarbeitenden, die Unfälle verursacht hatten, für sich entlastend und weiterführend.

Beitritt zum familienfreundlichen Bündnis

Der Landkreis Breisgau-Hochschwarzwald hat ein Bündnis „Familienfreundliche Betriebe" ins Leben gerufen. Die Sozialstation trat diesem bei. Es gibt aus dem BGM heraus zwei Intentionen dafür: Erstens möchten wir als Arbeitgeber für die Mitarbeitenden mit Kindern oder diejenigen in Pflegesituation stehend attraktiv sein. Des Weiteren bieten wir uns als Partner von hiesigen Betrieben an, die sich auf den Weg des „Elder Care" gemacht haben. In der Einrichtung entstanden nun neue Modelle von „Eltern-Touren" (zwei „Mamas" teilen sich jeweils eine Tour und starten erst um 8:00 Uhr). Für die Ferien bieten wir im Netzwerk mit anderen örtlichen Betrieben erstmalig eine organisierte Ferienbetreuung für 6- bis 12-Jährige an. Derzeit überprüfen wir die Möglichkeit, bei den nachmittäglich stattfindenden Dienstbesprechungen und Fortbildungen ebenfalls Kinderbetreuung anzubieten. Grundsätzlich herrscht ein offenes, kinderfreundliches Betriebsklima und Kinder sind bei Festivitäten willkommen. Für den Herbst planen wir eine Arbeitsgruppe für die Mitarbeitenden aus anderen Lebenssituationen (Single, Paare ohne Kinder, etc.) mit dem Ziel, dass diese Konzepte für die Umsetzung ihrer Bedürfnisse erarbeiten. Extern haben die Beitritte zum Bündnis Familienfreundlicher Landkreis und zum Bündnis Ferienbetreuung zu einer positiv veränderten Wahrnehmung der Sozialstation geführt. Die Rückmeldungen zeigen, dass die Sozialstation vorher weder im Bewusstsein der Firmen war noch als potentieller Kooperationspartner gesehen wurde.

Einführung des Angebotes von Teamsupervision bzw. Einzelsupervision

Mitarbeitende bzw. Teams erhielten gezielt das Angebot einer Supervision, um mit fachlicher Begleitung an ihrer Zusammenarbeit im Team und an Fallbesprechungen zu arbeiten. Die Kosten werden von der Einrichtung übernommen, die eingesetzte Zeit hälftig. Einzige Voraussetzung für die Genehmigung ist, dass sich das Team oder der Mitarbeitende vorab Ziele formuliert und diese kommuniziert. Es ist ein Instrument, das bei unseren Mitarbeitenden recht unbekannt ist und verhalten genutzt wird, jedoch mit steigender Tendenz.

Einführung eines Deeskalationsmanagements

Das Schwerpunktthema BGM ließ uns neu auftretenden Themen gegenüber sensibler werden. Aufgrund mehrerer Gewaltsituationen im letzten Jahr (sexuelle Grenzüberschreitung, Ausübung von physischer und psychischer Gewalt gegen Pflegekräfte) wurde eine multiprofessionelle Arbeitsgruppe eingerichtet, die sich konzeptionell mit Gewalt und Deeskalation auseinandersetzt. Die Wahrscheinlichkeit für das Auftreten aggressiver Verhaltensweisen und angespannter Situationen ist in der ambulanten Pflege naturgemäß vorhanden und es sollten alle Möglichkeiten der Deeskalation genutzt werden, um psychische und/oder physische Beeinträchtigungen bei Mitarbeitenden und Klienten zu verhindern. Aggressive Verhaltensweisen werden in der Regel durch innere Not (Angst, Krankheit, Stress, etc.) verursacht. Minimierung von Gewalt und der optimale Umgang mit aggressiven Klienten und Familiensystemen sind unser Ziel. Wir setzen bei unseren Mitarbeitenden an. Geplante Handlungsstränge sind die Stärkung ihrer Fremd- und

Selbstwahrnehmung, Klärung des Verständnisses von „Helfen wollen und Grenzen aufzeigen" und ein Gleichgewicht von der Selbstsorge und Fürsorge zu erarbeiten. Der Auftakt für die Belegschaft war ein einführender Vortrag, für das Frühjahr 2013 sind zwei Workshops in Vorbereitung. Eine Verfahrensanweisung im Falle von Gewalt und Übergriffigkeit wird derzeit erstellt. Systematisch fließt der Umgang mit Deeskalation in die Instrumente wie Einarbeitung, Pflegevisite, Mitarbeitergespräche und Supervision ein.

Reflexion

Der Akzent des Projektes lag auf der Einführung eines betrieblichen Gesundheitsmanagements. Es zeigte sich im Alltag sehr schnell, dass dieses ein Querschnittthema ist und somit viele Bereiche tangiert. In der Vorstellung war es für mich, wie eine Brille mit Namen BGM aufzusetzen und durch diese „Gläser" die Arbeitsbereiche und anstehenden Aufgaben zu betrachten und zuzuordnen. Diese Vorgehensweise half mir, das Projekt stringent zu verfolgen. Es war eine Fülle von Themen, die wir in nur kurzer Zeit bearbeitet haben, die meines Erachtens ohne eine klare Zielorientierung und Zuordnung anders nicht nachhaltig in die Einrichtung implementiert werden kann. Es ist jedoch notwendig bei den Mitarbeitenden die Angebote und Maßnahmen bei jeder sich bietenden Gelegenheit in den Kontext des BGM zu setzen und dieses zu kommunizieren, um einen hohen Grad an Sensibilisierung zu erreichen. Die Spannung von Fürsorge und Selbstfürsorge im eigenverantwortlichen Handeln wird beim betrieblichen Gesundheitsmanagement eine Gratwanderung bleiben. Für uns ist es wichtig, durch Strukturen rechtzeitig zu erkennen, ob es Ausschläge in die eine oder andere Richtung gibt und dieses direkt zeitnah anzugehen.

Positiv für die Nachhaltigkeit war die Erarbeitung der Konzepte durch die durchgängige Einbeziehung der unterschiedlichen Professionen der Einrichtung und Arbeitsbereiche. Sie ermöglichte im Nebeneffekt Einblicke in die anderen Arbeitsfelder und stärkte insgesamt das Wir-Gefühl in der Sozialstation. Der Mehrwert durch das Projekt BGM ist für die Sozialstation in hohem Maße gegeben. Erstmalig sind wir auf der gesetzlich sicheren Seite und setzen uns – auch bewusst als kirchliche Arbeitgeberin – mit zukunftsträchtigen menschenwürdigen Arbeitsbedingungen aktiv und partizipativ auseinander. Wir stellen uns damit dem aktuellen Fachkräftemangel und setzen positive Signale im Sinne einer konstruktiven transparenten Herangehensweise. Insgesamt war es für das Projekt hilfreich, dass es als Bestandteil der Fortbildung „Altersgerechte Personalentwicklung" eine äußere Struktur hatte. Je Fortbildungseinheit hatten wir die Aufgabe, den Projektstand vorzustellen und erhielten die Möglichkeit, dieses mit den anderen Teilnehmer/-innen auf hohem fachlichem Niveau zu diskutieren. Die vielfältigen theoretischen Inputs eröffneten ebenfalls noch weitere Perspektiven und boten Chancen zur

Reflektion. Ohne diese Einbettung sehe ich es als schwierig an, ein solches Projekt auf diesem hohen Niveau im Alltag anzugehen und kontinuierlich zu verfolgen.

Human Capital versus demografische Entwicklung – Situationsanalyse in einer Jugendhilfeeinrichtung

Herbert Baumbusch

Beschreibung Projekt

Mitarbeiterbefragung zum Zwecke der Mitarbeiterbindung (Human Capital vs. demografischer Wandel) und als Grundlage für einen künftigen alter(n)sgerechten Einsatz im Unternehmen Erzbischöfliches Kinder- und Jugendheim St. Kilian, Walldürn.

Ausgangssituation und Handlungsbedarf/Motivation für das Projekt

• Länger arbeiten!

In den vergangenen Jahrzehnten war der Umgang mit älteren Beschäftigten durch die Möglichkeit eines frühzeitigen Ausstiegs aus dem Erwerbsleben gekennzeichnet.

Die im gesellschaftlichen Konsens betriebene Altersteilzeitpolitik verfestigte den frühzeitigen Ausstieg aus dem Erwerbsleben. Auch gegenwärtig wird die Altersteilzeit noch häufig genutzt, um die Belegschaften zu verjüngen und zu verkleinern – ein Weg, der allerdings im Jahre 2010 durch den Gesetzgeber erschwert wurde.

• Mitarbeiterbindung und -gewinnung vor dem Hintergrund des demografischen Wandels, der keine Zukunftsprognose mehr ist, sondern bereits Realität: Die arbeitende Bevölkerung wird immer älter. Bis 2025 nimmt der Anteil der Beschäftigten zwischen 55 und 63 Jahren stark zu.
Es gibt dadurch immer weniger junge Berufseinsteiger/-innen und somit einen Mangel an jungen Fachkräften!

• Prävention, damit ältere Mitarbeitende nicht überfordert werden und ihre Arbeitskraft dem Unternehmen auch im Alter zur Verfügung stellen können.

Ziel(e) des Projekts

• Sicherstellen, dass genügend gut motivierte Mitarbeitende dem Unternehmen auch künftig zur Verfügung stehen
• Fragen zu Work-Life-Balance aufwerfen und Lösungen hierzu finden
• Klären von Fragen zur Chronobiologie und der Gesundheitsförderung

- Arbeiten und Leben im Einklang mit unserem Leitbild
- gesunde Mitarbeiter, die mit Freude zur Arbeit kommen und Vorbildfunktion übernehmen können

Im Projektverlauf bearbeitete Inhalte, gesetzte Strukturen, durchgeführte Maßnahmen, erreichte Meilensteine/Zwischenergebnisse

Gewählte Form der Mitarbeiterbefragung: Onlinegestützter Fragebogen mit u. a. grafischen Auswertemöglichkeiten durch das Programm Grafstat4, auch um die Anonymität (Handschrifterkennung soll ausgeschlossen werden) zu wahren.

- Ende 2010: Fertigstellung und Auswertung des Fragebogens

- Ende 2011: Vorstellen Befragungsergebnisse der Mitarbeitervertretung mit Klären des weiteren Vorgehens hinsichtlich der nicht besser als mit 2,5 bewerteten Fragen (Schulnotenprinzip 1–6).

  Den Mitarbeitenden wurde das Ergebnis der Befragung im Rahmen einer Betriebsversammlung erläutert.

- Anfang 2012: Beginn der Qualitätszirkelarbeit nach Ausschreibung der beiden Qualitätszirkel und Bewerbungsmöglichkeit zur Mitarbeit in einem dieser QE-Zirkel.

Ziele Qualitätszirkel 1: Lösen der Fragenbereiche: Umgang von Leitung mit MA (Fürsorge, Arbeitsbelastung, Wertschätzung, Konflikt-, Streit- u. Fehlerkultur)

Ziele Qualitätszirkel 2: Lösen der Fragenbereiche: Arbeitsabläufe, Infofluss, Transparenz der Abläufe, Zusammenarbeit der Bereiche

Bearbeitungszeitraum: Anfang März 2012 im Konferenzraum/Bibliothek, Zeitbedarf in Stunden und Sitzungen: fünf Sitzungen à je zwei Stunden.

Für den oben angegebenen Zirkel suchen wir 4–6 Mitarbeiterinnen oder Mitarbeiter aus allen Bereichen, die auf der Grundlage unserer Mitarbeiterbefragung Vorschläge für die Steuerungsgruppe erarbeiten.

Die Zirkelarbeit wird von mir moderiert.

Arbeitstage/Arbeitszeiten sind montags, 09:00 – 11:00 Uhr und/oder freitags von 13:30 Uhr bis 15:30 Uhr. Die Zirkel-Arbeitszeit findet zusätzlich zur gewöhnlichen Arbeitszeit statt und wird pauschal mit 20 Euro/Std. brutto vergütet.

Haben wir Ihr Interesse geweckt?

Dann melden Sie sich bitte schriftlich bis 16.02.2012 bei mir. (Muster: Name, Vorname, Wunsch zur Teilnahme an der Zirkelarbeit, Unterschrift) Die Entscheidung über die Zusammensetzung des Qualitätszirkels wird durch die Steuerungsgruppe (= Teilnehmer der Leitungskonferenz) am 17.02.2012 getroffen.

Freundliche Grüße

Herbert Baumbusch

Verwaltungsleiter und Qualitätsbeauftragter

Folgende Hinweise/Handlungsanleitungen zur Mitarbeiterbefragung wurden gegeben

Hinweise zur Mitarbeiterbefragung

Sehr geehrte Mitarbeitende,
anbei noch einige Hinweise zu unserer computergestützten Mitarbeiterbefragung:

1. Jedem Mitarbeiter in der Einrichtung St. Kilian werden zufällig (durch ein Losverfahren) sog. TAN-Nummern vergeben. TAN-Nummern schließen Unbefugte von der Befragung aus, verhindern eine Mehrfachteilnahme und garantieren Anonymität. Die TAN-Nummern befinden sich in der Pforte. Jede(r) Mitarbeiter(in) sollte bis spätestens 06. Dezember eine TAN-Nummer gezogen haben.
Die Befragung selbst läuft vom 01. Dezember bis zum 08. Dezember 2010.

2. Gehen Sie auf die Seite
http://www.hosting.grafstat.com/st-kilian/formulare/mitarbeiterbefragung2010.htm

3. Geben Sie ihre persönliche TAN-Nummer ein

Codenummer ⬚ (TAN)

zur Person
1. Alter
     ⚬ bis 45 Jahre   ⚬ ab 46 Jahre

zur Person
2. Sie arbeiten in folgendem Bereich unserer Einrichtung:
     ⚬ Schule   ⚬ Hauswirtschaft / Küche / Hausmeister
     ⚬ Sozialpädagogik   ⚬ Verwaltung / Fachdienst

4. Füllen Sie die Umfrage gewissenhaft aus. Fragen, bei welchen Sie keine Antwort wissen, können mit „keine Angabe möglich" angewählt werden.

5. a) Falls Sie die Umfrage oder ihre persönlichen Antworten behalten wollen, sollten Sie die Seite jetzt ausdrucken („Datei" ⬚ „Drucken" ⬚ „OK").

203

b) Um Papier zu sparen, gehen Sie auf „Datei" □ „Drucken" □ „Eigenschaften" □ „Effekte" □ „% normale Größe" □ und ändern Sie den Wert „100" in „80" um.

6. Wenn Sie mit der Umfrage fertig sind, wählen Sie „fertig zum Abschicken" und drücken Sie den „Abschicken"-Button.

Der Fragebogen ist jetzt:
◉ **noch nicht fertig**
○ **fertig zum Abschicken**

Abschicken	Eingabe loeschen

7. Falls Sie eine oder mehrere Angaben ändern möchten, geben Sie erneut die TAN-Nummer ein und füllen sie die Anfrage noch einmal komplett aus.

8. Sollten Sie Unterstützung beim Ausfüllen benötigen oder den Fragebogen in Papierform ausfüllen wollen, setzen Sie sich bitte mit mir in Verbindung, dass ich dies durch einen Zivildienstleistenden organisieren kann

Wir danken für Ihre Teilnahme.

Freundliche Grüße

Herbert Baumbusch
Verwaltungsleiter und Qualitätsbeauftragter

Welche Kontakte, Rückmeldungen, Vernetzungen und Abhängigkeiten gab es innerhalb und außerhalb der Organisation?

Anspruchsgruppe Mitarbeitervertretung (MAV)

Die MAV war von Anfang an in das Projekt involviert, d. h. der Entwurf der Befragung wurde der MAV zur Ansicht mit der Möglichkeit zur Überarbeitung vorgelegt. Auch konnten hierdurch neue, interessante Fragen gefunden werden. Das Ergebnis der Befragung wurde eingehend mit der MAV besprochen und gemeinsam mit der Leitung wurden die Fragen ausgesucht, auf die man nochmals ein besonderes Augenmerk legen wollte. (Ursprungskriterium war die Benotung von schlechter als 2,5 bzw. Anmerkungen im freien Text, für die eine Vertiefung/Klärung als wichtig empfunden wurde.) In der nun beginnenden Qualitätszirkelarbeit werden Mitglieder der MAV in allen Zirkeln vertreten sein.

Anspruchsgruppe Mitarbeitende

Die Mitarbeitenden wurden von ihren Bereichsleitern in die Ziele und den Ablauf der Mitarbeiterbefragung eingewiesen.

Fragen konnten so im Vorfeld geklärt, Ängste in Bezug auf die Anonymität – schließlich wurde auch Vorgesetztenverhalten detailliert abgefragt – vermieden werden.

Der verfahrenstechnische Ablauf der Befragung wurde per Mail durch den Projektleiter (Qualitätsentwicklungsbeauftragten) eingehend beschrieben.

Des Weiteren zeigte dieser anhand eines Musterfragebogens den Ablauf im Bereich Hauswirtschaft praktisch auf. Somit wurde den Mitarbeitenden die Einfachheit und Datensicherheit sowie der Anonymitätsschutz verdeutlicht. Ferner wurde noch eine EDV-Hilfe durch Zivildienstleistende angeboten, die jedoch nur in einem Falle in Anspruch genommen wurde.

Anspruchsgruppe Leitung

Die Leitung (entspricht dem Steuerungskreis Qualitätsentwicklung und setzt sich aus dem Direktor und den einzelnen Bereichsleitungen in St. Kilian zusammen) war von Beginn an in das Projekt eingebunden, d. h. der Entwurf der Befragung wurde im Steuerungskreis besprochen, überarbeitet oder einzelne Fragen wurden modifiziert.

Das Ergebnis der Befragung wurde eingehend mit der Leitung besprochen und gemeinsam wurden die Fragen ausgesucht, auf die man nochmals ein besonderes Augenmerk legen wollte. (Ursprungskriterium waren auch hier die Benotung von schlechter als 2,5 bzw. Anmerkungen im freien Text, für die eine Vertiefung/Klärung als wichtig empfunden wurde.)

Reflexion

Unsere Projektziele wurden in vollem Umfange erreicht! Sowohl die Auswahl der Fragen als auch das Vorgehen (Beteiligung der Leitung und der MAV sowie der computergestützte Weg der Durchführung und das „Mitnehmen" der Mitarbeitenden) sorgten für eine hohe Transparenz. Die Beteiligung war ein überragender Erfolg, 97 Mitarbeiter/-innen (von 115) – auch in dislozierten Einrichtungsbereichen – haben den Fragebogen online ausgefüllt und somit die Chance genutzt, zur Weiterentwicklung von St. Kilian beizutragen.

Die gemeinsame Auswertung und das weitere Vertiefen einzelner Aspekte in den gebildeten Qualitätszirkeln tragen zur guten Qualitätsentwicklung von St. Kilian bei.

Stolpersteine oder gar Fallen wurden durch eine sehr genaue Planung und transparente Durchführung vermieden.

Ein „Sprungbrett" war sicherlich die Durchführung der computergestützten

Auswertung mit dem Programm Grafstat4, das Befragungen und deren Auswertungen stark vereinfacht und einen hohen Beitrag zur Anonymität, aber auch zur professionellen Organisation der Befragung geleistet hat. So konnte an jedem „Computerplatz der Welt" mit Internetzugang, also auch bequem in den Außenstellen oder zuhause, der Fragebogen ausgefüllt werden. Die Auswertung – auch grafisch – gestaltete sich sehr einfach und übersichtlich! Als Beispiele führe ich die Auswertung der Frage nach der gestellten Leistungsanforderung sowie der Frage, ob St. Kilian als Arbeitgeber weiter zu empfehlen sei, an:

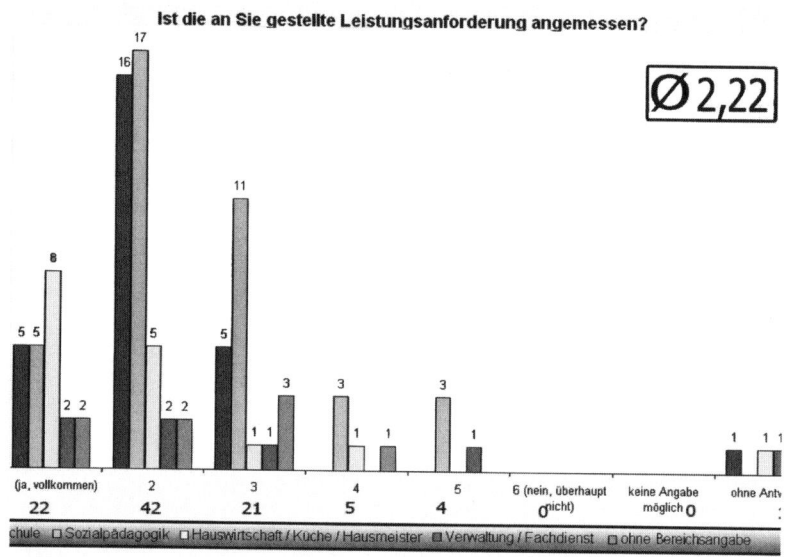

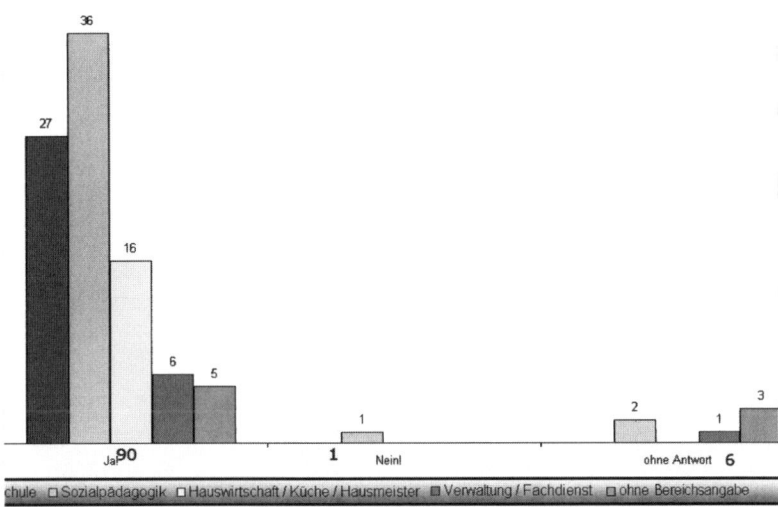

Ich kann St. Kilian als Arbeitgeber weiterempfehlen

= 98 Prozent aller Befragten können St. Kilian als Arbeitgeber weiterempfehlen!

Die Befragung, auch der Partner von St. Kilian, soll in 1–2 Jahren modifiziert wieder durchgeführt werden (Nachhaltigkeit)!

Der Lernerfolg für Mitarbeiter/-innen und Organisation im Zusammenhang mit dem Projekt! Empfehlungen für „Nachahmer"/ Erfolgskritische Faktoren von Fortbildung als Hintergrund des Projektes und damit Veränderungsprozesses in der eigenen Organisation

Das Projekt hat uns zunächst eine Bewertung ermöglicht, wo unsere Stärken, aber auch unser mögliches Verbesserungspotenzial liegen. Ferner wurden wir darin bestärkt, dass St. Kilian sowohl aus dem Blickwinkel unserer Partner als auch aus dem der Mitarbeitenden als guter Arbeitgeber gesehen wird.

Themen wie Arbeits(zeit)organisation, Gesundheitsmanagement, Diversity Management, Kultur des Lernens und eine altersgerechte Personalentwicklung sind nun präsent und werden stärker als bisher auch wahrgenommen. Dass Mitarbeiterbindung eine wichtige Führungsaufgabe ist, die nicht zum Nulltarif zu bekommen ist, wurde uns durch das Projekt ebenfalls verdeutlicht. Der demographische Wandel sorgt für eine ältere Mitarbeiterschaft auch in St. Kilian. Für uns stellt sich damit die Herausforderung, unsere

Arbeit alter(n)sgerecht zu gestalten. Möglichkeiten und Ansätze dazu gibt es viele – aber welche sind für uns stimmig und passend?

Es gilt Fragen zu beantworten: Wie lässt sich die Arbeits- und Beschäftigungsfähigkeit unserer Mitarbeitenden positiv beeinflussen, sodass diese länger erwerbstätig sein können? Wie kann dem Verlust von Erfahrungswissen und betrieblichem Know-how entgegengewirkt werden? Auf welche Weise lassen sich solche Prozesse und Vereinbarungen, z. B. zum Wissenstransfer, zur Qualifizierung oder auch zur Arbeitszeit, verfestigen und verankern? Das Projektergebnis lässt uns selbstbewusst und mutig nach vorne blicken, da es uns aufgezeigt hat, dass wir auf einem sehr guten Weg sind, den wir zielgerichtet weitergehen müssen, um unsere Organisation für die Zukunft „fit" zu halten.

Meinen persönlichen Lernerfolg bewerte ich in Verbindung mit den einzelnen Kursabschnitten und den Supervisionen als sehr hoch!

Kursinhalte und Projektinhalte waren sehr gut aufeinander abgestimmt. Die theoretischen Grundlagen, verknüpft mit den Best-Practice-Beispielen und den praktischen Übungen in den einzelnen Kursabschnitten, waren sehr produktiv und hilfreich.

Hinzu kam die sehr fruchtbare kollegiale Beratung, in der viele Erfahrungen gebündelt werden konnten. Es war so für mich leicht, den Anforderungen und Fragestellungen, die sich während der Projektentwicklung ergaben, gut gewachsen zu sein.

Darüber hinaus wurde ich für das Thema Alter(n)sgerechte Personalentwicklung sensibilisiert, d. h. Fachartikel zu den Themen:

• demografischer Wandel,
• Altern,
• Mitarbeiterbindung und -gewinnung und Führungskonzepte,
• Arbeitszeitflexibilisierung,
• Chronobiologie, Geschichte und Wandel
• der Gesundheitsförderung,
• Work-Life-Balance,
• Diversity-Management,
• Wissenstransfer,
• alternsgerechte Lernkonzepte …

„springen mir nun ins Auge", das hierfür „geschärft" wurde!

Auch das Thema „Vereinbarkeit von Familie und Beruf" wird nicht nur vor dem Hintergrund der Diskussion um die Verteilung der Sozialkomponente in den Richtlinien für Arbeitsverträge in den Einrichtungen des Deutschen Caritasverbandes (AVR) in den Blickpunkt rücken. Wenn das Erwerbspersonenpotenzial im Zuge der demographischen Entwicklung schrumpft, wird es für Einrichtungen schon bald von großer Bedeutung sein, neue Wege bei der Personalrekrutierung zu beschreiten bzw. bekannte weiter auszubauen. Unternehmen, die z. B. verstärkt Frauen rekrutieren möchten, werden diesen Arbeitsbedingungen bieten müssen, die eine Vereinbarkeit von Beruf und familiären Verpflichtungen ermöglichen. Das können z. B. Betreuungsmöglichkeiten in Betriebskindergärten als Angebot für Mütter ebenso sein wie vertraglich vereinbarte Auszeiten für die Pflege von älteren Familienangehörigen.

Und was für Frauen gilt, gilt natürlich im Rahmen der Chancengerechtigkeit auch für männliche Beschäftigte.

Sicher ist, dass die Unternehmen – ob aus Einsicht, sozialer Verantwortung oder einfach aus der Notwendigkeit – umdenken müssen und verstärkt auf ihre aktuellen und künftigen Beschäftigten zugehen müssen. Und dann werden nicht nur die Höhe der Vergütung eine Rolle spielen, sondern auch die Arbeitsbedingungen sowie die Möglichkeiten der Vereinbarkeit von Familie und Beruf. Regelungsfelder könnten hierbei z. B. sein:

- flexible und familienfreundliche Arbeitszeitmodelle
- flexible Arbeitsorganisationsmodelle, die den Beschäftigten Handlungs- und Zeitspielräume bieten
- Unterstützung bei der Kinderbetreuung
- Teilzeitangebote
- Qualifizierungsmöglichkeiten während der Elternzeit und der Teilzeit
- Sensibilisierung der Führungskräfte durch entsprechende Seminarangebote

Fazit

Neben der guten und erfolgreichen Projekt-Entwicklung gewann ich Einblicke in neue Themen und Konzepte zur altersgerechten Personalentwicklung, die sich heute für mich als ein ganzheitlicher Prozess darstellt, und die in die eigene Unternehmungsstrategie eingepasst werden muss!

Ein großer Lerneffekt war für mich neben der gut strukturierten Kursgruppenarbeit, verbunden mit den praktischen Vertiefungen, auch der kollegiale Austausch des jeweiligen Know-how (Wissenstransfer!).

In den Supervisionsveranstaltungen wurde intensiv und zielgerichtet sowie lösungsorientiert gearbeitet!

„Es ist normal verschieden zu sein!"

Entwicklung eines betrieblichen Gesundheits- managements im Kinder- und Jugenddorf Marienpflege Ellwangen

Ralf Klein-Jung

Beschreibung Projekt

Ausgangssituation und Handlungsbedarf/Motivation für das Projekt/ Projektziele

Sie kennen sicher auch solche Erfahrungen im Führungsalltag: alternde Belegschaft, Krankheitsausfälle, immer wiederkehrende Fragen oder Problemstellungen im Zusammenhang mit Dienstplänen im Heimbereich, kurzfristige Dienstausfälle wegen familiärer Problemlagen, zunehmend auch psychisch bedingte Grenzerfahrungen von Mitarbeitenden. Eine intensivere Auseinandersetzung mit solchen Aufgabenstellungen war ein Motivationsgrund für die Teilnahme an der Weiterbildung – und verbunden mit der Hoffnung, neue und tragende Lösungen zu finden.

So entstand die Projektidee, in der Marienpflege systematischer an ein „Betriebliches Gesundheitsmanagement" heranzugehen. Für das Projekt wurden mehrere Teilziele erarbeitet:

1. Überprüfung und – wo noch notwendig – Umsetzung rechtlicher Vorgaben und Anforderungen, beispielsweise aus dem Infektionsschutzgesetz, den Mutterschutzgesetzen, Gefährdungsanalysen am Arbeitsplatz, Unterweisungs- und Meldepflichten, Benennung von Beauftragten für verschiedene Themenfelder. Diese Neuregelungen sollen in ein QM-Regelwerk im Intranet hinterlegt werden.

2. Bewusstmachung und Förderung der Eigenverantwortung bei Mitarbeiter/-innen durch eine Informations- und Schulungsveranstaltung. Sichtung und Reflektion bisheriger Belastungsfaktoren und gemeinsame Überlegungen, wie Überforderungen oder Ausbrennen zu verhindern sind.

3. Zusammenstellung möglicher externer Unterstützungen und Leistungen für interessierte Mitarbeitende, beispielsweise durch Krankenkassen oder die Berufsgenossenschaft.

Im Projektverlauf bearbeitete Inhalte, gesetzte Strukturen, durchgeführte Maßnahmen, erreichte Meilensteine/Zwischenergebnisse

Mit Projektstart wurde zeitgleich Anlage 33 in den Arbeitsvertragsrichtlinien des Deutschen Caritasverbandes beschlossen. Dies erhielt aus betrieblichen Gründen einerseits Priorität, andererseits eröffnete sich die Möglichkeit, die notwendige Umstellung auf die neuen arbeitszeitlichen und arbeitsrechtlichen Vorgaben im Sozial- und Erziehungsdienst in das geplante Projekt stärker einzubinden. Bei zahlreichen Mitarbeitenden im Heimbereich, bei Mitgliedern der Mitarbeitervertretung und beim Vorstand bestand schon länger der Wunsch nach klareren, verbindlicheren Regelungen im Dienstplansystem.

Vor diesem Hintergrund, aber auch aufgrund mehrerer Weiterbildungsblöcke und der Auseinandersetzung mit Inhalten wie Diversity Management, Gender Mainstreaming, Arbeits(zeit)modellen und Personalmarketing wurden nun mit den Leitungskräften und der Mitarbeitervertretung unter der Gesamtüberschrift des Projektes „Betriebliches Gesundheitsmanagement" mehrere Arbeitsblöcke definiert und im Laufe des Projektes zum Teil zeitgleich durchgeführt:

1. Der Arbeitskreis „Dienstplan" unter Federführung des Vorstandes traf sich zwischen Februar 2011 und Januar 2012 insgesamt acht Mal halbtägig. Er war besetzt mit einem Bereichsleiter, zwei Vertreter/-innen der Mitarbeitervertretung, einer Gruppenleitung und einer EDV-interessierten pädagogischen Fachkraft. Zunächst wurden die bisherigen Dienstplanregelungen und die Stärken und Schwächen in der Umsetzung analysiert. Dann wurden die umfassenden neuen tariflichen Vorgaben gesichtet und synoptisch neben die bislang geltenden gestellt. Schließlich konnten in Form eines neuen Dienstplanhandbuches alle wesentlichen Regelungen neu gebündelt werden. Zwei Arbeitsrechtler/-innen des Diözesan-Caritasverbandes haben diese Zusammenfassung geprüft und gaben einige Anregungen zur rechtssicheren Umsetzung, insbesondere in Form von Dienstvereinbarungen.

2. Der Arbeitskreis „Jugendhilfemanager-Software" tagte ab Herbst 2011 und erweiterte den AK Dienstplan um eine Mitarbeiterin der Verwaltung. Er baute auf den Erkenntnissen des ersten Arbeitskreises auf und definierte ein Anforderungsprofil für eine gute Umsetzung des Dienstplanhandbuches in einer neuen Software „Dienstplan". Aufgrund der vorgesehenen integrierten EDV-Lösung wurden weitere Themenfelder wie Klientenstammdatenverwaltung, elektronische Akte, Hilfeplanung und Berechtigungssystem, Schnittstelle zur Leistungsabrechnung und zur Lohnbuchhaltung definiert. Vier Anbieter solcher EDV-Lösungen wurden

ausgewählt und eingeladen. Aktuell befindet sich dieser Projektteil in der Entscheidungsphase.

3. Mit der Ende 2010 erstmals gewählten Vertrauensfrau der schwerbehinderten und gleichgestellten Mitarbeitenden wurden erstmals betriebliche Wiedereingliederungsgespräche mit mehreren Betroffenen geführt. Hier konnten wir gemeinsam schon sehr positive Erfahrungen machen, die sowohl die Perspektiven des Wiedereinstiegs der gesundheitlich angeschlagenen Mitarbeitenden als auch die Gesprächskultur und wechselseitige Wertschätzung betrafen. Auch die Zusammenarbeit mit Betriebsarzt und mit dem Integrationsamt wird hierbei sehr hilfreich erlebt. Eine Dienstvereinbarung zum „Betrieblichen Wiedereingliederungsmanagement (BEM)" ist aktuell in Abstimmung.

4. Aus Gesprächen mit der Mitarbeitervertretung aufgrund unbearbeiteter Rand- und Restthemen der genannten Arbeitskreise und der Anregungen aus der Weiterbildung entstand die Idee einer Mitarbeiter/-innen-Befragung. Die Mitarbeitenden sollten Gelegenheit bekommen, die Belastungsfaktoren ihrer Arbeit zu beschreiben und Verbesserungen vorzuschlagen. Eine unserer Studierenden der Dualen Hochschule Baden-Württemberg entwickelte im Rahmen des Studiums einen Erhebungsbogen und führte die Befragung im November 2011 durch. Dienstgeber und Mitarbeitervertretung fanden zuvor einen schnellen Konsens über den Bedarf, die Inhalte, das anonyme Befragungsverfahren, die Auswertung und die daraus folgende Informationspolitik.

Interessant sind sicherlich einige Aspekte aus den Befragungsergebnissen:

51 Prozent der Mitarbeitenden haben sich freiwillig daran beteiligt. 70 Prozent zeigten sich mit der Arbeitssituation zufrieden oder sehr zufrieden; knapp 10 Prozent sind unzufrieden. Positiv wurden vor allem genannt: abwechslungsreiche Arbeit, gutes Team/nette Kolleg/-innen, gute Arbeitszeiten bzw. Stundenplan, eigenverantwortliches Arbeiten, Erfahrung von Wertschätzung. Unzufrieden machten vor allem: „zu lange arbeiten/alleine arbeiten müssen", zu wenig Reflexion im Team, mangelnde Unterstützung durch Leitung, Arbeitsabläufe sollten optimiert werden, Krankheitsvertretungen besser geklärt werden.

61 Prozent der Mitarbeitenden benannten eine hohe bis sehr hohe Arbeitsbelastung, 32 Prozent gaben an, „sich oft ausgebrannt zu fühlen". Dies wurde in der weiteren Befragung sehr detailliert abgefragt, sowohl im Bereich der subjektiv erlebten als auch der organisatorisch-strukturellen Belastungsfaktoren.

Deutlich wurden drei Handlungsebenen zur Weiterarbeit:

1. Rechtliche, finanzielle, sachlich-organisatorische und personelle Ausstattungsfragen und Rahmenbedingungen

2. Verbesserungsbedarf im Bereich Kommunikation und Unternehmenskultur, beispielsweise untereinander in den Teams und dem unmittelbaren Kolleg/-innenkreis, durch Vorgesetzte, mit Klienten und Jugendämtern

3. Konkrete Verbesserungsvorschläge im Bereich der Organisation, Leitung und Verwaltung

4. Die Ergebnisse dieser Befragung wurden gemeinsam von Mitarbeitervertretung und Vorstand im April 2012 allen Mitarbeitenden ausführlich vorgestellt und schriftlich ausgehändigt. Dazu diente die bewährte Form von zweistündigen „Gemeinsamen Konferenzen", an denen insgesamt 89 Prozent der Mitarbeitenden teilnahmen. Der Vorstand blickte auch zurück auf die letzten Jahre, fasste die Entwicklungen und Erfolge zusammen und gab einen Ausblick auf die aktuellen Themen und geplanten Weiterentwicklungen. In einem dritten Schritt konnten die Mitarbeitenden mit Hilfe der Methode „World Café" ihre Ideen und Prioritäten zur Gesundheitsförderung und zum betrieblichen Gesundheitsmanagement bündeln. Daraus ergaben sich verschiedene Prioritäten und Handlungsansätze, die nun gemeinsam von Vorstand, Leitungsteam und Mitarbeitervertretung bearbeitet und realisiert werden.

5. Angeregt durch Aspekte des „Diversity Management" führen wir aktuell Zeitwertkonten ein. Durch individuell definierte Gehaltsbestandteile und die entsprechenden Sozialversicherungsanteile des Dienstgebers, die vom Gehalt abgezweigt werden und in externen, insolvenzgesicherten Ansparmodellen ein persönliches Kapital bilden, entstehen für zukünftige Berufsjahre erhebliche individuelle Spielräume. Diese können für vorübergehende Arbeitszeitreduzierungen oder sogar vollständige Auszeiten verwendet werden. Beispiele für solche persönlichen Bedarfszeiten sind umfassende Weiterbildung, Pflege von Angehörigen, Hausbauphase, Auszeit zur Erholung. Aus dem angesparten Budget kann jeweils ein Monatsgehalt zwischen 70 und 130 Prozent des durchschnittlichen Gehaltes der letzten 12 Monate abgerufen werden. Nicht verbrauchte Mittel ermöglichen zudem individuelle Vorruhestandsregelungen. Selbstverständlich müssen solche Auszeiten oder Reduzierungen mit den dienstlichen Abläufen vereinbar sein. Sie sind nicht völlig individuell und eigenmächtig möglich, sondern bedürfen guter Gespräche und Verhandlungen zwischen den Mitabreitenden und dem Dienstgeber. Aber allein die finanzielle Option und der gute Wille zur Realisierung sind wichtige Voraussetzungen dafür, dass es zukünftig gelingt.

Kontakte, Rückmeldungen, Vernetzungen und Abhängigkeiten innerhalb und außerhalb der Organisation

Die wesentliche Botschaft in den gemeinsamen Konferenzen für die Mitarbeitenden war, dass sie über dienstliche und persönliche Problemlagen nicht nur sprechen dürfen, sondern auch sollen. Das hört sich lapidar an, zumal auch zuvor durchaus eine gute Kommunikation zwischen Mitarbeitenden untereinander und mit Vorgesetzten üblich war. Aber gerade die ausdrückliche Aufforderung durch den Vorstand und die Mitarbeitervertretung hatte einen grundsätzlichen einladenden Effekt, was auch von zahlreichen Mitarbeitenden rückgemeldet wurde.

Mitarbeitervertretung und Aufsichtsrat konstatieren in den letzten Jahren einen spürbaren Zugewinn an Zufriedenheit der Mitarbeitenden bei steigender Qualität und zugleich Ausweitung und besserer Vernetzung der Hilfsangebote. Auch externe Partner beschreiben uns gegenüber eine spürbare „Klimaveränderung" in der Marienpflege, eine erlebbare hohe Motivation oder den hohen Arbeitseinsatz unserer Mitarbeitenden.

Nur falls sinnvoll und adäquat beschreibbar: Rolle der Dimension „Gender Mainstreaming" als Querschnittsthema

Wir lernten in diesen Prozessen zunehmend auf die unterschiedlichen Interessen und Potentiale aller Mitarbeitenden in ihren verschiedensten Lebenslagen und Bedarfslagen zu achten. In den verschiedensten Lebensphasen und Arbeitsverhältnissen sind je nach persönlicher Situation völlig unterschiedliche Bedürfnislagen vorhanden, im Blick auf Gesamtarbeitszeit, Verteilung der Zeit für Arbeit und Freizeit/Familie, finanzielle Bedürfnisse, soziale Kontakte. Der Anspruch auf „Work-Life-Balance" als nachvollziehbares und berechtigtes Interesse aller Mitarbeitenden rückt immer mehr in den Fokus. Zugleich ist das Thema „Pflege von Angehörigen" bis heute ein überwiegend weibliches Thema, d. h. es betrifft auch bei uns eher Mitarbeiterinnen.

Da etwa zwei Drittel unserer Mitarbeiterinnen weiblichen Geschlechts sind, ändern wir auch in unseren internen und externen Publikationen gezielt den bislang oft verwendeten Sammelbegriff „Mitarbeiter" in „Mitarbeitende" oder „Mitarbeiterinnen und Mitarbeiter".

Reflexion

Auch wenn das Projekt unter der Überschrift „Betriebliches Gesundheitsmanagement" startete, hatte es im Verlauf erhebliche Einflüsse auf die gesamte Kommunikation und Unternehmenskultur. Das Thema „Vereinbarkeit von Familie und Beruf" und von „Pflege und Beruf" ist stärker in den Blick der Leitungskräfte geraten. Während früher individuelle Ideen oder gar Erwartungen eher als „störend" oder unüblich gewertet wurden, verschiebt sich die Perspektive spürbar in Richtung der Leitfrage: „Wie können wir die Vielfalt und Verschiedenheit unser Mitarbeitenden für uns und für sie besser einsetzen?" Deutlich wird, dass nicht jeder Wunsch erfüllbar wird, aber es lassen sich im guten Dialog andere und mehr individuell passende Lösungen als vorher finden, die trotzdem mit den betrieblichen Interessen vereinbar sind. Eine große Herausforderung ist die Frage, wie Fachkräfte an der Basis, also vor allem Erzieher/-innen, Jugend- und Heimerzieher/-innen und Sozialpädagog/-innen, bis zum Rentenbeginn in der Basisarbeit im Heimbereich mit Schichtdienst, oft im alleinigen Dienst und teils bei nachlassender Leistungsfähigkeit gut durchhalten können. Die Zeitwertkonten sind nur ein kleiner, aber möglicherweise effektiver Baustein, wenn die letzten Berufsjahre beispielsweise ohne Einkommensverlust in Teilzeit gearbeitet werden kann. Eine automatische Kompensation von Leistungseinschränkungen einzelner Kolleg/-innen durch andere, meist jüngere Mitarbeitende ist der falsche Weg, weil er zu einseitigen Mehrbelastungen von ihnen führt.

Was waren Stolpersteine, Umwege und Fallen? Welche Sprungbretter konnten wir nutzen?

Das größte Hemmnis in der Umsetzung des ursprünglichen Projektplanes, also des geplanten Vorgehens in der inhaltlichen und zeitlichen Reihenfolge war die Tatsache, dass zeitgleich mit Projektbeginn die tarifliche Umstellung aller pädagogischen Mitarbeiter in das neue Tarifwerk erfolgen musste. Dies war enorm arbeitsaufwändig und erforderte ein komplettes Neudefinieren der Dienstplanvorgaben. Die Integration in das Projekt war sinnvoll, weil zahlreiche Aspekte der Unternehmenskultur, der Arbeitssicherheit und des Arbeitsschutzes betroffen sind. Gerade in diesem Projektteil kamen auch die zahlreichen Belastungsfaktoren gut zur Sprache, die sich im vollstationären „Rund-um-die-Uhr-Dienst" ergeben.

Der Lernerfolg für Mitarbeiter/-innen und für die Organisation durch das Projekt – Empfehlungen für „Nachahmer"

Unsere Einrichtung hatte insgesamt einen enormen Zugewinn durch das Projekt und die aktuelle Weiterführung einzelner sich daraus ergebender Vorhaben. Unsere Mitarbeitenden wissen jetzt öffentlich von ihrer Leitung, dass sie in Krisen nicht nur im Dienstbezug darüber sprechen dürfen, sondern auch sollen. Die Devise „Je früher und offener, desto mehr Hilfe kann gemeinsam entstehen" ist angekommen und wird geschätzt. Die Unternehmenskultur kann sich aufgrund dieser klaren Neuausrichtung in andere Richtungen entwickeln und geht stärker auf individuelle Bedarfslagen der Mitarbeitenden ein. Besonders bei der Thematik „Vereinbarkeit Beruf und Pflege von Angehörigen" sind zahlreichen Mitarbeitenden die Augen aufgegangen, dass sie selbst und eventuell morgen schon diese noch unbekannten Frage- und Aufgabestellungen zu bewältigen haben.

Wir haben im Projektverlauf unsere Mitarbeitenden mit einer überwältigenden Beteiligung zu ihren Belastungen und Grenzerfahrungen, zu Ideen und Verbesserungsvorschlägen befragt. In Vollversammlungen, gemeinsam von MAV und Vorstand organisiert, haben wir mit 89 Prozent unserer Mitarbeitenden diese Ergebnisse gesichtet, bewertet und konkrete Ideen und Prioritäten zur Veränderung festgelegt: Gesundheitskurse, Zuschüsse zu Fitnessaktivitäten, Einbeziehung der Sozialkomponente, Intranet weiterentwickeln, Haltungen und Kommunikation verändern.

Aus der Perspektive der Organisation betrifft es beispielsweise die betriebliche Wiedereingliederung von langzeitkranken Mitarbeitenden, die Zusammenarbeit mit MAV und Schwerbehindertenvertretung, die innere Neuorganisation zur Einhaltung gesetzlicher Vorgaben oder auch Intranetlösungen, in denen die hilfreichen Informationen und Regelungen aktuell und leicht zugänglich verfügbar sind. Gleichzeitig gilt es, auf der persönlichen Ebene die Eigenverantwortung aller Mitarbeitenden bewusst zu machen und zu fördern, ihre Gesundheitsbemühungen mit präventiven Angeboten zu unterstützen. Vor allem unsere Führungskräfte können hier dazu lernen, denn der Umgang mit all diesen Themen hat viel mit der eigenen Haltung und mit – berechtigten wie überzogenen – Erwartungshaltungen zu tun. Eine besondere Herausforderung besteht darin, dass dieses neue Denken und Handeln insbesondere die Führungskräfte fordert – und sie zugleich dieselben berechtigten Interessen und Bedarfe haben wie alle anderen Mitarbeitenden. Hier ist Eigenverantwortung aller Beteiligten wie die wachsame Begleitung und Unterstützung durch die Führung der Einrichtung gleichermaßen gefragt.

Auch im Rahmen unserer konsequent systemischen Ausrichtung haben wir uns gemeinsam große Ziele gesteckt, die Unternehmenskultur verändert sich durch diese Prozesse bereits spürbar – positiv! Unsere Erwartungen an Haltungen und Arbeitsweisen haben wir inzwischen in einer eigenen Broschüre für alle Mitarbeitenden zusammengestellt (Titel: „Hey: da geht was! Systemischer Schwung im Denken, Fühlen und Handeln – Unsere Vision und Strategie zur Entwicklung der systemischen Unternehmenskultur in der Marienpflege", 2012) und führen über mehrere Jahre entsprechende Inhouse-Schulungen durch.

Erfolgskritische Faktoren der Fortbildung als Hintergrund des Projektes und des Veränderungsprozesses in der eigenen Organisation

Die Weiterbildung im Ganzen, besonders aber das Projekt ließ neue Sichtweisen entstehen, Perspektiven konnten erweitert werden und die Unternehmenskultur veränderte sich positiv. In den verschiedenen Arbeitskreisen und

Gesprächen entstand ein Verständnis davon, dass betriebliches Gesundheitsmanagement verschiedenste Aspekte und Handlungsebenen beinhalten kann:

- Unternehmenspolitik, Unternehmenskultur
- Führungsverantwortung und -qualität
- Gestaltung der Arbeitsbedingungen
- Beteiligungsmöglichkeiten
- Betriebliche Gesundheitsförderung
- Arbeitsschutz und Arbeitssicherheit

Leitideen sind dabei auch eine gute Vereinbarkeit von Familie und Beruf oder
von Familie und Pflege. Ziel ist auch eine gute Ausgeglichenheit von „Arbeit
und Leben" für jede Mitarbeiterin und jeden Mitarbeiter.

„Unternehmensinteressen" gibt es natürlich auch: Mitarbeitergewinnung,
Mitarbeiterbindung, Verlängerung der Verweildauern im jeweiligen Beruf,
effiziente und nachhaltige Gestaltung der Personalentwicklung, Vermeidung oder Verkürzung von Krankheitszeiten, Einhaltung gesetzlicher Vor-
schriften, gemeinsame Schaffung eines gesunden und Freude machenden
Betriebsklimas. Insbesondere die gemeinsame und zielgerichtete Arbeit am
neuen Dienstplanhandbuch führt zu einem gemeinsamen Erfolgserlebnis,
weil für die Arbeitsorganisation der Wohngruppen viel Klarheit geschaffen
wurde. Mitarbeitende mit gesundheitlichen Krisen melden zurück, dass sich
die Kommunikation verbessert hat, u. a. durch „Kranken-Rückkehrergesprä-
che" und Maßnahmen des betrieblichen Wiedereingliederungsmanagements
gemeinsam mit MAV, Schwerbehindertenvertretung und Vorstand.

Die Lernkultur hat sich ebenfalls verändert, eine gemeinsame Ausrichtung
am roten Faden des „Systemischen Denkens und Handelns" im Rahmen unserer Konzeption und unseres Leitbildes ist zunehmend spürbar. Die Projektinhalte und -abläufe waren teils integrierbar in die laufende Leitungsaufgabe,
teils erforderten sie einen erheblichen Mehraufwand an Zeit für Recherchen,
Gespräche und Verhandlungen. Dies war im Laufe der umfassenden Weiterbildung und des Projektes zeitweise aufwändig und belastend.

Mein persönliches Resümee: Auch ich konnte einen Zugewinn verzeichnen,
weil sich mein Wissen erweitert hat, sich Haltungen verändert haben, eine
stärkere gedankliche Integration verschiedenster Ansprüche und Vorgaben
möglich wurde und zudem das Handlungsrepertoire erweitert werden konnte.
Ich selbst bin klarer geworden und damit auch verbindlicher und wegweisen-
der für unsere Mitarbeitenden.

Gesundheitsförderliche Arbeits- und Organisationsgestaltung unter dem Aspekt der Arbeitszeitgestaltung

Ruth Chwalczyk

Ausgangssituation und Handlungsbedarf/Motivation für das Projekt

Das St. Bernward Krankenhaus in Hildesheim ist eine kirchliche Stiftung und eines der größten katholischen Krankenhäuser in Norddeutschland. Träger des freigemeinnützigen Krankenhauses sind der Bischof von Hildesheim und die Kongregation der Barmherzigen Schwestern vom heiligen Vincenz von Paul. Gegründet vor 160 Jahren ist das St. Bernward Krankenhaus ein traditionelles Haus, welches von fortwährender Weiterentwicklung geprägt ist. In Hildesheim befindet sich das Krankenhaus in direktem Wettbewerb mit einem Haus vergleichbarer Größe in der Trägerschaft einer privaten Klinikkette. Das St. Bernward Krankenhaus verfügt über 17 klinische Fachabteilungen, die auf 524 Planbetten verteilt sind. Angeschlossen sind ein Ambulantes OP-Zentrum sowie ein Medizinisches Versorgungszentrum. Jährlich werden etwa 27.000 Patienten stationär und etwa 35.000 Patienten ambulant behandelt. Die 524 Planbetten verteilen sich auf 13 allgemeine Pflegestationen, eine Palliativstation sowie eine Kinderklinik mit 3 allgemeinen Pflegestationen. Hinzu kommen eine Intermediate Care Station und 3 Intensivstationen. Als Ausbildungshaus bietet das St. Bernward Krankenhaus verschiedene Pflegeausbildungen wie die Gesundheits- und Krankenpflege, Gesundheits- und Kinderkrankenpflege, das Hebammenwesen sowie die Altenpflege an.

Das Krankenhaus beschäftigt etwa 1.300 Mitarbeiter, davon etwa 600 Mitarbeiter im Pflege- und Funktionsdienst. Für die stationäre Patientenversorgung sind derzeit 364 Vollkräfte im Pflegedienst geplant. Die Beschäftigten arbeiten sowohl in Vollzeit als auch in Teilzeit. Im Rahmen des Förderprogramms Pflege, welches im Krankenhausfinanzierungsgesetzt verankert ist, wurden in den Jahren 2009–2011 etwa 24 neue Planstellen im Pflegedienst eingebunden.

Die Organisationsstruktur des Pflegedienstes im St. Bernward Krankenhaus ist folgendermaßen gegliedert. Der Geschäftsführung nachgeordnet ist ein Betriebsleiter als Pflegedirektor für den gesamten Pflege- und Funktionsbereich. In der Linie schließen sich der Pflegedirektion zwei Bereichsleitungen mit den Schwerpunkten Personal- und Organisationsmanagement sowie Pflege- und Personalentwicklung an. Die Organisations- und Personalverantwortung der Stationen und Funktionsbereiche obliegt neun Teamleitungen. Die den Teamleitungen zugeordneten Teams bestehen aus Mitarbeitenden unterschiedlicher Qualifikationen und Anzahl. Die Teamleitungen vertreten sich gegenseitig. Der Informationsaustausch im Pflege- und Funktionsdienst erfolgt sowohl horizontal als auch über die Linie.

Die Mitarbeitenden im stationären Pflegedienst arbeiten im 3-Schichtsystem. Die Pflegeorganisation auf den Stationen ist überwiegend in der Bereichspflege strukturiert. Dabei ist eine Pflegekraft für die Pflege der Patienten in einem Bereich bzw. in einer Anzahl von Patientenzimmern zuständig. Die Verantwortlichkeit in der pflegerischen Versorgung bezieht sich dabei auf die Dauer der jeweiligen Schicht. Der Bereichspflegekraft zugeordnet sind weitere Mitarbeiter und Auszubildende, die während der Schicht für die Patientenversorgung in dem Bereich eingeteilt sind. Neben der bereichsbezogenen Zuordnung werden in der Arbeitsorganisation auch Aufgaben in der Organisation der Funktionspflege erbracht. Dabei übernimmt eine Pflegeperson funktionale Tätigkeiten wie beispielsweise Blutentnahmen, Blutdruckmessung, Austeilen der Mahlzeiten oder der Medikation. Die administrativen Aufgaben erledigt auf jeder Station eine Medizinische Fachangestellte in der Funktion der Stationsassistentin. Sie ist Mitarbeiterin im Stationsteam.

In den vergangenen Jahren hat die Verkürzung der Verweildauer zu einer Leistungsverdichtung in der stationären Patientenversorgung geführt. Mit Einführung eines fallbezogenen Abrechnungssystems, den G-DRGs, konzentriert sich der Aufenthalt im Krankenhaus auf das notwendige Zeitfenster für die stationäre Leistungserbringung. Sämtliche Maßnahmen erfolgen innerhalb kurzer Zeit und die optimale Ausrichtung des Behandlungsprozesses gewinnt nicht nur unter ökonomischen Aspekten zunehmend an Bedeutung. Auch für die Zufriedenheit des Patienten ist die Vermeidung von Wartezeiten und Doppeluntersuchungen unerlässlich. Voraussetzung dafür ist die enge Abstimmung der Leistungen, verbunden mit einer hohen Transparenz und Verbindlichkeit. Der Bedarf an Informationsweitergabe und -abstimmung für alle am Behandlungsprozess Beteiligten steigt stetig, gleichzeitig sinkt die Halbwertzeit der Aktualität von Informationen. Diese Entwicklung verschärft sich zusätzlich durch die zunehmende Anzahl an Teilzeitkräften im Pflegedienst und in anderen Berufsgruppen. Der Arbeitsverdichtung begegneten die Mitarbeitenden unter anderem durch Mehrarbeit. Im Januar 2010 verzeichnete der Pflegedienst über 17.000 Mehrarbeitsstunden. Ebenso ist ein deutlicher Anstieg krankheitsbedingter Ausfallzeiten in dieser Berufsgruppe zu verzeichnen. Zur Aufrechterhaltung der Patientenversorgung wurden Mitarbeitende neben ihrer Schwerpunktstation auch auf anderen Stationen eingesetzt. Fehlende oder lückenhafte Informationen haben dabei bei vielen Pflegekräften zu Unsicherheit und Angst geführt. Grenzen der eigenen Kompetenzen wurden deutlich und haben zu Belastung und Überlastung beigetragen. Der Umgang mit den gestiegenen Anforderungen hat bei den Pflegekräften zu Unzufriedenheit mit ihrer Arbeitssituation geführt, die an vielen Stellen erlebbar ist und artikuliert wird.

Der Altersdurchschnitt der Pflegekräfte in der stationären Patientenversorgung liegt bei etwa 42 Jahren. Das Anwerben von Pflegekräften mit Zusatzqualifikationen für hochspezialisierte Bereiche wie die Intermediate Care Station, die Intensivstationen oder den Funktionsbereich gestaltet sich zunehmend schwieriger. Oft orientieren sich junge Mitarbeitende nach kurzer Berufspraxis in diesen Spezialbereichen neu und verlassen die Station nach einer intensiven Einarbeitungsphase. Dies führt dazu, dass erfahrene Pflegekräfte immer wieder vor der Aufgabe stehen, neue Kollegen einzuweisen und an die Übernahme von Verantwortung heranzuführen. Immer wieder von vorn zu beginnen und selbst keine nachhaltige Entlastung zu erfahren führt häufig zu Demotivation und Rückzug. Auch die ständigen Unterbrechungen des Arbeitsprozesses sowie das Management vieler gleichzeitiger Anforderungen werden als Belastung formuliert.

Die Arbeit im stationären Pflegedienst ist verbunden mit der Teilnahme am 3-Schichtsystem, die Patientenversorgung findet rund um die Uhr an 365 Tagen im Jahr statt. In der Vergangenheit zeigte eine zunehmende Anzahl an Mitarbeitenden an, dies nicht mehr leisten zu können, und legte ein ärztliches Attest zur Befreiung vom Nachtdienst vor. Dies stellte die Führungskräfte der Stationen vor Probleme bei der Aufrechterhaltung der Dienstorganisation. Mit der Zunahme an formalen Anträgen zur Beschränkung auf gewisse Dienstzeiten wurden auch langjährig bestehende informelle Absprachen offenkundig, deren Fortführung an Grenzen stieß.

Die aktuelle Situation der Mitarbeitenden unter dem Aspekt einer älter werdenden Belegschaft erfordert die Entwicklung neuer Lösungskonzepte. In der Funktion als Bereichsleitung für Personal- und Organisationsmanagement und Teilnehmerin des Kurses „Altersgerechte Personalentwicklung" suchte ich nach Ideen und Ansätzen, den aktuellen Anforderungen zu begegnen.

Ziel(e) des Projekts

Ausrichtung der Arbeitsorganisation und der Mitarbeitereinsatzplanung an die aktuellen Anforderungen in der Patientenversorgung mit dem Ziel der Steigerung von Kontinuität und Verbindlichkeit; damit verbunden soll eine Steigerung der Zufriedenheit von Mitarbeitenden im Pflegedienst sowie von Patienten und deren Angehörigen erlebbar werden. Weiterhin wird die Senkung der Mehrarbeitsstunden und eine Erhöhung der Verlässlichkeit in der Dienst- und Freizeitplanung angestrebt.

Im Projektverlauf bearbeitete Inhalte, gesetzte Strukturen, durchgeführte Maßnahmen, erreichte Meilensteine/ Zwischenergebnisse

Die in der Ausgangssituation geschilderte Situation wirkt sich zunehmend negativ auf die Arbeitszufriedenheit der Mitarbeitenden im Pflegedienst aus. Eine Gruppe leitender Pflegekräfte setzte sich im Rahmen einer Zukunftswerkstatt mit der Frage nach der zukünftigen Ausrichtung des Pflegedienstes auseinander. Im Rahmen der Sichtung aktueller Fachliteratur wurde deutlich, dass die Pflege in den USA während der 1980er Jahre vor ähnlichen Herausforderungen stand. Stellenabbau, Überlastung und Berufsflucht führten zum Start einer neuen Generation von Kliniken, den sogenannten Magnetkrankenhäusern. Das Ziel der Magnetkrankenhäuser lag darin, als Organisation sowohl attraktiv für Mitarbeitende als auch für Patienten zu sein. Diese Anziehungskraft wirkte sich sowohl auf das Anwerben als auch auf die Bindung qualifizierter Pflegekräfte aus. Den Magnetkrankenhäusern gelang eine dauerhafte Mitarbeiterbindung durch hohe Berufszufriedenheit und eine qualifizierte Patientenversorgung.

Die Anziehungskräfte, die zur Steigerung der Attraktivität der Magnetkrankenhäuser führten, wurden zunächst in 14 Merkmalen benannt. Im Rahmen der Weiterentwicklung wurden diese zu fünf Magnetkräften zusammengefasst, die miteinander in Verbindung stehen. Förderliche strukturelle Rahmenbedingungen, eine beispielhafte professionelle Praxis, Weiterentwicklung und Innovation sowie Führung in Zeiten von Veränderung sind hierbei die zentralen Merkmale.

Die Pflegeorganisation an Magnetkrankenhäusern orientiert sich am System des Primary Nursing. Die Art und Weise, wie die Patientenversorgung organisiert ist, gewinnt sowohl im Hinblick auf enger werdende Ressourcen als auch unter dem Aspekt der Patienten- und Mitarbeiterzufriedenheit zunehmend an Bedeutung. Die Ausrichtung der Arbeitsorganisation hat direkten Einfluss auf die Prozess- und damit auch auf die Ergebnisqualität in der Patientenversorgung.

Das Pflegesystem des Primary Nursing wurde in den 1960er Jahren von Marie Manthey in den USA entwickelt. Die Primäre Pflege (Primary Nursing) fordert und fördert eigenständiges pflegerisches Handeln. Die zu erbringenden Leistungen orientieren sich an den Bedürfnissen der Patienten und den Kompetenzen der Pflegekräfte. Pflegende koordinieren die Patientenversorgung und leiten durch den Behandlungsverlauf in enger Kooperation mit anderen Berufsgruppen. Sie sind verantwortlich für die Planung und Durchführung der Pflege. Durch klare Zuständigkeiten wird die Kontinuität der pflegerischen Versorgung sichergestellt.

Die Primäre Pflege als Versorgungssystem ist darauf ausgerichtet, die Verantwortung für die Pflege eines Patienten auf eine Pflegekraft zu übertragen und zwar rund um die Uhr während des gesamten Krankenhausaufenthalts. Dafür hinterlässt die Primäre Pflegekraft genaue Informationen und Anweisungen bezüglich der Pflege ihres Patienten für die Zeit, in der sie nicht im Dienst ist. Die Zuweisung von neuen Patienten zu einer Primär Pflegenden erfolgt täglich im Rahmen der Fallzuweisung. Bei der Zuweisung werden der voraussichtliche Pflegebedarf und die aktuelle Fachkompetenz der Pflegekraft berücksichtigt.

Die Geschäftsführung des St. Bernward Krankenhauses hat eine Projektgruppe mit der Entwicklung eines zukunftsfähigen Pflegeorganisationssystems beauftragt. Beteiligte in diesem Arbeitsprozess waren neben der Pflegedirektion die Bereichsleitungen, Mitarbeiter des Zentrums für Weiterbildung und Personalentwicklung, Teamleitungen, eine Gruppenleitung, eine Vertreterin der Ausbildungsstätten sowie ein Praxisanleiter. Mit der Projektleitung wurde der Leiter des Zentrums für Weiterbildung und Personalentwicklung am St. Bernward Krankenhaus beauftragt. Das Projektziel ist die Umsetzung der Primären Pflege auf allen Stationen des St. Bernward Krankenhauses. Die Primäre Pflegeorganisation soll spätestens 2015 im gesamten Haus erlebbar umgesetzt sein.

Zunächst beschäftigte sich die Projektgruppe mit den theoretischen Grundlagen der Primären Pflege und bearbeitete die Informationen unter dem Aspekt der Bedeutung für die unterschiedlichen Verantwortungsbereiche im Pflegedienst. Anschließend wurden die Teamleitungen in die Grundlagen der Primären Pflege eingeführt, die ihre nachgeordneten Mitarbeiter im Rahmen von Pflegeteambesprechungen informierten. Informationsmaterial wurde für alle im hausinternen Intranet zur Verfügung gestellt und ein Artikel zur Primären Pflege und der Arbeit der Projektgruppe erschien in der hausinternen Mitarbeiterzeitung im September 2011.

Zur Implementierung des neuen Pflegeorganisationssystems hat sich die Projektgruppe gemeinsam mit der Teamleiterin des Gebäude F für den Start in diesem Bereich entschieden. Voraussetzungen zum Start waren unter anderem die Innovationsfreude der Pflegekräfte in diesem Bereich, Mitarbeitende mit unterschiedlichen Kompetenzen und die vorhandene förderliche Kommunikationskultur. Im Gebäude F befinden sich drei allgemeine Pflegestationen sowie eine Palliativstation. Zunächst wurden alle Mitarbeiter, die an der Patientenversorgung auf diesen Stationen beteiligt sind, im Rahmen einer Kick-Off-Veranstaltung informiert und in die theoretischen Grundlagen eingewiesen. Nach dem grundsätzlichen Einverständnis aller Beteiligten entwickelten und bearbeiteten die Pflegekräfte der Stationen Kriterien zur Umsetzung der Primären Pflege in ihrem Arbeitsbereich. Dazu wurden

Kern- und Planungsgruppen gebildet, die von Teilnehmern der Projektgruppe eng begleitet wurden.

Vor dem Start in die Praxis standen die Entwicklung von Kriterien zur Dienstplangestaltung, die Anpassung der Formulare für die Patientendokumentation sowie die Entwicklung der Vorgehensweise in der Patientenzuweisung an. Die Erarbeitung übernahmen vom Team benannte Mitarbeiter, die die notwendigen Informationen zusammentrugen und zu einem Ergebnis zusammenführten.

Anfang März 2012 hat die Geschäftsführung alle Mitarbeiter im Rahmen einer Informationsveranstaltung zur Primären Pflege informiert. Vertreter der Projektgruppe stellten die Merkmale der Primären Pflege, die Arbeitsschritte der Projektgruppe sowie den aktuellen Entwicklungsstand der Umsetzung vor. Im Mai 2012 starteten die ersten beiden Stationen im Gebäude F mit der Patientenzuweisung zur Primären Pflegekraft. Eine zeitnahe Umsetzung auf anderen Pflegestationen ist geplant.

Ein Merkmal der Primären Pflege liegt in der Kontinuität der Versorgung. In diesem Zusammenhang stellt die Dienstplangestaltung ein wesentliches Element für die Umsetzung der Primären Pflege dar. Die Führungskraft hat die Aufgabe, durch eine entsprechende Gestaltung des Dienstplanes die fachliche und persönliche Kontinuität in der pflegerischen Versorgung sicher zu stellen. Abhängig von den Bedingungen der einzelnen Station, wie beispielsweise der durchschnittlichen Belegung, der Verweildauer, der Behandlungskomplexität sowie der Anzahl und Qualifikation der Pflegekräfte, werden Kriterien für die Dienstplanung formuliert. Unter anderem wird dabei die Mindestanzahl der Schichten in Folge für eine Primäre Pflegekraft festgelegt, um die Kontinuität in der Patientenversorgung zu gewährleisten. Dies hat auch Einfluss auf die Länge der Nachtdienstfolgen und die Verteilung der Freischichten. Die Kriterien werden für die Einsatzplanung aller Pflegekräfte in der Primären Pflege einer Station festgelegt. Selbstverständlich gelten bei allen Regelungen zur Einsatzplanung die gesetzlichen und tariflichen Vorgaben. Für viele Mitarbeitende bedeutet Veränderung in der Dienstplanung eine Umstellung vom Wunsch- zum Arbeitsplan. Die Prioritäten in der Planung werden neu definiert und die gewohnte Flexibilität in Bezug auf Wünsche und kurzfristige Veränderungen sinkt.

Teilzeitkräfte sind im Pflegedienst mit ganz unterschiedlichen Anteilen im Beschäftigungsumfang eingesetzt. Zukünftig wird zur Sicherstellung der Kontinuität sowie der Aufrechterhaltung und Weiterentwicklung der

Fachkompetenz bei neuen vertraglichen Vereinbarungen ein Mindeststundenanteil einer halben Vollzeitstelle angestrebt.

Zum April 2011 wurde verbindlich für alle Pflegekräfte im Pflegedienst eine 5-Tagewoche mit Kernschichten von jeweils 8 Stunden eingeführt. Mit der einheitlichen Regelung für den gesamten Pflegedienst wurde eine Synchronisation der Arbeitszeiten über alle Stationen mit daraus resultierenden einheitlichen Übergabezeiten bewirkt. Die Schichtlänge im Früh- und Spätdienst wurde um jeweils eine Stunde verlängert und somit deckt der Tagdienst insgesamt ein längeres Zeitfenster ab. Der Nachtdienst ist mit nun 8 Stunden um 2 Stunden kürzer als vorher. Ausschlaggebend für die Verlängerung der Dienstzeiten im Früh- und Spätdienst war unter anderem die Orientierung an Patientenbedürfnissen. Dies bedeutet, dass Patienten nach Diagnostik und Therapie wieder von ihrer zuständigen Pflegeperson empfangen oder am Nachmittag noch bis zur Nachtruhe von der gleichen Pflegekraft versorgt werden. Den Pflegekräften bietet die Verlängerung der Schichtzeit die Möglichkeit, Aufgaben zeitlich zu verteilen und Arbeitsspitzen zu verringern. Die Verkürzung der Nachtschichtdauer trägt zur Entlastung des Nachtdienstes bei. Zudem sollte mit den verlängerten Dienstzeiten die Mehrarbeit zu Dienstende vermieden werden. Die Mitarbeitervertretung hat der Veränderung unter der Bedingung zugestimmt, dass weiterhin soziale Gründe von Mitarbeitenden Berücksichtigung finden.

Im Gebäude F hat die Teamleiterin das Arbeitszeitmodell der 5-Tagewoche mit Kernschichten von jeweils 8 Stunden bereits 2010 auf ihren Stationen eingeführt. Die Patientenorientierung konnte dabei durch die veränderten Arbeitszeiten besser gewährleistet und die Arbeitsaufgaben gleichmäßiger über die Schichtdauer verteilt werden. Dadurch konnten Arbeitsspitzen reduziert werden. Die Verlässlichkeit der Dienstplanung hat zugenommen. Schwierigkeiten mit diesem Arbeitszeitmodell wurden in Bezug auf persönliche Auswirkung auf familiäre Bedingungen formuliert, wie beispielsweise „ein spätes Dienstende" „verkürzte Nachtruhe" oder „schwierige Verkehrsanbindungen".

Rückmeldungen wie „mehr Zeit für Patienten", „abends keinen Zeitdruck mehr", „positive Entlastung des Nachtdienstes" sowie „Verlässlichkeit in der Dienstplanung" haben 2011 die Einführung dieses Modells im gesamten Pflegedienst unterstützt. Im Vorfeld haben die Pflegekräfte die mit der Veränderung notwendige Anpassung der Arbeitsabläufe für ihren Arbeitsbereich erarbeitet. Dabei wurden nach Bedarf individuell Zwischendienste neben den Kernschichten eingebunden.

Die Veränderung der Dienstzeiten im gesamten Pflegedienst hat bei vielen Pflegekräften zu Unzufriedenheit geführt. Die Auswirkungen der neuen Dienstzeiten auf gewohnte Abläufe stellte für viele ein erhebliches Problem dar. Die Flexibilität bei kurzfristiger Veränderung der Dienstplanung ist mit den neuen Dienstzeiten aufgrund der Berücksichtigung gesetzlicher

Ruhezeiten stärker eingeschränkt. Mit dem Dienstmodell sind neue Arbeitsspitzen zu verzeichnen, die zu Belastung und teilweise zu Überlastung der Pflegekräfte führen. Insbesondere der lange Spätdienst bereitet vielen Schwierigkeiten, hinzu kommt eine häufig formulierte Unsicherheit auf dem Heimweg. Weiterhin ist aufgrund gestiegener Ausfallzeiten die Einhaltung der 5-Tage-Woche nicht sicher gewährleistet, was zur Verkürzung notwendiger Erholungsphasen führt. Neben den kritischen Rückmeldungen wird die Verkürzung des Nachtdienstes häufig positiv bewertet. Allerdings beklagen Teilzeitkräfte mit einem hohen Nachtdienstanteil, dass die Anzahl der Arbeitstage aufgrund der verkürzten Schichtdauer gestiegen ist. Patientenbedürfnisse können mit verlängerten Dienstzeiten besser berücksichtigt werden. Dennoch bleiben eine hohe Unzufriedenheit und Abwehrhaltung insbesondere gegenüber dem Spätdienst mit Dienstende um 22.30 Uhr.

Kontakte, Rückmeldungen, Vernetzungen und Abhängigkeiten innerhalb und außerhalb der Organisation

Kontinuität ist sowohl innerhalb als auch in der Vernetzung ein wichtiges Merkmal und vermittelt Orientierung und Sicherheit. Die Bedeutung eines informierten und kompetenten Ansprechpartners wird immer wieder im Rahmen von gezielten Befragungen oder bei der Bearbeitung von Beschwerden deutlich. Feste Ansprechpartner, verbindliche Absprachen und eine bedarfsgerechte Information bieten Sicherheit und Orientierung für Patient und Angehörige. Kontinuität in der Einsatzplanung ermöglicht den Pflegekräften, den Patienten während seines gesamten Krankenhausaufenthaltes zu begleiten. Liegen Steuerung und Koordination des Versorgungsprozesses in einer Hand, können Wartezeiten, Informationsbrüche und -lücken vermieden werden. Der Wunsch nach einem kompetenten und informierten Ansprechpartner hat auch in der Kooperation zwischen verschiedenen Berufsgruppen und Abteilungen einen hohen Stellenwert. Die Sicherstellung einer gemeinsamen täglichen Visite ist beispielsweise ein wichtiger Bestandteil im Behandlungsprozess. Qualifizierte und informierte Pflegekräfte haben die Möglichkeit, sich aktiv an der Gestaltung und Steuerung des Behandlungsprozesses zu beteiligen.

Reflexion

Die Einführung der Primären Pflege wurde von Mitarbeitenden im Pflegedienst unterschiedlich aufgenommen. Neben spannender Erwartung und der Freude an der Übernahme von Verantwortung gab es auch Unsicherheit und Befürchtungen, den Anforderungen nicht gewachsen zu sein. Ähnliches ist bei Veränderungen im Rahmen der Dienstplangestaltung zu beobachten.

Mitarbeitende beurteilen die Gewichtung von arbeitsmedizinischen Handlungsempfehlungen für die Gestaltung von Schichtplänen unterschiedlich. Die Wünsche der Beschäftigten können dabei erheblich variieren. Im Rahmen der Beschäftigung mit gesundheitsförderlichen Aspekten der Arbeits- und Organisationsgestaltung wurde deutlich, dass die Bewertung sehr individuell getroffen wird. Eine sektorale Betrachtung der Arbeitszeiten greift im Gesamtzusammenhang zu kurz. Mit der Umstellung des gesamten Pflegedienstes im April 2011 auf eine 5-Tagewoche mit gleichmäßiger Dauer der 3 Kernschichten waren Vorteile und Chancen für viele Pflegekräfte nicht erkennbar. Die Umstellung war kurzfristig und viele begegneten der Top-down-Entscheidung mit Abwehr. Trotz positiver Erfahrungen in der Umsetzung auf den Stationen im Gebäude F konnten andere diese Aspekte nicht für ihren Arbeitsbereich übertragen und zweifelten eine Vergleichbarkeit an. Deutlich wurde, dass die Veränderung von Arbeitszeit einen erheblichen Eingriff in die Lebenszusammenhänge von Mitarbeitenden darstellt. Diese haben sich an einen Schichtplan gewöhnt und ihre soziales Umfeld an die Bedingungen angepasst. Die Veränderung wirkt sich also direkt auf die jeweiligen außerberuflichen Lebenszusammenhänge aus. Veränderungen stoßen daher auf eine erhebliche Beharrungstendenz.

In die Entwicklung eines zukunftsfähigen Pflegeorganisationsmodells waren unterschiedliche Funktionsträger im Pflegebereich eingebunden. Die Projektgruppe hat sich intensiv mit den aktuellen Bedingungen im Krankenhaus auseinandergesetzt und daraus Anforderungen an die Zukunft formuliert. Die Mitarbeiter haben in Planungsgruppen Kriterien für eine erlebbare Kontinuität in der Einsatzplanung formuliert. In Kompetenzgesprächen mit der Teamleiterin wurde Fortbildungs- und Unterstützungsbedarf formuliert. Die Partizipation der Mitarbeitenden hat zu einer intensiven inhaltlichen Auseinandersetzung beigetragen und unterschiedliche Erwartungen und Perspektiven wurden gemeinsam diskutiert. Die vereinbarten Ergebnisse haben eine breitere Akzeptanz und werden auch in der Umsetzung von Mitarbeitenden eingefordert.

Was waren Stolpersteine, Umwege und Sprungbretter?

Zunächst hatte ich meinen Fokus im Rahmen des Projekts auf die Erhaltung der Arbeitsfähigkeit im Schichtdienst unter dem Aspekt der demografischen Entwicklung gelegt. Zunehmend meldeten sich Pflegekräfte, die Schwierigkeiten mit der Teilnahme am Nachtdienst hatten. Im Gespräch äußerten die Betroffenen ihre Erwartung an den Dienstgeber, ihren Arbeitsplatz entsprechend ihrer Möglichkeiten anzupassen. Mit der Entwicklung eigener Strategien zur Erhaltung der Arbeitsfähigkeit hatten sich dabei die wenigsten auseinander gesetzt.

Gleichzeitig wurde durch Rückmeldungen von Patienten, Angehörigen und Mitarbeitern der Bedarf an der Weiterentwicklung der professionellen Handlungskompetenz in der Pflege deutlich. Die Auseinandersetzung mit einer zukunftsorientierten Ausrichtung des Pflegedienstes zeigte, dass eine Veränderung Auswirkungen auf ganz unterschiedliche Themen hat.

Zunächst bestand die Arbeit der Projektgruppe in der Sammlung von Informationen und einer Standortbestimmung. Daran schlossen sich die Entwicklung konkreter Ideen und die Planung der weiteren Arbeitsschritte an. Die Entwicklung von Kriterien an die zukünftige Arbeitszeitgestaltung im Pflegeorganisationssystem ist dabei ein Thema, welches im Gesamtprojekt bearbeitet wird. Somit steht die Arbeitszeitgestaltung nicht als eigenständiges Thema, sondern in einem Gesamtkontext zur Bearbeitung an. Eine enge Begleitung der Pflegekräfte im Veränderungsprozess stellt insbesondere eine Herausforderung an alle Führungskräfte dar.

Das Projekt ist mit Abgabe dieser Arbeit nicht beendet. Gleichzeitig sind wichtige Meilensteine erreicht und der Ausblick auf eine zukunftsorientierte Arbeits- und Organisationsgestaltung in der Pflege ist vorhanden.

Zur artikulierten Unzufriedenheit und der steigenden Tendenz der Ausfallzeiten haben alle Teams des Pflegedienstes Anfang 2012 strukturiert gearbeitet. Dabei wurden Ursachen, die zu Unzufriedenheit bei Mitarbeitern führen gesammelt und Maßnahmen und Verantwortlichkeiten abgeleitet.

Der Lernerfolg für Mitarbeiter/-innen und für die Organisation –
Empfehlungen für „Nachahmer"

Die Einführung eines neuen Pflegeorganisationssystems ist verbunden mit dem Ziel, Zuständigkeiten klar zu benennen und eine erlebbare Kontinuität in der Patientenversorgung zu gewährleisten. Pflegekräfte erhalten im Rahmen der Primären Pflege die Chance zur Übernahme von Verantwortung und der aktiven Gestaltung eines eigenen pflegerischen Handlungsspielraums. Autonomes und eigenständiges pflegerisches Handeln wird gefördert, Pflegende koordinieren die Patientenversorgung und leiten durch den Behandlungsverlauf. Die Pflegekraft nimmt dabei eine Schlüsselrolle im Behandlungsprozess ein. An der Umsetzung in die Praxis partizipieren Pflegekräfte, indem sie sich in Planungsgruppen beteiligen. Dabei haben sie die Möglichkeit, ihren Arbeitsbereich innerhalb eines umschriebenen Rahmens selbst zu gestalten. Durch die hohe Beteiligung unterschiedlicher Personen werden vielfältige und kreative Ideen entwickelt. Gleichzeitig wird deutlich, dass die Bedingungen in den unterschiedlichen Teams nicht vergleichbar sind und eine jeweils individuelle Auseinandersetzung mit dem Organisationssystem notwendig ist. Ein Patentrezept, welches in allen Bereichen angewandt wird, existiert nicht. Gleichzeitig besteht die Möglichkeit, voneinander zu lernen, im Sinne einer Lernenden Organisation. Dafür werden die neuen Bereiche durch Patenschaften von Mitarbeitenden der bisherigen Gruppen begleitet.

Erfolgskritische Faktoren der Fortbildung als Hintergrund des Projektes und des Veränderungsprozesses in der eigenen Organisation

Das Projekt ist kein abgeschlossenes Thema, welches in einem definierten Zeitraum bearbeitet wird und nach einer Anschlussfähigkeit im Unternehmen sucht. Die Einführung der Primären Pflege hat Auswirkungen auf die gesamte Organisation. Die Übernahme von Verantwortung und Klärung von Zuständigkeiten sorgen für Klarheit und Orientierung. Gleichzeitig werden sowohl Kompetenzen als auch Defizite deutlich. Im vertrauensvollen Umgang miteinander werden Möglichkeiten zur Kompetenzsteigerung im Rahmen der Personalentwicklung festgelegt. Langfristig ist somit eine Steigerung der Mitarbeiterkompetenzen zu erwarten. Gelingt eine erlebbare Umsetzung der Primären Pflege in der Praxis, wird diese Entwicklung nicht ohne Auswirkungen im gesamten Krankenhaus bleiben. Die Arbeitszeitgestaltung wird im Rahmen des Pflegeorganisationssystems weiterentwickelt mit dem Ziel der Steigerung der Mitarbeiter- und Patientenzufriedenheit.

Eine Anschlussfähigkeit zu weiteren Maßnahmen im Rahmen der Organisationsentwicklung ist vorhanden.

Lebenssituationsorientierte Personalentwicklung als Managementaufgabe

Edith Thier

Ausgangssituation und Motivation für das Projekt

Das Haus der Familie Münster – Katholisches Bildungsforum im Stadtdekanat Münster e. V. (HdF) ist eine Einrichtung der Familien- und Erwachsenenbildung in der Stadt Münster. Die Einrichtung ist ein eingetragener Verein, den es seit über 50 Jahren gibt. Laut Satzung gibt es eine Anbindung an das Bistum Münster. Der Vorstand des Vereins besteht aus sechs stimmberechtigten Mitgliedern. Erster Vorsitzender ist laut Satzung der jeweils amtierende Stadtdechant in der Stadt Münster.

Die Einrichtung führt jährlich durchschnittlich 1.600 Veranstaltungen durch. Von diesen 1.600 Veranstaltungen finden ca. 65 Prozent in den Räumen der Einrichtung im Innenstadtbereich am Krummen Timpen statt. Das bedeutet, dass in der Kurszeit täglich zwischen 30 und 40 Veranstaltungen in der Einrichtung selbst durchgeführt werden; beginnend morgens um 8.30 Uhr und endend abends um 22.30 Uhr. Die anderen 35 Prozent der Kurse, Seminare, Workshops oder Vorträge werden sozialraumorientiert in den verschiedensten Stadtteilen angeboten. Hierbei werden Räumlichkeiten und daraus entstehende Kooperationsmöglichkeiten mit Kindertageseinrichtungen, Familienzentren, katholischen und evangelischen Kirchengemeinden, Büchereien, Stadtteilhäusern, Krankenhäusern etc. genutzt.

An diesen ca. 1.600 Veranstaltungen nehmen ca. 15.800 Erwachsene und ca. 3.900 Kinder teil. An durchgeführten Unterrichtsstunden bedeuten 1.600 Veranstaltungen ca. 24.500 Stunden. Ebenfalls führt die Einrichtung jährlich zwischen 4–6 Bildungsurlaube für unterschiedliche Zielgruppen durch: alleinerziehende Mütter/Väter, Großeltern und Enkel, Frauen und Familien.

Im Haus der Familie arbeiten 17 Personen hauptberuflich mit unterschiedlichen Studienabschlüssen, Berufsausbildungen und Stellenumfängen. Im pädagogischen Feld sind Dipl. Sozialpädagoginnen, Dipl. Sozialarbeiterinnen, Dipl. Religionspädagoginnen, eine Dipl. Oecotrophologin, eine Erzieherin und eine Schneidermeisterin beschäftigt. Fünf Mitarbeitende sind im administrativen Bereich tätig und drei Mitarbeitende im Hausservice. Nach dem Wegfall der Zivildienststelle arbeitet ein Bundesfreiwilligendienstler in der Einrichtung mit.

Neben den hauptberuflich Beschäftigen arbeiten ca. 380 Personen als Honorarkräfte in der Einrichtung mit. Diese Personen führen in der Regel die Angebote durch, sind sozusagen das nach außen gewandte Gesicht der Einrichtung. Die Ausbildungen und Qualifizierungen der Honorarkräfte richten sich nach ihrer Tätigkeit in den unterschiedlichen Fachbereichen. Zur Zeit werden Angebote in folgenden Fachbereichen gemacht: Partnerschaft und Ehe, Elternschule, Eltern und Kinder, Gott und die Welt, Austausch und Begegnung, Entspannung und Fitness, Gesundheitsbildung, Essen und Trinken, Aus- und Weiterbildung, Sprache und Kultur, Mode-Design-Handwerk.

Bis zum 01. Januar 2007 gab es das Katholische Stadtbildungswerk, welches im Rahmen von Umstrukturierungsmaßnahmen in das Haus der Familie integriert wurde. Ehrenamtliche Frauen und Männer organisierten bis zur Integration des Bildungswerkes mit einer hauptamtlichen Kraft einen Teil der Bildungsarbeit in den katholischen Pfarrgemeinden. Die Koordinierung dieses Aufgabenfeldes liegt zur Zeit bei der Leitung und Geschäftsführung der Einrichtung.

Außerdem sind über den Kontakt mit der Freiwilligenagentur auch Ehrenamtliche im Abenddienst am Empfang tätig. Über das JAZ (Jugendausbildungszentrum) kommen in der Verwaltung und im Hausservice „Ein-Euro-Kräfte" zum Einsatz, über den Integrationsfachdienst arbeiten Menschen mit psychischen Einschränkungen mit, über die Hochschulen in Münster kommen Praktikanten zum Einsatz.

Als Einrichtung haben wir uns sehr bewusst für diese breite Palette an Einsatzmöglichkeiten entschieden. Einerseits sind die unterschiedlichen Mitarbeitenden eine Bereicherung für das Haus der Familie, andererseits wollen wir unsere Arbeitsfelder bewusst auch Menschen öffnen, die einen (Wieder-) Einstieg in den Beruf suchen und vorbereiten. Dies erfordert eine große Offenheit des hauptamtlichen Personals und die Bereitschaft, anleitende Aufgaben und Funktionen zu übernehmen.

Der Kreis der Teilnehmerinnen und Teilnehmer in den verschiedenen Angeboten setzt sich zu ca. 60 Prozent aus jungen Frauen und Männern zusammen, von denen ca. 40 Prozent junge Mütter und Väter sind. Die Einrichtung ist grundsätzlich offen für Menschen verschiedenen Alters, Herkunft und Religion.

Das Team der hauptamtlich Mitarbeitenden der Einrichtung bewegt sich altersmäßig zwischen knapp 30 und Anfang 60 Jahren, mit einem Schwerpunkt bei +/- 50 Jahren.

Aus der Darstellung dieser Situation ergaben sich verschiedene Fragestellungen, die im Rahmen dieses Projektes bearbeitet wurden bzw. bearbeitet werden:

- Welches Potential bieten älter werdende Mitarbeiterinnen und Mitarbeiter?
- Wo liegen deren Stärken, die für die Einrichtung entscheidend sind?
- Was ist bei älter werdenden Mitarbeitenden in besonderer Weise zu berücksichtigen hinsichtlich ihrer gesundheitlichen Situation?
- Wie gelingt die Inklusion aller Mitarbeitenden?
- Wo liegen Fortbildungsbedarfe, Entwicklungspotentiale jüngerer Mitarbeiter und Mitarbeiterinnen?
- Welches sind geeignete und notwendige Fortbildungen für erfahrene Mitarbeitende?
- Was ist zwingend zu berücksichtigen bei möglichen Neubesetzungen von Stellen und Arbeitsbereichen?
- Was ist bei der Auswahl und Qualifizierung der Honorarkräfte zu beachten?

Ziel(e) des Projekts

Ziele des Projektes sind die Entwicklung und Planung eines langfristigen Personaleinsatzplanes unter Berücksichtigung des zu erreichenden Klientels und einer lebenssituationsorientierten Arbeitszeit- und Fortbildungsplanung für alle Mitarbeitenden.

Im Projektverlauf bearbeitete Inhalte, gesetzte Strukturen, durchgeführte Maßnahmen, erreichte Meilensteine/Zwischenergebnisse

Zur Umsetzung des Projektes wurde das Anliegen in den verschiedenen Gremien der Einrichtung vorgestellt. Dazu gehören der Vorstand, die Mitgliederversammlung, das Pädagogen-, Verwaltungs- und Hausserviceteam. Ebenfalls wurde in der GesamtmitarbeiterInnenbesprechung der Projektverlauf skizziert. Die MAV (Mitarbeitervertretung) war ebenfalls einbezogen, auch weil die MAV bei Personalentscheidungen informiert werden muss.

Nach entsprechender Information in den unterschiedlichen Gremien wurde eine Projektgruppe gebildet, die sich aus folgenden Personen zusammensetzte: Leitung der Einrichtung, Pädagogische Mitarbeiterin, Mitarbeiterin aus der Verwaltung, Honorarkraft, Teilnehmerin.
Diese Arbeitsgruppe hat sich regelmäßig getroffen, um die jeweils folgenden Projektschritte zu entwickeln, vorangegangene Maßnahmen zu evaluieren und die Projektplanung den jeweils aktuellen Entwicklungen anzupassen.

Experimentierfelder waren bzw. sind:

Durchführung der Kampagne „Bildung macht selig!": Hier wurden Aktionen und Veranstaltungen entwickelt mit neuen Formaten wie z. B. Poetry Slam, Nachts auf dem Hochsitz, Drahtseilakt Partnerschaft, Rotes-Sofa-Aktion. Weiterführende Aktionen waren und sind u. a. Angebote wie „Pimp up my WG" oder „Babyclub für Studis". Durch den Einsatz von Praktikanten im pädagogischen Bereich, durch personelle Wechsel im Pädagogen- und Verwaltungsteam gelingt es, im inhaltlichen Bereich immer wieder Experimente zu wagen und gelungene Angebote in das normale Programm einzugliedern.

Das jährlich, zum jetzigen Zeitpunkt mit einer Auflage von 10.000 Exemplaren erscheinende Programmheft wurde komplett überarbeitet. Dazu war es nötig, sich von der bisherigen Agentur zu trennen und Änderungen von Text- und Fotomaterial vorzunehmen. Letzteres machte notwendig, dass Mitarbeitende entsprechende Textwerkstätten besuchen konnten, um sich auf diesem Gebiet weiterzuqualifizieren. Ebenfalls wurde eine Befragung der Zielgruppe durchgeführt, um Bedürfnisse und Ideen genauer kennenzulernen. Deutlich wird, dass es ein geschriebenes Programmheft geben muss. Insbesondere aber muss eine Kommunikation über die Homepage stets inhaltlich aktuell und in ansprechender Gestaltung möglich sein.

Der Empfangsbereich der Einrichtung wurde komplett umgebaut. Dadurch ist dieser Bereich zu einem Raum der Begegnung und des Gesprächs geworden, der direkte Kontakt zu Mitarbeitenden ist gewährleistet, der Kaffeautomat mit fair gehandeltem Kaffee wird sehr gut angenommen. Dadurch wird dem Anspruch von Bildung und Begegnung Rechnung getragen.

Die Einrichtung eines „Still- und Wickelraums" hat dazu geführt, dass mittlerweile sowohl Teilnehmerinnen als auch andere Mütter, die im Stadtteil unterwegs sind, diesen Raum stark in Anspruch nehmen.

Die Einrichtung einer eigenen Herrenumkleide für entsprechende Sport- und Entspannungskurse hat bei den männlichen Besuchern sehr positiven Anklang gefunden.

Damit wurde dem Anspruch der Einrichtung, gendergerecht zu agieren, in dieser speziellen Angelegenheit nachgegangen.

Verschiedenen pädagogischen Mitarbeiterinnen sind durch die gezielte Erfassung des Fortbildungsbedarfs unter den Gesichtspunkten. Interessen, Alter, Bedarfe der Mitarbeitenden, Bedarfe der TeilnehmerInnen, Bedarfe der Einrichtung Qualifizierungsmaßnahmen ermöglicht worden, die das bisherige Tätigkeitsfeld verändert haben. Zum Beispiel entwickelte eine Erzieherin ein Konzept für Angebote im Großeltern-Enkelkinder-Bereich und konnte dafür die Durchführung eigener Eltern-Baby-Treffs an eine Honorarkraft abgeben.

Der Fortbildungsbedarf der einzelnen Mitarbeitenden wird in den einmal jährlich stattfindenden MitarbeiterInnengesprächen geplant, konkretisiert, erfasst und vereinbart. Bei Bewerbungsverfahren zur Besetzung neuer Stellen im Verwaltungsbereich und als Elternzeitvertretung im pädagogischen Bereich wurde gezielt nach jüngeren Mitarbeitenden gesucht. Entwickelte Anforderungsprofile wurden unter besonderer Berücksichtigung der Aspekte. Teamzusammensetzung, Auswirkungen auf die Gestaltung der Arbeit, Gender und Ansprechen der Klientel erstellt. Sowohl bei der Besetzung der Stelle im Sekretariat und bei der Besetzung der Elternzeitvertretung im pädagogischen Bereich ist es gelungen, junge Mitarbeiterinnen zu gewinnen. Leider haben sich keine männlichen Bewerber mit guten Qualifikationen präsentiert, sodass dem Anspruch, die Zahl der männlichen Mitarbeiter zu erhöhen, nicht entsprochen werden konnte.

Angedacht war und ist auch die Einrichtung einer sogenannten Denkfabrik – Braintrust. Hier sollen ein/e JournalistIn, KünstlerIn, Vater, Mutter, StudentIn angesprochen werden, sich zu beteiligen.

Dieser Schritt ist aus unterschiedlichen Gründen noch nicht umgesetzt worden, soll aber in der Fortführung des Projektes bedacht werden.

Kontakte, Rückmeldungen, Vernetzungen und Abhängigkeiten innerhalb und außerhalb der Organisation

Kontakte und Rückmeldungen hat es vor allem aus den verschiedenen Teams vom Haus der Familie gegeben und von unterschiedlichsten Teilnehmern und Teilnehmerinnen.

Bei den Mitarbeitenden kamen unterschiedlichste Aspekte zum Tragen: Zu Beginn des Projektes wurden zunächst hauptsächlich Ängste ausgesprochen, dass die Einrichtung, die Einrichtungsleitung oder der Vorstand als Auftraggeber nicht (mehr) zufrieden sein könnte mit der Arbeitsleistung älterer Mitarbeiterinnen und Mitarbeiter, dass man als Mitarbeitende selbst im Rahmen dieses Projektes in besonderer Weise gefordert wäre.

Diese Befürchtungen veränderten sich, als deutlich wurde, dass die Einrichtung ältere Mitarbeitende sehr schätzt wegen ihrer Erfahrung, Verlässlichkeit, Identifizierung mit der Einrichtung und Kundenbindung – und dass es im Projekt darum geht, diese Stärken zu nutzen, angemessene Fortbildungen zu ermöglichen und ggf. Änderungen in den Tätigkeitsbereichen vorzunehmen. Dadurch wurde die Zielvorstellung, bei möglichen Neubesetzungen junge Mitarbeitende einzustellen, weitestgehend mitgetragen.

Aus dem Kreis der Kursleitungen und Teilnehmenden kamen fast durchgehend positive Rückmeldungen sowohl zu den baulichen Veränderungen und der Neugestaltung des Programmheftes als auch zu den inhaltlichen Angeboten für die junge Zielgruppe.

Der Vorstand hat mit Interesse die Projektentwicklung begleitet und durch Nachfragen, Diskussionsbeiträge und kritische Anmerkungen immer wieder für Motivationsschübe gesorgt. Berichte über die durchgeführten Maßnahmen und Überlegungen haben auch bei anderen Einrichtungen der Familien- und Erwachsenenbildung im Bistum Münster dazu geführt, dass die Fragestellungen aufgenommen wurden.

Rolle der Dimension „Gender Mainstreaming" als Querschnittsthema

In verschiedenen Bereichen spielt Gender Mainstreaming in diesem Projekt eine Rolle: Zu benennen ist vor allem gendergerechte Sprache, gendergerechter Einsatz von haupt- und nebenberuflichen Personal, gendergerechte Ausstattung der Kursräume.

Reflexion

Die Projektziele wurden in einem Umfang von ca. 80 Prozent erreicht. Stolpersteine waren und sind: vermeintlich fehlende Zeitressourcen, zu viele andere Projekte, z. B. um finanzielle Absicherungen zu organisieren. Ebenso hat die personelle Veränderung der zuständigen und verantwortlichen Person im Bistum Münster, die sozusagen die Fachaufsicht der Bildungseinrichtungen hat, dazu geführt, dass sich die Verzahnung des Projektes mit der Fachstelle Bildungsmanagement und mit anderen Einrichtungen der Familien- und Erwachsenenbildung nicht so stark durchführen ließ, wie ich es mir gewünscht hätte.

Sprungbretter waren hoch motivierte Mitarbeiterinnen und Mitarbeiter, die gute Marktstellung der Einrichtung und die daraus resultierende Bereitschaft der Teams, sich neuen Überlegungen gegenüber zu öffnen. Ebenso hat sich der Vorstand kontinuierlich zu den einzelnen Projektschritten informieren lassen. Im Rahmen der Fortbildungen haben insgesamt acht Supervisionstreffen stattgefunden. Im Rahmen dieser Supervisionstreffen sind immer auch die verschiedenen Projekte, deren Entwicklung und Vor- und Rückschritte zur Sprache gekommen. Die Supervisionstreffen habe ich als Sprungbretter erlebt, um reflektierter und motivierter die nächsten Projektschritte zu gehen. Außerdem wurden in den einzelnen Kursabschnitten die Projekte vorgestellt, deren Entwicklung wurde beleuchtet und mögliche Stolpersteine wurden analysiert und ggf. beseitigt.

Interessant war für mich in diesem Zusammenhang auch, festzustellen, dass es durchaus ein Erfolg sein kann, wenn ein Projekt abgebrochen werden muss oder kann. Außerdem hat sich die Projektidee im Verlauf der Fortbildung und durch die Supervision immer wieder verändert und modifiziert.

Der Lernerfolg für Mitarbeiter/-innen und Organisation im Zusammenhang mit dem Projekt! Empfehlungen für „Nachahmer"

Der Lernerfolg für Mitarbeiter, Leitung und Organisation spiegelt sich sehr deutlich im Titel dieses Projektes wider, sozusagen von der altersgerechten Personalentwicklung hin zur lebenssituationsorientierten Personalentwicklung. Für „Nachahmer" ist entscheidend, die Situation der eigenen Organisation sehr deutlich zu analysieren und dementsprechend das Projekt zu planen und umzusetzen. Auch sollte man sich grundsätzlich die Offenheit erhalten, im Projektverlauf Kurskorrekturen vorzunehmen.

Erfolgskritische Faktoren von Fortbildung als Hintergrund des Projektes und damit Veränderungsprozesses in der eigenen Organisation

Mein persönlicher Lernerfolg im Zusammenhang mit dem durchgeführten Projekt liegt vor allem darin, dass mir sehr deutlich geworden ist, dass es im Bereich Personalmarketing darum gehen muss, eine möglichst große Schnittmenge zwischen den verschiedenen Interessenlagen zu finden. Für mich spielen bei der Personalzusammensetzung im Haus der Familie folgende Faktoren eine entscheidende Rolle: Mann/Frau, Alter, Erfahrung, Fachkompetenz, Sozialkompetenz. Für das Haus der Familie gilt, dass es eine gute Mischung geben muss zwischen Frauen und Männern, Jungen und Alten/Erfahrenen, unterschiedlichen Fachkompetenzen, unterschiedlichen Kompetenzen im sozialen Bereich. Migrations-, kultur-und religionsspezifische Aspekte sollten eine Rolle bei der Auswahl und dem Einsatz von Personal spielen. Dabei gilt es auch, die Spannung auszuhalten, z. B. bei Neubesetzungen eine junge Frau mit einer anderen Konfession einzustellen und nicht der erfahrenen Mitarbeiterin, die schon lange in der Einrichtung arbeitet, die Chance zu geben, ihre Teilzeitstelle in eine Ganztagsstelle umzuwandeln.

Der Faktor „Führung" –
Die Rolle der Führungskraft in sozialen Einrichtungen vor dem Hintergrund des demografischen Wandels

Birgit Ramon

Einleitung

Die Auswirkungen des demografischen Wandels in Deutschland sind einerseits die im Verhältnis zunehmend älter werdende Bevölkerung und damit auch der steigende Bedarf an Betreuung, Beratung und Pflege. Demgegenüber stehen in den Organisationen der Sozial- und Gesundheitswirtschaft eine älter werdende Belegschaft, verhältnismäßig wenig jüngere Nachwuchskräfte und insgesamt ein deutlicher Fachkräftemangel im Sozial- und Gesundheitsbereich. Für die betroffenen Organisationen bedeutet dies eine enorme Leistungsverdichtung unter erhöhtem Kostendruck und erfordert – um den sozialen Auftrag weiterhin mit Qualität zu erfüllen – eine auf Nachhaltigkeit ausgerichtete, veränderte Personalstrategie in den Einrichtungen.

Vor diesem Hintergrund gewinnt der Faktor „Führung" in Organisationen zunehmend an Bedeutung. Führung soll – allgemein gesprochen – die Leistungsfähigkeit einer Organisation erhalten und weiterentwickeln. Führung wird als einer der stärksten Hebel beschrieben, wenn es um die Bewältigung der Auswirkungen des demografischen Wandels geht.

Im Folgenden wird zunächst ein Überblick über die Aufgaben der Führung gegeben, wobei in Managementaufgaben, Personalführung und Selbstführung unterteilt wird. Da in der vorliegenden Veröffentlichung viele Beschreibungen und Ausführungen den Bereich „Handlungsfelder altersgerechte Personalentwicklung" und damit ausgesprochene Managementaufgaben betreffen, wird dieses Thema hier nur kurz behandelt. Das besondere Augenmerk gilt der Personalführung sowie der Selbstführung, bevor dann mit einem Fazit geendet wird.

1 Was beinhaltet „Führung"?

Führung in sozialen Einrichtungen stützt sich grundsätzlich auf drei Säulen:

a) Managementaufgaben (auch „strategische und operative Führung")
b) Personalführung (auch „Beziehungsführung")
c) Selbstführung

a) Managementaufgaben beinhalten:

- den Zweck der Einrichtung vor dem Hintergrund der Verbandspolitik und der gesellschaftlichen Aufgabe zu erfüllen;
- ein betriebswirtschaftliches Ergebnis zu erzielen;
- Strategie und Ziele zu entwickeln und die Umsetzung zu gestalten;
- Prozesse und Strukturen aufzubauen und weiterzuentwickeln;
- Personalmanagement zu entwickeln und zu steuern;
- wirksame Öffentlichkeitsarbeit zu gestalten;
- das fachliche Know-how der Organisation zu sichern und weiterzuentwickeln.

Managementaufgaben – sowie letztendlich alle Führungsaufgaben – sind beeinflusst von den äußeren Faktoren und Rahmenbedingungen, die auf eine Organisation und auf den jeweiligen Verantwortungsbereich der Führungskraft einwirken: Verbandsentwicklungen, Entwicklung von Markt und Mitbewerbern, neue gesetzliche Bestimmungen, neue gesellschaftliche Entwicklungen, wie hier der demografische Wandel, technologische Weiterentwicklungen u. a.

b) Die zweite Säule ist die Personalführung (auch: Beziehungsführung[32]). Diese umfasst:

- Mitarbeiter/-innen zu fördern und zu fordern;
- effiziente Teams aufzubauen;
- den Sinn und die Werte sowie die Vision und die Ziele der Einrichtung an die Mitarbeiter/-innen zu kommunizieren und die Leistungsbereitschaft in dem Sinne zu fördern (Change Management);
- Handwerkszeug professionell anzuwenden;
- Kundenorientierung durch Personalführung zu fördern.

c) Die dritte Säule ist die Selbstführung [33]. Darunter wird verstanden:

- Selbstreflexion und Persönlichkeitsentwicklung: Die Wirksamkeit des eigenen Verhaltens als Führungskraft gegenüber den Mitarbeiter/-innen und der Organisation zu reflektieren und zu verbessern;
- eigene Talente und Stärken zu (er-)kennen und ressourcenorientiert im Führungshandeln einzusetzen;
- eigene Werte und Lebensziele im Blick zu haben und die persönliche Life-Balance zu realisieren;

---

32 Der Schwerpunkt wird hierbei auf die Gestaltung von Beziehungen über Dialog und authentische Kommunikation gelegt.
33 Zum Begriff „Selbstführung" in der Persönlichkeitspsychologie vgl. Fisseni, Sachregister (2003)

- mit Komplexität umzugehen, für die eigene Orientierung zu sorgen, eigene Problemlösungen zu finden und Entscheidungen zu treffen.

Die folgenden Ausführungen werden sich an diesen drei Säulen der Führungsaufgaben orientieren, wobei besondere Aufmerksamkeit auf die Bereiche Personalführung und Selbstführung gelegt wird.

2 Die Säule „Managementaufgaben"

Den Auswirkungen des demografischen Wandels zu begegnen, stellt für die Verantwortlichen zunächst die Managementaufgabe „Personalstrategie" in den Vordergrund: Eine Einrichtung entwickelt ihre Personalstrategie auf der Grundlage einer Bedarfsplanung für die nächsten Jahre sowie einer Marktanalyse. Aus dieser Personalstrategie werden relevante Ziele und Handlungsfelder (s.u.) abgeleitet. An diesen Prozessen ist maßgeblich das höhere Management, d.h. Geschäftsführungen und Leitungen von Gesamteinrichtungen beteiligt, während mittlere und untere Führungskräfte für die Umsetzung ‚vor Ort' verantwortlich sind.

Die Handlungsfelder im Rahmen von altersgerechter Personalentwicklung sind:

- Arbeits- und Arbeitszeitgestaltung,
- Personalmarketing und Personalbindung,
- Gesundheitsmanagement,
- Diversity Management,
- Lernende Organisation, Lebenslanges Lernen, Aus- und Weiterbildung,
- Führungskräfte- und Mitarbeiterentwicklung.

Da in der vorliegenden Veröffentlichung viele konkrete Praxisprojekte aus diesen Handlungsfeldern beschrieben sind und mehrere Beispiele auf relevante Führungsaufgaben hinweisen, wird hier auf eine ausführlichere Darstellung der einzelnen Managementaufgaben verzichtet.[34] Hier sind im Überblick die Anforderungen genannt, die sich im Rahmen von Managementaufgaben für Führungskräfte ergeben:

- Führungskräfte positionieren sich: Ziele und Entscheidungen, die für die Gesamtorganisation getroffen werden, sind auf den eigenen Verantwortungs- und Handlungsbereich zu übersetzen.

---

34 In den Praxisberichten im vorherigen Teil als auch in in einigen Artikeln in diesem Band wie „Lernende Organisation", „Personalmarketing" sowie „Mehr gesund und weniger krank" finden sich weitere Ausführungen zu Führungsaufgaben. Auch empfehlen wir dem geneigten Leser, die im Eingangsartikel von Daniel Ham empfohlene „Sehhilfe", die den Blick für demografieorientierte Aspekte in der Personalentwicklung schärfen soll.

- Sie entwickeln Konzepte und realisieren Projekte, mit denen Erfolge im Sinne der Gesamtstrategie erzielt werden.

- Führungskräfte sind in der Lage, organisationsübergreifende Zusammenarbeit herzustellen und sowohl für ihren Bereich als auch für den der Kollegen nutzbar zu machen.

- Zielmanagement: Führungskräfte können Ziele managen und auf die jeweiligen Teile ihrer Organisationseinheit herunterbrechen. Sie wenden Instrumente des Zielmanagements an (z. B. Zielvereinbarungen, Controlling).

- Fachkompetenz: Führungskräfte setzen sich mit Themen des demografischen Wandels und altersgerechter Personalentwicklung auseinander und erwerben auf diesem Gebiet Fachkompetenz.

- Sie können Prozesse managen und haben die Fähigkeit, entsprechende Instrumente auszuwählen und anzuwenden.

- Führungskräfte zeichnen sich dadurch aus, dass sie auch in den täglichen Herausforderungen des Berufsalltags den „Strategischen Weitblick" behalten und immer wieder für Orientierung sorgen.

3 Die Säule „Personalführung"

Mitarbeiterzufriedenheit und Mitarbeiterbindung werden maßgeblich durch Personalführung beeinflusst. So verdeutlicht die vom Deutschen Caritasverband in Auftrag gegebene Studie[35], dass die Faktoren „Arbeitsatmosphäre und Führungskultur" bei den Führungskräften als Bindungsfaktoren an erster Stelle rangieren. Ebenso ist nachgewiesen, dass der Krankenstand in einem Bereich maßgeblich vom Führungsverhalten beeinflusst wird.[36]

Sowohl in der Führungspraxis als auch in wissenschaftlichen Studien wird im Zusammenhang mit neuen Strategien und Veränderungsprozessen das Konzept der „Transformationalen Führung" als besonders erfolgswirksam genannt[37]. Durch die Art und Weise, wie eine Führungskraft als Person auf ihre Mitarbeitenden und insgesamt in ihrem Umfeld wirkt und kommuniziert, fördert sie Engagement und Leistung, Loyalität und Bindung sowie Lern- und Veränderungsbereitschaft.

---

35 Vgl. Arbeitsmarktanalyse und Führungskräftebefragung zur Personalsituation in der Caritas. Prognos-Studie 2010
36 Vgl. Ilmarinen 1999, zitiert bei Langhoff 2009, S. 188ff
37 Vgl. z. B. Jenewein/Heidbrink 2008, Bruch/Kunze/Böhm 2010

Die folgende Abbildung gibt einen Überblick:

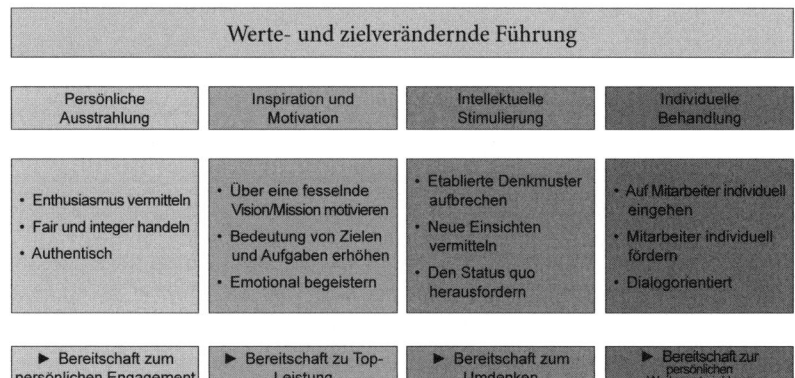

Quelle: nach Wunderer (2001) Führung und Zusammenarbeit, S. 243, Jenewein/Heidbrink (2008), S. 47

Die transformationale Führung lässt sich in vier Teile aufteilen. An einem Beispiel wird nun beschrieben, wie diese vier Komponenten[38] in der Praxis gelebt werden können.

Ausgangssituation

In einer großen sozialen Einrichtung für Menschen mit Behinderung wird das Konzept „Inklusion"[39] eingeführt. Einerseits sind damit gesetzliche Bestimmungen zu erfüllen und die UN-Konvention sowie der vom Bund initiierte „Aktionsplan Inklusion" umzusetzen. Andererseits will die Organisation dadurch ihre Wettbewerbsfähigkeit erhalten und in der Region ihre Attraktivität als Arbeitgeber erhöhen und mit ihrer Strategie des Personalmarketings verknüpfen (moderne Arbeitsmethoden, Projektarbeit, flexible Arbeitsprozesse, interessante Wohnprojekte, höhere Arbeitszufriedenheit u. a.).

Im Personalbereich hat diese Organisation schon seit Jahren Probleme, offene Stellen mit entsprechendem pädagogischem Fachpersonal zu besetzen. Das bedeutet hohe Mehrbelastung für die Mitarbeitenden (gleiche Anzahl von zu Betreuenden bei geringerer Mitarbeiteranzahl). Der Altersdurchschnitt der

---

38 Wir übernehmen hier den Sprachgebrauch von Jenewein: Identifizierend – Inspirierend – Intellektuell – Individuell.

39 „Der Begriff Inklusion (lat. inclusio = der Einschluss) spricht das umschlossene Sein an, d.h. die volle und vorbehaltlose Zugehörigkeit aller Menschen zur Gesellschaft, unabhängig von einer vorhandenen Behinderung. Dadurch haben alle ein Recht auf die jeweils individuell notwendige Unterstützung. Inklusion bedeutet uneingeschränkte Teilhabe" (Deutscher Caritasverband et al. 2010).

Mitarbeiterschaft ist relativ hoch und für viele Mitarbeitende über 50 ist die Aussicht, noch mehr als zehn Jahre unter den aktuellen Bedingungen zu arbeiten (Mehrbelastung durch Unterbesetzung; geringere vor allem körperliche Belastbarkeit der Älteren), nicht besonders attraktiv.

Die Organisation entscheidet sich für ein beteiligungsorientiertes Vorgehen beim Einführen neuer Ziele und Strategien. Alle Führungskräfte der Organisation nehmen an Informationsveranstaltungen zum Thema „Inklusion" teil. In der Mitarbeiterzeitung ist die zugrunde liegende Vision ausführlich beschrieben und jedem Mitarbeitenden zugänglich gemacht worden. Die Führungskräfte haben die Aufgabe, das Thema in den Gruppen mit ihren Mitarbeiter/-innen zu diskutieren und nach und nach vor Ort mit den Bewohnern und Nutzern erste Schritte umzusetzen. Gleichzeitig soll das Thema „Inklusion" beim Personalmanagement und -marketing berücksichtigt werden.

Das Vorgehen der Führungskraft Frau B., Gruppenleiterin

Frau B., Gruppenleiterin im Wohnbereich, informiert in einer Teamsitzung ihre Mitarbeitenden darüber, dass die Geschäftsführung das Ziel „Inklusion" für die Einrichtung entwickelt hat. Sie berichtet aus ihrer persönlichen Perspektive und erzählt, wie und mit welchen Gefühlen und Gedanken sie selbst diese Ansage ihrer Geschäftsführung aufgenommen hat (identifizierend). Frau B. verdeutlicht, aus welchen Gründen diese Vision von der Geschäftsführung entwickelt wurde und beschreibt, welche positiven Auswirkungen sie und das Leitungsteam erkennen können (inspirierend). Frau B. gelingt es immer wieder, Mitarbeiter/-innen von neuen Ideen zu begeistern (inspirierend). Sie ist mit Kopf und Herz bei der Sache (identifizierend) und immer auf dem aktuellsten Stand hinsichtlich fachlicher Entwicklungen (intellektuell). Sie berichtet von Fachtagungen, die sie besucht, und regt ihre Mitarbeiter an, selbst an Veranstaltungen teilzunehmen oder einschlägige Fortbildungen zu besuchen (intellektuell). In diesem Fall betont sie den hohen Wert, den inklusives Arbeiten für Menschen mit Behinderung bedeutet. Sie appelliert an die Grundwerte wie z. B. Selbstbestimmung, die bei allen Mitarbeitern bereits bei der Berufswahl eine Rolle gespielt haben und nach wie vor stark ausgeprägt sind, und sie zeigt auf, dass mehr Erfolge in der Förderung einzelner Bewohner möglich sein können (inspirierend). Auf Veranstaltungen und in einschlägigen Veröffentlichungen hat sie Beispiele gefunden, die sie ihren Mitarbeitern mitbringt (intellektuell).

Mitarbeiter/-innen, die Bedenken äußern, nimmt sie ernst und lässt ihnen Zeit, sich mit dem Thema auseinanderzusetzen. Sie führt mit den Einzelnen Einzelgespräche zu diesem Thema. Dabei weist sie auf Stärken und Talente hin, die sie bei dem Mitarbeiter sieht und fragt ihn nach persönlichen Zielen (individuell). Sie spricht auch aus ihrer eigenen Perspektive die

Herausforderungen an, die sie auf sich, das Team und die Gesamteinrichtung zukommen sieht (identifizierend). Sie spricht die hohe Kompetenz und den ausgeprägten Teamgeist, den sie in ihrer Gruppe erlebt, an und lenkt den Blick auf eine zuversichtliche Zukunftsplanung. Sie regt im Team an, Ideen einzubringen und etwas Neues auszuprobieren. Sie erinnert an Vorschläge zur Selbstbestimmung, die vor einigen Jahren von einer Mitarbeiterin kamen und zu der Zeit aufgrund struktureller Bedingungen nicht umgesetzt werden konnten. Heute sei dies eher möglich, und sie würde alle Unterstützung organisieren, um zur Umsetzung beizutragen (inspirierend, individuell). Damit wird sich voraussichtlich die Zufriedenheit der Mitarbeiterin – und des gesamten Teams – erhöhen.

Frau B. zeigt auf, dass die Attraktivität der Gesamteinrichtung sowohl für die Nutzer als auch für potenzielle neue Mitarbeiter/-innen gesteigert werden kann. Sie stellt den Zusammenhang her zu offenen Stellen, die schon seit langem nicht besetzt werden können, u. a. weil sie im Wettbewerb um Nachwuchskräfte unterliegt (die Nachbareinrichtung, ein moderner Mitbewerber, ist in der Attraktivität Vorreiterin, indem sie insbesondere jüngeren studierten Bewerber/-innen die Möglichkeit bietet, Neues auszuprobieren und eigene Ideen einzubringen). Sie verdeutlicht die Aussicht auf Vollbeschäftigung, wodurch die Belastung durch Mehrarbeit und Wochenenddienste verringert werden könnte (inspirierend, intellektuell).

Und so wird ein gemeinsamer Geist der Einrichtung geschaffen.

Frau B. lebt Werte vor wie Fairness und Vertrauen (identifizierend). Sie gibt Mitarbeiter/-innen Spielraum für ihre Handlungen und für neue Ideen (individuell), bindet sie in Entscheidungen mit ein und achtet bei Konflikten auf Respekt und Fairness. Sie fördert bei ihren Mitarbeiter/-innen das Gefühl, dass diese durch die Art und Weise, wie sie zusammenarbeiten, einen tieferen Sinn von Gemeinschaft und Sinn leben. Hier steuern auch einzelne Mitarbeiter individuell dazu bei, dass der Funke der Begeisterung nach und nach auf das ganze Team überspringt (identifizierend, inspirierend).

Frau B. ist mit jedem ihrer acht Mitarbeiter/-innen im Kontakt. Sie führt regelmäßige Feedbackgespräche mit jeder Einzelnen, um deren individuelle Ziele zu erfassen, sie mit der Gesamtvision in Verbindung zu bringen und auf die jeweiligen Stärken und Interessen als Beitrag zum Team aufmerksam zu machen. Sie lässt Ängste und Befürchtungen zur Sprache kommen und ruft in Erinnerung, was die eigentlichen Motivationen zur Berufswahl waren. Frau B. kennt ihre Mitarbeiter/-innen gut und weiß auch über deren private Lebenssituation das eine oder andere. Schon häufig hat sie mit Einfühlungsvermögen, Humor und Sachverstand zur Lösung eines inneren oder zwischenmenschlichen Konflikts beitragen können (individuell).

Hier zusammengefasst die vier Komponenten der transformationalen Führung [40]:

• Identifizierend:

Vorbild sein/authentisch sein/fair handeln
Die Führungskraft ist sichtbar und präsent. Sie agiert als Vorbild, sie lebt persönlich die Vision vor und vermittelt Enthusiasmus. Dabei kommuniziert sie auf Augenhöhe mit den Mitarbeitenden. Die Führungskraft ist sich bewusst, dass ihr Verhalten auf die Mitarbeitenden wirkt und deren Einstellungen, Erwartungen und Gewohnheiten dadurch beeinflusst werden. Sie ist authentisch und handelt integer. Das vorbildhafte Verhalten fördert die Loyalität der Mitarbeiter/-innen und dient der Bindung an die Organisation, an die Führungskraft selbst und an das Team. Dialog und direkte Kommunikation führen zu Gefolgschaft, Teamgeist und Engagement. Dabei nimmt die Führungskraft auch Bezug auf menschliche Grundwerte, die im sozialen Bereich den Umgang mit Klienten prägen und ebenso eine Basis für die Mitarbeitenden darstellen.

• Inspirierend:

„Deine Arbeit macht Sinn!" – Die Kraft der Vision
Die Führungskraft vermittelt die Vision mit Begeisterung, sie kommuniziert zum Einen aus der eigenen Perspektive heraus und beschreibt sowohl ihre eigene Motivation als auch die Beweggründe des oberen Managements bzw. der Geschäftsführung. Sie verdeutlicht die Herausforderungen, die die Gesamtorganisation zu meistern hat und den Beitrag, den jedes Team und jede/r Mitarbeiter/in dazu leisten kann. Auf der anderen Seite verdeutlicht sie, dass jede/r einzelne Mitarbeiter/in mit ihren Stärken und Vorlieben ein wichtiges Mitglied im Team ist und dazu beiträgt, dass diese Vision realisiert wird. Sie bricht die Vision in konkret fassbare Ziele herunter und entwickelt mit den Mitgliedern Teamziele und Aufgaben für jede(n) Einzelne(n) – als Beitrag zum Erfolg des Ganzen und zur Verwirklichung von Sinn und Werten.

• Intellektuell:

Perspektiven wechseln – Lernen fördern
Die Mitarbeiter/-innen werden aufgefordert, die eigene Arbeit, die Klienten und Nutzer, die Ziele und bisherige Strukturen aus einer anderen neuen Perspektive zu betrachten. Sie werden angeregt, althergebrachte („so haben wir es immer schon gemacht"), ggf. blockierende Denkmuster zu reflektieren und aufzubrechen. Gewohnheiten werden hinterfragt und manche Probleme lösen

---

40 Zur Vertiefung und kritischen Betrachtung des Ansatzes vgl. auch Neuberger, S. 195 ff

sich, aus einem anderen Blickwinkel betrachtet, von allein oder mit wenigen Handgriffen. Je nach organisationalen Möglichkeiten werden individuelle Lernprozesse initiiert, Mitarbeitende besuchen Fortbildungen und tauschen sich team- oder einrichtungsübergreifend aus. Arbeitsprozesse werden optimiert und ein positives Lernklima wird gefördert.

• Individuell:

Im Dialog mit jedem Einzelnen
Die Führungskraft führt über Kommunikation. Sie hat den Einzelnen im Blick, mit seinen Leistungen, seinen Stärken und Schwächen, seinen Sorgen, seinen Wünschen und Zielen – und seinem Platz im Team. In Einzelgesprächen fördert sie die Bereitschaft der Mitarbeitenden, sich intensiv mit neuen Aufgaben auseinanderzusetzen. Gemeinsam wird überlegt, welche Aufgaben im Team besonders gut von dem Einzelnen erfüllt werden können, indem genau seine Stärken besonders wirksam eingebracht werden. Dabei wird auch der Beitrag des Einzelnen zur Gesamtleistung des Teams betont. Die Führungskraft gibt Impulse zur persönlichen Weiterentwicklung und greift gleichzeitig Befürchtungen und Nöte auf, die die Leistungsfähigkeit beeinträchtigen könnten. Mitarbeitende erleben das Vorgehen der Führungskraft als wertschätzend. Das Selbstvertrauen wird gestärkt und die Beziehung zwischen Mitarbeiter und Führungskraft als tragfähig gesehen.

4 Die Säule „Selbstführung"

Die vorangegangenen Beschreibungen und Definitionen zeigen es deutlich: Die Anforderungen an Führungskräfte sind hoch – und das in vielen Bereichen. Die dritte Säule der Führung, die Selbstführung, gewinnt dabei mehr und mehr an Bedeutung. Vor dem Hintergrund der Globalisierung, der Auswirkungen des demografischen Wandels und der zunehmenden Leistungs-, Gewinn-, Effizienz- und Qualitätsorientierung in allen Bereichen des Arbeitslebens erhöht sich der Druck auf den Einzelnen, auch und insbesondere auf die Führungskraft.

Die Vielfalt der Anforderungen an die Rolle wächst: Immer häufiger ist die Führungskraft gefordert, sich in deutlicher Haltung und mit eigenen Zielen und Statements vor anderen zu positionieren und z.T. hart zu ringen und zu verhandeln, um eigene Ziele bzw. die des Verantwortungsbereichs zu realisieren. Verantwortungsbereiche werden erweitert und es gilt, unter erschwerten Bedingungen Qualität zu sichern (z. B. im Pflegebereich). Dabei sind komplexe Zusammenhänge zu verstehen, Erfolge und Gewinne zu erzielen sowie eigenständige Problemlösungen herbeizuführen und Handlungswege umzusetzen. Gleichzeitig gilt es, Neues zu initiieren, Kundenbedürfnisse zu berücksichtigen und die Mitarbeitenden gut und sorgsam zu führen, d. h.

- ihnen zunehmend mehr Verantwortung zu übertragen,
- sie in Entscheidungen einzubeziehen,
- ihre Stärken zu erkennen und zu nutzen,
- ihre Wünsche zu berücksichtigen,
- dabei authentisch zu kommunizieren und vorbildhaft zu handeln.

Es drängen sich Fragen auf: Wie stark muss eine Persönlichkeit sein, um hier zu bestehen und erfolgreich zu sein? Welche Anforderungen werden an die Person und an die Persönlichkeit gestellt? Welchen Schutz bietet die Rolle?

Es erfordert eine kompetente, empathische Selbstführung, um diesen vielfältigen Anforderungen gerecht zu werden und dabei das eigene „Selbst" nicht zu verlieren. Eine gute Selbstführung ist daher die Basis für jede erfolgreiche Personal- und Managementführung. Sie ist die Voraussetzung für authentisches und kompetentes Handeln im Kontext der Organisation und in konstruktiven Beziehungen zu Mitarbeitenden, Kollegen und anderen Partnern und kann nur gelingen, wenn die Führungskraft Klarheit hat über ihre eigenen Werte und persönlichen Ziele. Das setzt gutes Im-Kontaktsein und einen achtsamen Umgang mit sich selbst sowie eine beständig praktizierte Selbstreflexion voraus.

Selbstführung/Selbstreflexion lassen sich aus zwei Perspektiven betrachten, die allerdings nur gemeinsam ein Ganzes bilden:

Perspektive a) Die eigene Leistungsfähigkeit weiterentwickeln und erhalten.

Wie erhalte ich unter den gegebenen Rahmenbedingungen meine Leistungsfähigkeit? Was genau wird von mir erwartet? Von wem? Wie ist mein eigenes Rollenverständnis? Welche Erwartungen von anderen will und kann ich erfüllen, welche nicht? Wie manage ich Konflikte, die selbstverständlich daraus erfolgen? Wie sorge ich für mich? Was brauche ich noch? Kenne ich meine Potenziale und meine Leistungsgrenzen? Bekomme ich Feedback von anderen? Wie kann ich mir helfen? Wieweit geht mein Handlungsspielraum bei der Veränderungen meiner Rahmenbedingungen (z. B. Strukturierung/ Reduzierung der Arbeitszeit) und bei der Delegation von Aufgaben?

Antworten auf diese Fragestellungen kann die Führungskraft durch Selbstreflexion erarbeiten. Das Ziel dieser Selbstreflexion: Zusammenhänge zu erkennen, Situationen und auch und vor allem sich selbst zu verstehen und dabei das eigene Fühlen, Denken und Handeln zu überprüfen. In der Konsequenz ist es der Führungskraft möglich, neue Handlungsoptionen zu entwickeln und reflektierend umzusetzen.

Bewährte „Räume" zur Selbstreflexion bieten gerade für Führungskräfte Supervision und Coaching, sowohl im Einzelsetting als auch im Gruppensetting. Notwendig ist, über die entsprechenden Führungswerkzeuge zu verfügen bzw. sich diese ggf. anzueignen:

- Konfliktmanagement
- Umgang mit Komplexität (systemisches Verständnis entwickeln)
- Zeitmanagement
- Stressbewältigung und Gesundheitsverhalten
- Karriereplanung
- Feedback-Instrumente
- Change Management-Tools
- Teamentwicklung
- Kommunikationstools
- Kenntnis über Führungsstile u. a.m.

Perspektive b) Wer bin ich und wie will ich sein (leben)?

Hier sind die Wahrnehmung und ggf. Weiterentwicklung der eigenen Persönlichkeit im Fokus, die eigenen Ziele und persönlichen Lebens- und Energiequellen, der Halt im Leben und die Besinnung auf den Sinn des eigenen Tuns. Die Frage, mit welcher Haltung die Führungskraft an ihre Aufgaben herangeht – und was ihr dabei Halt gibt – ist wichtig zu beantworten. Auch die eigene Spiritualität, der Glaube und die Besinnung auf persönliche Werte gehören dazu.

Konkret bedeutet Selbstführung, hier folgende Aspekte zu verfolgen:

- Selbstbild – Fremdbild: Die Wirksamkeit des eigenen Verhaltens als Führungskraft gegenüber den Mitarbeiter/-innen und der Organisation zu reflektieren und weiterzuentwickeln.

- Lebensphasen – Alter – Lebensgefühl: Sich persönlich mit Lebensphasen und Altern auseinanderzusetzen und Lebensschwerpunkte zu klären – und in Balance zu bringen.

- Sich der Zugehörigkeit zur eigenen Generation bewusst zu sein und die Dynamik im Verhältnis zu anderen Generationen zu reflektieren.

- Sich eigener Erwartungen, Bedürfnisse und Ziele bewusst zu sein, Vorstellungen über die eigene Karriere zu klären, Erfolge und Misserfolge zu reflektieren, sich selbst Ziele zu setzen.

- Eigene Talente und Stärken zu (er-)kennen, diese ressourcenorientiert im Führungshandeln einzusetzen und dabei sowohl die Wirksamkeit zu überprüfen als auch die persönlich erlebte Arbeitszufriedenheit zu erhöhen.

- Halt und Haltung: Was gibt Halt, welches sind eigene persönliche Grundüberzeugungen, Werte und Menschenbild und wie passen diese zur Gesamtorganisation?

- Lernen: Ist das notwendige Wissen, ist die erforderliche Kompetenz vorhanden und wie kann der eigene Lernprozess gestaltet und gefördert werden?

5 Fazit: „Gute Führung" – oder „Was braucht eine Organisation, um erfolgreich durch den demografischen Wandel zu kommen?"

Dass es dazu vor allem guter Führungskräfte bedarf, haben die vorangegangenen Ausführungen deutlich gemacht. Denn grundlegender Wandel verlangt allen Beteiligten ein dauerhaftes Mit-, Um- und Weiterdenken ab. Es sind jedoch die Führungskräfte, die das (Organisations-)Boot durch unsichere Zeiten steuern müssen und dafür die Verantwortung tragen – mit hohen Anforderungen an eine gute Navigation. Auf Dauer gelingt dies nur mit einer einsatzbereiten, kompetenten Mannschaft. Das gesteckte Ziel durch alle Untiefen hindurch im Blick zu behalten und die Mannschaft immer wieder für dieses Ziel zu motivieren, das ist Aufgabe und hohe Kunst des Führens.

Gute Selbstführung ist dabei eine wichtige, jedoch keine hinreichende Voraussetzung. Führungskräfte müssen einerseits Verantwortung leben und übernehmen und andererseits selbst gut geführt werden. Die in der Organisation herrschende Kultur als Umgebungsbedingung der Führung prägt einerseits das Selbstverständnis der gesamten Organisation und beeinflusst so andererseits auch die Haltung jeder(s) einzelnen Mitarbeitenden. Eine in diesem Sinne konstruktiv wirkende Unternehmenskultur zeichnet sich aus durch ein Klima des Vertrauens und einer wertschätzenden Leitlinie. Hier finden Führungskräfte die Rahmenbedingungen vor, die sie gleichzeitig fordern, fördern und – wo möglich und erforderlich – entlasten. Führungskräfte brauchen Klarheit. Klarheit gibt Halt. Eigene, innere Klarheit ebenso wie Klarheit durch gute Strukturen, eine gute Kommunikationskultur auf allen Ebenen sowie transparente Prozesse. Darüber hinaus brauchen Führungskräfte Unterstützung in der Weiterentwicklung ihrer Kompetenzen, z. B. durch Coaching, Gruppencoaching und Lernstrukturen.

Jeder Wandel stellt einen komplexen Prozess dar. Wie anpassungsfähig eine Organisation ist, hängt maßgeblich von ihrer eigenen, inneren Durchlässigkeit ab. An jedem Ort innerhalb der Organisation findet eine Beeinflussung des gesamten Prozesses statt, entscheidet sich, ob und inwieweit die Vision gemeinsam erreicht werden kann oder nicht. Ob dies als Bedrohung empfunden, oder das gesamte kreative Potential der Mitarbeitenden für den Prozess genutzt werden kann, davon hängt maßgeblich und nachhaltig der Erfolg einer Organisation ab. Der Erfolg ist kein Selbstzweck – er ist notwendig für eine zukunftsfähige Ausrichtung der Organisation unter den veränderten Anforderungen des demografischen Wandels und damit notwendig für ihr Überleben. Hier ist der Faktor Führung ein maßgeblicher Erfolgsfaktor bei der Gestaltung der Zukunftsfähigkeit der Organisation.

So betrachtet stellt der in diesem Buch vorgestellte Kurs „Altersgerechte Personalentwicklung" einen wichtigen Meilenstein auf dem Weg zur Bewältigung der Herausforderungen der demografisch veränderten Gesellschaft dar. Hier wurden allen Beteiligten gute Lern- und Entwicklungsmöglichkeiten geboten, die – wie es sich in den Projektberichten widerspiegelt – bereits positive Ergebnisse in der Praxis mit sich brachten. Hier haben personales und organisationales Lernen stattgefunden – ein beachtenswertes Ergebnis für ein Pilotprojekt.

Es kann und sollte Mut machen zum Weitergehen auf dem bisher eingeschlagenen Weg und ist zur Nachahmung empfohlen – wohl wissend, dass auch dieses Projekt Teil eines Prozesses und daher selbst dem Wandel unterworfen ist.

Literatur

Bruch, H., Kunze, F., Böhm, S. (2010) Generationen erfolgreich führen. Konzepte und Praxiserfahrungen zum Management des demographischen Wandels. Wiesbaden

Deutscher Caritas Verband e. V. (2010): Arbeitsmarktanalyse und Führungskräftebefragung zur Personalsituation in der Caritas. Prognos-Studie. Berlin

Deutscher Caritasverband, Landesverband Bayern, Arbeitsgemeinschaft der Träger von Einrichtungen und Diensten der Behindertenhilfe und der Psychiatrie im Deutschen Caritasverband, Landesverband Bayern (LAG CBP Bayern) (2010): Inklusion. Impulse aus der Caritas. Behindertenhilfe und Psychiatrie. München

Fisseni, H-J. (2003, 5. Auflage): Persönlichkeitspsychologie. Ein Theorienüberblick. Göttingen

Jenewein, W. (Juni 2008): Das Klinsmann-Projekt. Havard Business manager, Hamburg

Jenewein, W., Heidbrink, M. (2008) High-Performance-Teams. Die fünf Erfolgsprinzipien für Führung und Zusammenarbeit. Stuttgart

Langhoff, Th. (2009) Den demographischen Wandel im Unternehmen erfolgreich gestalten. Eine Zwischenbilanz aus arbeitswissenschaftlicher Sicht. Berlin Heidelberg

Neuberger, O. (2002, 6.Auflage) Führen und Führen lassen. Stuttgart

Wildenmann, G. (2000, 5. Auflage): Professionell Führen. Empowerment für Manager, die mit weniger Mitarbeitern mehr leisten müssen. Neuwied

Wunderer, R. (2006, 6. erw. Auflage): Führung und Zusammenarbeit. Eine unternehmerische Führungslehre. Neuwied

Die Herausgeber

Daniel Ham arbeitet als Dozent an der Fortbildungs-Akademie des Deutschen Caritasverbandes e.V. in Freiburg. Neben der Thematik der altersgerechten Personalentwicklung ist er dort zuständig für die Felder Betriebswirtschaft sowie Führungskräfteentwicklung.

daniel.ham@caritas.de

Birgit Ramon arbeitet als Beraterin für Personal- und Organisationsentwicklung und als Supervisorin und Coach (EASC, DGSv). Sie ist Inhaberin des Beratungsinstituts „clarté - gesunde zukunft für unternehmen" und leitet Weiterbildungen für Fach- und Führungskräfte mit den Schwerpunkten Personalentwicklung, Coaching und Change Management.

info@clarte-conzept.com

Die Autorinnen und Autoren

Auer, Michael
Bereichsleiter für betriebliche Weiterbildung beim Caritas-Institut für Bildung und Entwicklung, G1 in München;
Michael.Auer@caritasmuenchen.de

Baumbusch, Herbert
Verwaltungsleiter und Beauftragter für Qualitätsentwicklung beim Erzbischöflichen Kinder- und Jugendheim St. Kilian in Walldürn;
herbert.baumbusch@st-kilian.de

Becker, Dr. Christoph
Geschäftsführer des Caritasverband Olpe e. V.;
CBecker@caritas-olpe.de

Becker, Prof. Dr. Manfred
Wissenschaftlicher Leiter der eo ipso Personal- und Organisationsberatung GmbH in Mainz;
manfred.becker@eoipso-beratung.de

Bressler, Ute
Einrichtungs- und Pflegedienstleitung des Seniorenzentrums St. Martin gGmbH in Essen;
u.bressler@sz-st-martin.de

Chwalczyk, Ruth
Bereichsleitung Pflegedienst im St. Bernward-Krankenhaus in Hildesheim;
r.chwalczyk@bernward-khs.de

Franz-Marr, Ursula
Hausleitung des Caritas-Seniorenzentrums St. Martin in Lohr;
ufranzmarr@caritas-msp.de

Gibson, Anne
Einrichtungsleitung im Pflegeheim Prälat-Stiefvater Haus in Ehrenkirchen;
anne.gibson@caritas-bh.de

Hartwich, Michael
Leiter Personal und Allgemeine Verwaltung im Kloster Hegne;
hartwich@kloster-hegne.de

Hasenknopf, Angelika
Pflegedienstleitung der Katholischen Sozialstation in Tuttlingen;
sozialstation@tut.drs.de

Kannen, Waltraud
Geschäftsführerin der Sozialstation Südlicher Breisgau
e. V. in Bad Krozingen;
kannen@sozialstation-bad-krozingen.de

Klein-Jung, Ralf
Vorstand der Stiftung Kinder- und Jugenddorf Marienpflege in Ellwangen;
r.klein-jung@marienpflege.de

Klippel, Harald
Vorstand des Caritasverbandes Rhein-Sieg in Siegburg;
harald.klippel@caritas-rheinsieg.de

Lambert, Sonja
Leiterin der Stabsstelle Chancengleichheit und Diversity Management
bei der AOK Hessen in Bad Homburg;
sonja.lambert@he.aok.de

Schellenberger, Michael
Personalleiter des Caritasverbandes der Erzdiözese München und Freising
e. V. in München;
Michael.Schellenberger@caritasmuenchen.de

Schmitz, Ilse
Abteilungsleiterin Fort- und Weiterbildung bei der Stiftung der Cellitinnen
e. V. in Köln;
schmitz@stdc.de

Smolén, Susanne
Geschäftsführerin beim Sozialdienst katholischer Frauen (SkF), Ortsverein
Dortmund-Hörde;
smolen@skf-hoerde.de

Strob, Michael
Geschäftsführer des SKM Katholischer Verein für Soziale Dienste in
Osnabrück e. V.;
m.strob@skm-osnabrueck.de

Thier, Edith
Geschäftsführerin und Leiterin Haus der Familie-Katholisches
Bildungsforum in Münster;
thier-e@bistum-muenster.de

Tritschler, Klaus
Referent in der Abteilung Personal und Recht beim Diözesancaritasverband
in Freiburg im Breisgau

Vering, Klaus
Leiter des Evangelischen Altenhilfezentrums St. Elisabeth in Kirchhain;
heimleitung@kirchhain-gesundbrunnen.org

Volz-Neidlinger, Martin
Geschäftsführer Volz-Neidlinger & Partner. Educonsulting, Personal- und
Organisationsberatung in Königsfeld;
volz-neidlinger@t-online.de